中国生态文明发展战略研究丛书
丛书主编　刘湘溶

“十二五”国家重点图书出版规划项目

国家出版基金资助项目
教育部人文社会科学重点研究基地湖南师范大学道德文化研究中心重大项目（13JJD720006）
湖南省中国特色社会主义道德文化协同创新中心项目
湖南师范大学生态文明研究院项目

生态文明的愿景：

寻求人类和谐地栖居

李培超　张启江　著

湖南师范大学出版社

图书在版编目（CIP）数据

生态文明的愿景：寻求人类和谐地栖居/李培超，张启江著．—长沙：湖南师范大学出版社，2015. 12

（中国生态文明发展战略研究丛书／刘湘溶主编）

ISBN 978－7－5648－2395－5

Ⅰ. ①生…　Ⅱ. ①李…　②张…　Ⅲ. ①生态文明—研究　Ⅳ. ①B824. 5

中国版本图书馆 CIP 数据核字（2015）第 314308 号

中国生态文明发展战略研究丛书

主编：刘湘溶

生态文明的愿景：寻求人类和谐地栖居

SHENGTAI WENMING DE YUANJING：XUNQIU RENLEI HEXIE DE QIJU

李培超　张启江　著

◇丛书策划：陈宏平　何海龙

◇丛书组稿：何海龙

◇责任编辑：刘苏华

◇责任校对：蒋旭东

◇出版发行：湖南师范大学出版社

地址/长沙市岳麓山　邮编/410081

电话/0731. 88873070　88873071　传真/0731. 88872636

网址/http：//press. hunnu. edu. cn

◇经销：新华书店

◇印刷：长沙超峰印刷有限公司

◇开本：710 mm×1000 mm　1/16

◇印张：15. 5

◇字数：261 千字

◇版次：2015 年 12 月第 1 版　2015 年 12 月第 1 次印刷

◇书号：978－7－5648－2395－5

◇定价：40. 00 元

序

2007年，由我主持的“我国生态文明发展战略研究”获批为国家社科基金重大项目，项目于2012年顺利结题。在项目的研究过程中，我和团队成员先后在《新华文摘》、《哲学研究》、《光明日报》等重要刊物上发表了数十篇论文，总计80万字的结题之作《我国生态文明发展战略研究》亦于2013年1月由人民出版社出版，产生了较为广泛的积极影响。特别令人振奋的是，2013年5月8日，《光明日报》头版头条以“以生态文明理论支撑美丽中国”为题，对我们数十年辛勤耕耘，尤其是近些年的劳作所取得的成就做了专题报道。我心存感激之际，更感责任所系。

党的十八大将生态文明提升到人类社会发展的一个特定时代的高度，指出走中国特色社会主义道路，实现“中国梦”的理想，必须以“五位一体”的总体布局进行生态文明建设，在“五位一体”总体布局中把生态文明建设放在突出地位，并融入经济建设、政治建设、文化建设和社会建设的各方面和全过程。为此，进一步加强我国生态文明建设理论与实践研究就显得尤为重要和迫切。现在呈现给大家的这套丛书就是在这么一种背景下组织论证与撰写的。

围绕着一个主题，从系列论文的产出到一部专著的付梓，再到一套丛书的问世，表明了我们的研究工作一脉相承，循序渐进，不断深化，凝聚着团队成员集体的智慧和心血。如果说“一部专著”是对“系统论文”研究心得的集成，那么“一套丛书”则是对专著所集成研究成果的继续开拓和升华。“路漫漫其修远兮，吾将上下而求索。”这种开拓和升华是没有止境的。

本套丛书和上述专著相比，开拓与升华主要表现如下：

一是视域更加广阔。生态文明是一个全新的人类文明形态，在向它跃迁的历史过程中，不但人与自然的关系会发生深刻的变化，而且人与人、人与社会、人与自身的关系也会发生深刻变化。这是一种趋势，顺其者昌，逆其者亡。为揭示它，把握它，从而主导它，我们在国家社科基金重大项目的结题之作中提出了中国生态文明建设要致力于“一个构建”和“六个推进”的总体框架，即构建生态文明核心价值，推进思维方式、经济发展方式、科学技术、消费方式、城乡建设和人格的生态化。这套丛书，虽仍依据总体框架的思路，但却对它进行了拓展，增加了法治生态化和文学艺术生态化。道理不言自明：中国的生态文明建设不但需要以核心价值的构建为灵魂，以思维方式、经济发展方式、科学技术、消费方式、城乡建设和人格的生态化推进为先导、基础、动力、牵引、载体和归宿，还离不开法治的生态化推进、文学艺术的生态化推进为保障、为催化。可见，原定的框架体系不是封闭僵化的，而是开放包容的，且富于弹性，必须与时俱进，逐步完善。这是学术的生命力所在！

二是内容更加充实。这套丛书中有7部著作是在原有的“一个构建”和“六个推进”的框架下写成的，除加了副标题外，主标题几乎都一样，但内容上得到了极大的充实，仅从文字数量的增加便可见出。在《我国生态文明发展战略研究》一书中，这7部著作都是一章的篇幅，每章6万至8万字不等，而在丛书中，一章成为一书，篇幅都到了20万字左右。内容的充实最关键的地方在于，观点更加明确了，结构更加合理了，逻辑更加严谨了，材料更加翔实了，论述亦更加周全了。

三是实践指向性更加突出。生态文明建设，对于现时代既是一个重大的理论课题，又是一个重大的实践课题，尽管对它的理论研究，尤其是基础理论研究还有许多薄弱环节，须臾不可松懈与停顿，但理论的目的在于应用，应用于指导实践，以增强实践的自觉性、主动性，避免实践的盲目性、被动性，在指导实践中接受实践的检验，走向成熟。于是，我们对丛书做了战略对策性研究的学术定位，要求作者尽可能地参照国外正反两个方面的经验教训，结合中国的国情，博采众长，集百家之言，成一家之说，力争从理论与实践的结合上，对我国生态文明建设提出更多、更好的建议。尽管我们做得还很不够，但可以肯定的是，我们努力了。

全套丛书由9部著作组成，它们既是一个有机整体，在内容上和排篇布局上具有较高的关联性和统一性；同时，在文字表达与论证方式上又各具风格与个性。这9部著作分别为：

1.《生态文明的愿景：寻求人类和谐地栖居》（李培超、张启江著）；

2.《思维方式生态化：从机械到整合》（舒远招、周晚田著）；

3.《科学技术生态化：从主宰到融合》（李培超、郑晓绵著）；

4.《经济发展方式生态化：从更快到更好》（刘湘溶、罗常军著）；

5.《消费方式生态化：从异化到回归》（曾建平等著）；

6.《城乡建设生态化：从分离到一体》（朱翔著）；

7.《法治保障生态化：从单一到多维》（李爱年、肖爱著）；

8.《文学艺术生态化：从背景到前景》（龙娟、向玉乔著）；

9.《人格教育生态化：从单面到立体》（彭立威、李姣著）。

丛书是国家新闻出版广电总局“十二五”国家重点图书出版规划项目，由湖南师范大学出版社出版，它的研究与撰写得到了国家出版基金、教育部人文社会科学重点研究基地、湖南省中国特色社会主义道德文化协同创新中心、湖南师范大学生态文明研究院的经费资助，在此，我代表我们团队向所有对丛书出版给予帮助和支持的单位和个人表示衷心的感谢！

刘湘溶

2015 年 11 月

目录 CONTENTS

第3章 生态文明的现实基础 / 049

第4章 生态文明的核心价值及其实现模式 / 085

INTRODUCTION 导 论

当人类历史延伸到一个新的千年之后，对人类文明的演进轨迹、发展规律和未来前景的回溯与展望，又成为了时下一个热门话题。在人与自然之间的紧张关系已成为人类文明可持续发展的瓶颈，或引爆各种社会问题的关键点的背景下，探讨和研究“生态文明”理论和实践问题的重要意义便空前凸显出来。尤其是对于我国这样一个现代化后发性国家来说，要谋求国家的持续发展和长期稳定，实现中华民族伟大复兴的中国梦，就必须实现人与自然的和谐，加快社会主义生态文明建设，规避发达国家经济社会发展过程中出现的人与自然紧张的问题，抛弃“先污染后治理”或“边污染边治理”的发展模式，开辟契合自己国情的经济社会发展路径。

相对于人类以往的文明形态而言，生态文明被看成是一种全新的文明形态。当然，它并不是在割断了与以往文明形态联系的基础上凭空降临的，而是实现了对以往文明发展模式尤其是对工业文明发展模式的超越。由此，建设生态文明不只是一次转换粗放型经济发展方式的变革，也是包括人们的生活方式、思维方式、价值观念、消费观念等各个层面进行彻底地转变和警醒的一场深刻革命。如何确保这场涉及经济社会发展各个领域的深刻变革稳步地向前推进，系统地研究生态文明的基本理论则是基础性工作之一。

建构科学完善的理论体系，是我国生态文明建设的重要任务。通过对人类文明发展进程中所出现的问题与矛盾进行深刻的理论反思，是探索生态文明发展路向的重要环节。

人来自于自然，是由动物进化而来的，这一客观事实决定了人与自然界须臾不可分离。因此，如何与自然界乃至与自然界中其他生物和谐共生始终是贯穿人类文明发展的重大问题。是承认自己为自然之子，谦卑地生活在自然之中，谋求与自然和谐共处？还是以自然主宰者的姿态自居，永无休止地掠夺大自然各种资源，追求和满足不断增长的物质欲求，也以此显耀自身强大的征服自然之力量？这两种不同的价值理念必然会导引出不同的文明发展路径。

无论人类社会发展呈现出何种图景，始终不可忽视的一个基本事实就是：人类文明的主轴不可偏离的是与自然保持和谐关系，否则，必将失去一切发展的基础，发展的可能，发展的基本保障。

生态文明基本理论研究始终紧扣实现人与自然和谐这一主题，探讨以人与自然关系为核心的“辐射极”，即强调人与自然的矛盾和冲突不是单一因素起作用的结果，因而要实现人与自然的和谐，也不能孤立、抽象地谈论人与自然的关系，而必须同时兼顾自然的社会性、历史性、文化性和人的自然性、受动性和超越性。以此为出发点，引导人们形成新的价值观念，树立生态意识，完成思维方式的生态化转型；探讨全面转换经济发展模式，大力推进绿色发展、绿色生产的理念的实现条件；探索促进城乡协同发展，重构社会发展内涵，建构生态文明核心价值体系的必要性和可行性；研究如何夯实生态文明建设的人文基础，重塑个体人格——实现从“经济人”到“生态人”的转换，等等。通过上述理论研究，力求全方位推进绿色消费的生活方式，形成良好的生态文明建设的群众基础，确定生态文明建设的制度基础，为推动生态文明建设提供制度保障，使我国早日进入生态文明新时代。

第1章

人类文明及其动力机制

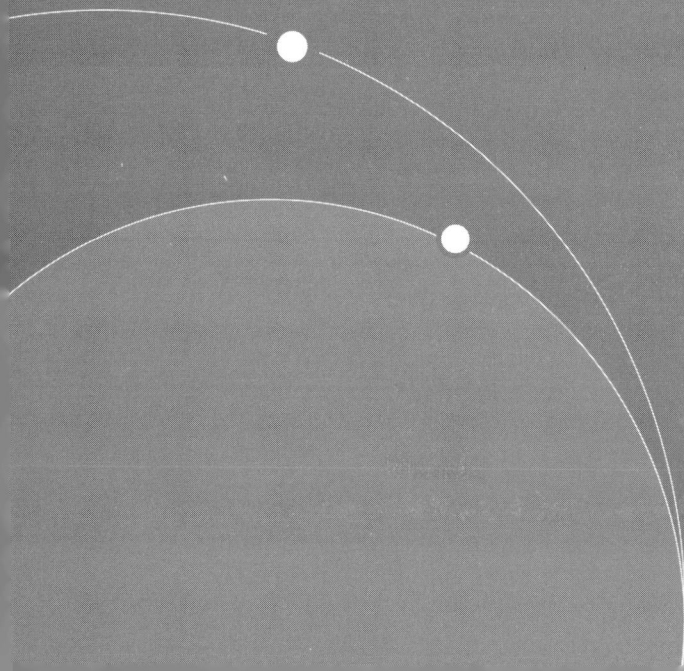

站在新的时代回眸，迄今为止，人类在谋求生存发展的过程中创造了辉煌的文明成果，也创制了不同的文明范型。透过人类文明演进的轨迹，我们不仅可以领略不同文明形态的内涵，而且也可以发现人类文明发展的动力机制以及文明进步的规律性，更能够深刻领会发展生态文明的重要意义。

第一节 文明及其特质

生态文明不是脱离人类文明演进的大道而歧出的一种文明形态，它的形成和发展体现了人类文明一脉相承的统绪，也展示了人类文明发展演化的基本规律。我们可以通过分析文明的内涵和其发展的动力机制来获得对生态文明生成的必然性以及内涵特质、价值取向、实现路径等一系列核心问题的解答。

一、文明的内涵

文明是一个内涵丰富的概念，在中外思想史上，都能发现许多关于文明及其相关问题的思考成果。

英文中的文明一词“civilization”源于拉丁文“civis”，最初的含义是城市的居民，特指人们和睦地生活于城市和社会集团中的能力。所以，“文明”一词在西方最先就具有人们摆脱荒蛮而达到的一种生活状态的蕴涵。以后，文明一词又引申为先进的社会和文化发展水准，以及到达这一目标的过程。文明所涉及的领域非常广泛，可以包括民族意识、技术水平、礼仪规范、宗教思想、风俗习惯，还可以包括科学知识的发展程度以及人们的生活方式和生命境界等，从以下这些词条中我们可以窥见一斑：

1961 年出版的《法国大拉罗斯百科全书》将文明一词解释为两重含义：一是指教化；二是指一个地区或一个社会所具有的精神、艺术、道德和物质生活的总称。

1973 年至 1974 年出版的《大英百科全书》将文明一词解释为一种先进民族在生活中或某一历史阶段中显示出来的特征之总和。

1978 年出版的《苏联大百科全书》指出，文明一般的含义是指社会发展、物质文明和精神文明的水平程度，或者走出野蛮时代之后社会发展的程度。

1979 年原联邦德国出版的《大百科词典》从广义和狭义两个角度对文明一词进行了规定：广义的文明指的是良好的生活方式和风尚；狭义的文明则指的是社会脱离了人类群居的原始生活之后，通过知识和技术进步所形成和达到的状态。

……

在中国思想史上，关于文明一词内涵的诠释也十分丰富。择其要者主要有以下几个方面：

第一，光明，有文采之意。《易·乾》：“见龙在田，天下文明。”孔颖达疏曰：“天下文明者，阳气在田，始生万物，故天下有文章而光明也。”此类用法在中国思想史上还有很多，如南朝宋鲍照的《河清颂》中有“泰阶既平，洪水既清，大人在上，区宇文明”的字句，唐朝诗人李白《天长节使鄂州刺史韦公德政碑》也有“以文明鸿业，授之元良”的表述，明朝宋应星《天工开物·陶埏》中也有“陶成雅器，有素肌玉骨之象焉。掩映几筵，文明可掬”的描述，等等。

第二，意指文治教化之功。如前蜀杜光庭在《贺黄云表》中写道：“柔远俗以文明，慑凶奴以武略。”宋朝司马光《呈范景仁》诗中有“朝家文明所及远，於今台阁尤蝉联”的字句。

第三，指摆脱野蛮所达到的进步状态。明朝高明在《琵琶记·高堂称寿》中写道：“抱经济之奇才，当文明之盛世。”清朝李渔的《闲情偶寄·词曲下·格局》中有：“若因好句不来，遂以俚词塞责，则走入荒芜一路，求辟草昧而致文明，不可得矣。”秋瑾在《愤时迭前韵》中写道：“文明种子已萌芽，好振精神爱岁华。”鲁迅在《准风月谈·抄靶子》中谈道：“中国究竟是文明最古的地方，也是素重人道的国度。”

第四，指新的事物，与旧相对。如《老残游记》第一回中有这样的话语："这等人……只是用几句文明的词头骗几个钱用用罢了。"

二、文明的特质

从以上所列举的内容不难看出，中外思想史上对于文明内涵的解读是具有明显的共通性的，文明一词所表达的中心含义主要体现在这样几个方面：

首先，文明是一个"属人"的范畴。这里主要指的是，文明是针对人类而言，是人类活动的过程和结果，换句话说，人始终是文明的主体或创造者，这也就是恩格斯所说的："文明是实践的事情，是一种社会品质。"① 文明始终围绕着人的活动展开而发展。

其次，文明既具有时间性又具有空间性。文明的时间性体现的是，文明不是一个僵滞的实体，而是一个流动的过程，体现的是人类追求进步而不断超越的愿望和所达到的状态，它不断完成跨越和提升，它是对人类存在的绵延性和持续性的体现或肯定。文明的空间性所强调的是，文明不是抽象的理念，它有具体的载体和表现的样态，可见、可循、可感触、可探究。也就是说，文明都是需要一定的空间来承载的，文明的空间性是人类活动的真实性或客观性的写照。

最后，文明既具有层次性又具有整体性。文明的层次性所指的是可以按照不同的标准来对文明进行多层次的划分，如按照特色属性可以把人类文明划分为东方文明、西方文明，非洲文明、大洋洲文明，等等；按照文明的构成属性将其划分为物质文明、制度文明、精神文明，等等；按照文明发展的时间序列将其分为原始文明、农耕文明、工业文明，等等。所以，文明的层次性实际上体现的是人的生存方式的多样性和复杂性。文明的整体性是指的文明的综合性或涵盖性，它的外延非常宽泛。"文明这个词听上去自命不凡，但没有词能像它一样可以包罗万象，囊括技术、家庭生活、宗教、文化、政治、生意、等级、领导、价值、性道德和认识论等完全不同的事物。"② "文明是至大至重，而且是包罗人间一切事物，其范围之广是无边无际，并且不断向前发展着。"③

---

① 马克思恩格斯全集：第1卷［M］．北京：人民出版社，1956：666.

② ［美］阿尔温·托夫勒，［美］海蒂·托夫勒．创造一个新的文明——第三次浪潮的政治［M］．陈峰，译．上海：三联书店，1996：14.

③ ［日］福泽谕吉．文明论概略［M］．北京编译社，译．北京：商务印书馆，1959：33.

文明的整体性同时还指的是，它是人类整体或群体的产物，而不是凭由个人所独创或独享的，每个人可以为文明的产生和发展做出贡献，但是他并不能单独构成创造文明的主体。由此看来，文明的整体性实际上表现的是人类活动方式的多样性和与现实世界的多向度的关联性。

总之，文明作为体现人类实践过程和结果的范畴，始终与人类的生存发展相关联，可以说文明的脚步一直追随着人类发展的足迹。本书所指的文明概念囊括了上述基本内涵，它是人类实践活动的过程和结果在时间上的延续和空间上的累积，是人类生活整体性和多样性的反映，是人类价值期望的不断实现。

文明的这种内涵规定也在客观上决定了它必然成为一个不断被思考探究的问题，这是因为，人类的生存发展总是与文明的嬗变更替密切相关的，关注人类的命运就必然会关注文明的兴衰。所以，如果说省察人类的生存发展和价值追求是人类社会所探究的永恒的命题，那么关注文明的发展也必然是人类思想史上的一个古老而常新的话题。

第二节 文明演进的动力机制

人类生活是复杂多彩的，因而关于人类文明的话题也必然是丰富多样的。迄今为止，由对人类文明的思考关注已经形成了一个涵盖广泛的问题域，而且在这个问题域中充满了学术张力。如在关于文明的起源的问题上，有人提出人类文明起源的决定因素是由于地理环境的影响，也有人提出政治集权的出现是人类摆脱野蛮状态的决定因素，还有人提出人类文明的形成源于灌溉水利工程的出现，另有人将文明的出现归结为宗教信仰体系的逐渐形成，等等；如在关于文明的类型或模式的问题上，有所谓的日神型文明和酒神型文明，有所谓的基督教文明、伊斯兰文明、印度文明、远东文明、玛雅文明、安第斯文明，等等；如在关于文明结构和层次的划分问题上，有所谓的器物文明、技术文明、制度文明、精神文明、语言文明等。

但是在对人类文明进行反思和关照的过程中，无论是关于起源的探究，还是关于类型的分析，抑或是关于结构和层次的描述等，常常不可避免地要触及一个共同的问题，即人类文明发展的动力机制是什么。因为无论探讨人类文明的产生、模式还是结构等问题，都要面对人类文明何以形成和如何成长为具有某种特征和结构的问题，所以，思考人类文明的动力机制是解开人类文明“秘密”的切入点。

一、关于文明发展动力的诸多观点

从思想史上看，关于文明发展的动力问题也是一个众说纷纭的问题，许多思想家从不同的视角对这一问题进行了探析解答。

19 世纪法国历史学家弗朗索娃・基佐通过分析近代欧洲不同国家的文明特质和欧洲整体的精神取向，提出了文明的发展是其内在要素矛盾斗争的结果的基本结论。他认为，自然环境对文明的发展有重要影响，但是他并不认同孟德斯鸠把自然环境视为文明发展的主要推动力或阻碍力的观点。他认为圣西门将阶级斗争视为文明发展的动力的观点具有一定的合理性，但又认为仅仅分析政治斗争是有局限性的。他更多地致力于探讨社会矛盾斗争对文明的作用，同时还吸纳了吉本、赫尔德、萨维尼、孔多塞等人关于人类文明具有持续发展趋向的思想，并将其运用于对文明进步与倒退的评判上。基佐虽然坚信人类文明是不断进步的，但又认为并非各种文明都能得到持续发展。他将人类文明分为两种形式：一种是单一性文明，另一种是多样性文明。所谓单一性文明即是从一个单一的事实或从一个单一的概念产生出来的文明，这种文明由于缺乏内在的张力，即缺乏多种势力之间的斗争，因而也就缺乏不断超越自身而走向进步的动能。所以，单一性文明即便有过进步，也缺乏持续性，因而难逃早早夭亡的命运。所谓多样性的文明是自身包含着多种矛盾因素的文明，由于它存在多种势力的相持、斗争与妥协，因而能够持续不断地向前发展进步，也只有这种类型的文明才算得上是真正的文明。他认为近代以来的欧洲文明就是包含着差异、矛盾甚至对立因素的文明，因而是具有光明前景的文明。基佐把文明进步的动力机制看成是文明内在因素的冲突与整合，这种观点具有一定的解释力，但是他以近代欧洲文明为标尺的思路却是褊狭的。

英国历史学家汤因比提出，人类文明的核心不是经济、政治和军事，而是文化，亦即宗教。据此，他将世界划分为五大文明体，即基督教社会、东正教社会、伊斯兰教社会、印度教社会和大乘佛教的远东社会。所以，决定一个文明的兴衰存亡的并不是它的军事、政治和经济力量，而主要是文化力量，或以宗教为核心的精神力量。汤因比把人类文明看成是一个有机体，因而文明是一个从产生、生长、衰落到解体的演变过程。他认为文明发展的动力主要是对挑战的成功应战或者说文明产生于挑战和应战的对抗过程。他把挑战分为自然环境的挑战和人为环境的挑战，但又认为并不是任何挑战都能激起应战，挑战与应战之间应当保持着恰当的张力，也就是说文明的产生应当是对适度挑战的成功应战，而文明的成长则是挑战—应战—达到平衡—出现新挑战……如此不断重复的、有节奏的循序渐进的过程。文明的成长分为内、外两个方面。文明的外部成长即是表现为对自然环境和人为环境的控制或征服，对自然环境的控制或征服主要依赖于技术水平的进步和提高，而对人为环境的控制或征服主要表现为军事征服其他地区的人民或靠武力实现地理疆域的扩张。文明的内部成长则表现为人的精神日益充盈或丰沛，具体来说就是人有自觉能力和自我表现能力，有较高的思想境界和道德水准，即有较为强大的精神“自决”能力。汤因比认为，相比之下，文明的进步更重要的是体现为内部成长而不是外部成长，所以衡量文明社会成长的标准是“自决”，即人类自身精神的进步、道德水准的提高。它表现为人们具有社会责任感和历史使命感，能够对人类自身所创造的外在力量进行科学利用和有效控制。从这种意义上说，文明的衰落和解体也不是由外在客观因素造成的，而是由于精神上失落所导致的。当然，汤因比所说的精神因素不是指一个族类的群体意识，而主要是杰出人物或少数英雄人物的精神气质和自决能力。当英雄人物陷入呆板、无活力模仿的机械性状态，或者不及时进行自我角色的转换，始终沉溺于对自己以往辉煌的眷恋，“依着他的桨叶歇息”，就必然造成对新的挑战无力应对的状况，文明的失落就难以避免了。以挑战—应战模式来思考文明的发展，体现了汤因比对人特别是杰出人物创造文明的主体作用的重视，也表现出了他企图通过精神—心理救赎的方式来拯救文明的失落并开掘新的发展路径的宗教情怀。汤因比用社会心理来解释文明的发展和变化，认为新文明的诞生、成长，是以社会心理和价值观念的变革为前提的，这比只是从器物的变化探寻文明踪迹要深刻许多，但是夸大精神的作用所带来的局限是十分明显的，文明最终又必然成为无法言说的神秘的东西了。

美国政治学家塞缪尔·亨廷顿也对人类文明的发展进行了分析研究，但是亨廷顿的理论主旨并不在于关注人类文明的命运，而是借助于文明冲突来为以美国为代表的西方国家在冷战以后如何维持对世界的主宰地位寻找理论支持。他认为文明不过是放大了的文化，而在不同民族、国家、地域和宗教的背景下，文化的差异是非常明显的。但是人类历史的大部分时期，文明之间的交往是间断的或根本不存在，因而并不存在文明的冲突或者说冲突并不明显。但是，冷战期间，世界分为两极、三个世界，意识形态、政治、经济和军事的竞争无所不在，文明的冲突也就十分明显。冷战后全球第一次形成“多极”和“多文明”的状况，西方文明的影响在相对下降，亚洲文明正在扩张，特别是儒家文化与伊斯兰文化的结合将会对西方文明构成极大的威胁。所以，西方文明存在的基础在于把西方的文明看作独特的而不是普遍的，要努力更新且应保护西方文化，使它免受来自非西方社会的挑战。而从人类文明整体着眼，要维持人类文明的发展和持续，就必须保持不同文明之间的共存与合作，而这需要世界各国领导人愿意为此付出智慧。从亨廷顿对文明的冲突的分析来看，他认为不同文明发展的动力主要来自于对一定文化价值的认同，而人类整体文明的延续在后冷战时代更取决于文化上的合作与沟通。

由上所述不难看出，无论是基佐、汤因比抑或是亨廷顿，他们对文明发展的分析更多的是从关注西方文明而非人类整个文明的角度出发的，也更多地表现出为西方文明演化的合法性及其普适性进行辩护的倾向，而一些受到东方文化熏染的思想家们则对同样的问题表现出了他们不同的价值立场。

日本学者池田大作认为，西方文明发展的动力在很大程度上体现为自古希腊就奠定的理性主义传统的扩张。他认为，理性主义传统虽然体现了对人的主体性和认识能力的肯定，然而“这种从合理性的智慧和哲学思考中，寻求人的尊严的根据的思想方法，导致对其他缺乏智慧的生灵的蔑视，进而增强对同样是人，但未接受过智慧思考训练的人，或对思考方法不同的人皆加以轻视的风潮”①。这使得西方文明在发展过程中更多地依赖于对经济、科技、军事等方面的“硬力”的使用，而硬力的使用又带来“魔性欲望的膨胀”，总是企图

① ［日］池田大作，［德］狄尔鲍拉夫. 走向 21 世纪的人与哲学——寻求新的人生［M］. 宋成有，等，译. 北京：北京大学出版社，1992：82.

统治和征服其他人或其他存在物，这样必然会导致人与人的关系恶化和人与自然的关系的崩溃。而这就会使得西方文明的发展陷入危机之中。池田大作认为，当今西方文明的危机实际上已经清楚地显现出来了，主要体现在：第一，物质世界的丰富与精神世界的贫乏如影随形，也就是说，现代科学技术的发展虽然建造起了光彩夺目的物质大厦，但是人的精神家园却荒芜了，“西方科学所建造的‘全球一体’的物质世界，在今天已经越来越暴露出它的消极作用。导致这种状况的重要原因，毫无疑问是由于精神世界的贫乏”。① 第二，技术的进步为人口的急剧增长提供了物质条件，但也同时造成了人与自然关系的破坏。因为全世界人口数量正是随着工业革命帷幕的拉启而迅速增加的，一方面大机器生产在客观上需要大量的劳动力，另一方面技术的进步也为人口迅速增加提供了现实基础，因而为了养活庞大的人口，人类必然加剧对自然界的掠夺，从而导致各种公害不断出现，人类所赖以栖居的地球难以承受。第三，战争与暴力频繁出现，利己主义精神充盈在社会生活的每一个角落，人与人之间互相敌对，国家与国家之间互相敌对，而敌对的后果必然是战争的不可避免。针对这种状况，池田大作提出，文明发展的动力机制必须调整，这种调整方式就是要用“软力”来代替“硬力”。所谓软力就是精神力量、道德力量和宗教力量，其核心则是“信赖”和“友情”。② 而相形于西方文明，东方文明的运演方式则代表了人类文明的未来。

新加坡前总理李光耀从治理新加坡的经验中深切地感受到，人们需要按照新的理性原则而不是西方式的理性原则来生活才能够抵制西方思想的侵蚀，而这种新的理性原则就是要汲取儒家伦理文化的精髓，将孝道看成是维护社会和家庭的核心元素，“孝道不受重视，生存的体系就会变得薄弱，而文明的生活方式也会因此变得粗野”。③

中国著名学者季羡林则提出，人类文明在今天已经面临着调整或转型的重要时刻，“总之，我认为是西方的形而上学的分析已快走到尽头，而东方的寻求整体的综合必将取而代之，以分析为基础的西方文化也将随之衰微，代之而

---

① ［日］池田大作．佛法·西与东［M］．王健，译．成都：四川人民出版社，1996：3.

② ［日］池田大作，［俄］戈尔巴乔夫．二十世纪的精神教训［M］．香港：天地图书有限公司，2001：197.

③ 畅征．小国伟人——李光耀传［M］．北京：学苑出版社，1996：123.

起的必将是以综合为基础的东方文化。'取代'不是消灭，而是在过去几百年来西方文化所达到的基础上，用东方的整体着眼和普遍联系的综合思维方式，以东方文化为主导，吸收西方文化中的精髓，把人类文化的发展推向一个更高阶段。这种取代在 21 世纪就可见分晓。21 世纪是东方文化的时代，这是不以人们的主观意志为转移的客观规律"。①

以东方文明为背景来瞩望人类文明的发展，人们更多关注的是文明演进的精神力量和文化气质，从而把文明发展的动力机制归结为精神元素的嬗变，这种针对西方文明的缺失所进行的归纳探讨的确具有一定的号召力和吸引力，但是其中也难免有令人疑惑之处。首先，将人类文明的发展完全看成是精神因素的变化，实际上是将文明予以了窄化理解。其次，将人类文明的发展过程看成是从物质到精神的转换过程并不符合实际，人类的精神或思想是文明发展的结果或者说是文明机体上生长出的璀璨的花朵，它总要有所依赖，离开了现实的物质基础，思想或精神难免失去根基而漂泊无依。再次，无论是西方文明还是东方文明都是人类所创造的整体文明的重要组成部分，不同区域的文明由于受到自然、人文等多种因素的影响，的确会表现出不同的特质或价值取向，但是它们都表现了不同区域的人们在适应和改造环境的过程中所取得的进步和成果，因而都有其固有的活力元素和存在根据，当然也不可避免带有某些局限。所以固执于西方中心论的立场来贬低其他文明或者企图以西方文明的演进过程统摄整个文明的发展路向，就无法避免傲慢与偏见；同样，把东方文明看成是疗救西方文明偏失的良方并且将其看成是人类未来唯一的文明形态，也能明显地看出其中掺杂进了许多情绪化的东西。

二、马克思、恩格斯的文明发展动力论

当然，我们还可以列举出更多的关于人类文明发展动力和路向的学说、观点。但是，可以说迄今为止，在关于人类文明发展的动力、规律和目标等一系列问题的探讨上，尚无一种理论可以达到马克思、恩格斯思想的高度。

不是从虚假的观念和虚构的人性出发，而是立足于现实，这是马克思、恩

---

① 季羡林．21 世纪：东方文化的时代//中国哲学与文化比较新论：北京大学名教授演讲录［M］．北京：人民出版社，1996：23.

格斯思考历史发展、社会进步和文明演进问题的思想特色。这里所说的现实就是指资本主义社会的经济关系、社会结构和人的现实交往。在马克思看来，之所以思考人类的历史发展动力、规律和目标要立足于资本主义的现实历史，主要是因为，“资产阶级社会是最发达的和最多样性的历史的生产组织。因此，那些表现它的各种关系的范畴以及对于它的结构的理解，同时也能使我们透视一切已经覆灭的社会形式的结构和生产关系”。① 而这种方式也就是马克思所说的“后思”式的思维方式，“对人类生活形式的思索，从而对这些形式的科学分析，总是采取同实际发展相反的道路。这种思索是从事后开始的，就是说，是从发展过程的完成的结果开始的”。② 马克思又把这种方式形象地比喻为“人体的解剖是猴体解剖的钥匙”。

正是站在对资本主义深刻分析考察的基础上，马克思和恩格斯不仅看到了在私有制条件下，文明的进步所带来的诸多“不文明”的现象，而且从中发现了人类社会发展和文明演替的机制和规律。

大机器生产和资产阶级政治革命使人类历史进入了一个崭新的发展阶段。但是在马克思和恩格斯看来，这一发展阶段并没有给所有人带来福音，因为大机器生产和资产阶级的政治革命使得现实世界的关系大大简化了，“整个社会日益分裂为两大敌对的阵营，分裂为两大相互直接对立的阶级：资产阶级和无产阶级”。③ 然而，这种分化并非只是身份的简单认定，而是造成了两种截然不同的命运。有产阶级利用一切手段压榨工人阶级，来掠夺财富，他们在现实生活中表现出了种种丑态：“狡黠诡诈的，兜售叫卖的，吹毛求疵的，坑蒙拐骗的，贪婪成性的，见钱眼开的，图谋不轨的，没有心肝和丧尽天良的，背离和出卖社会利益的，放高利贷的，牵线撮合的，奴颜婢膝的，阿谀奉承的，圆滑世故的，招摇撞骗的，冷漠生硬的，制造、助长和纵容竞争、赤贫和犯罪的，破坏一切社会纽带的，没有廉耻、没有原则、没有诗意、没有实体、心灵空虚的贪财恶棍”。或者“用率直坦诚、一本正经、普遍利益、始终不渝的外表来掩盖缺乏活动能力、贪得无厌的享乐欲、自私自利、特殊利益和居心不良

---

① 马克思恩格斯选集：第2卷［M］．北京：人民出版社，1995：23.

② 马克思恩格斯全集：第44卷［M］．北京：人民出版社，2001：93.

③ 马克思，恩格斯．共产党宣言［M］．北京：人民出版社，1997：28.

的唐·吉诃德”。[①] 而无产阶级在有产者的盘剥下，则成为社会最底层的人，“由于推广机器和分工，无产者的劳动已经失去了任何独立的性质，因而对工人也失去了任何吸引力。工人变成了机器的单纯的附属品，要求他做的只是极其简单、极其单调和极容易学会的操作。因此，花在工人身上的费用，几乎只限于维持工人生活和延续工人后代所必需的生活资料。……挤在工厂里的工人群众就像士兵一样被组织起来。他们是产业军的普通士兵，受着各级军士和军官的层层监视。他们不仅仅是资产阶级的、资产阶级国家的奴隶，他们每日每时都受机器、受监工、首先是受各个经营工厂的资产者本人的奴役”。[②]

资本主义的发展不仅造成了有产者和无产者之间的对立，而且还造成了人与自然的尖锐对立。这种对立不仅体现在大机器生产破坏了自然，使人生活在空气污浊的环境中，更重要的是彻底改变了人与自然的关系。从人的本质来看，人应该是自由的普遍的存在物，这种本质体现在人与自然的关系上，一方面人应当与自然界形成全面的普遍联系：自然界不仅是“人的无机的身体”，而且也是“人的精神的无机界”。这意味着，不仅人的肉体生存要依赖于自然界，而且人的精神需要的满足也要依赖于自然界。“所谓人的肉体生活和精神生活同自然界相联系，不外是说自然界同自身相联系，因为人是自然界的一部分。”[③] 另一方面，人可以自由地对待自然界，“人懂得按照任何一个种的尺度来进行生产，并且懂得处处都把内在的尺度运用于对象；因此，人也按照美的规律来构造”。[④] 然而，资本主义大机器生产并没有充分体现和发展人与自然的这种普遍和自由的联系，自然界对人的丰富意义被抑制、被简化了，自然界仅仅被看成是供养人的肉体存活的工具，人的贫乏导致了自然界的贫乏。

所以，人与人和人与自然的这种对抗状态必须得到根本改变，私有制必须被消灭，人类解放的目标必须要实现，而无产阶级就是实现这一目标的承担者。无产阶级所承担的人类解放的使命是主观臆造、人为强加，是在人类历史进程中硬性地嵌入一个环节，还是这就是历史发展的规律和文明演化机制的体现？

---

① 马克思. 1844 年经济学哲学手稿［M］. 北京：人民出版社，2000：69－70.
② 马克思，恩格斯. 共产党宣言［M］. 北京：人民出版社，1997：34.
③ 马克思. 1844 年经济学哲学手稿［M］. 北京：人民出版社，2000：56－57.
④ 马克思. 1844 年经济学哲学手稿［M］. 北京：人民出版社，2000：58.

马克思和恩格斯把现实的个人确定为历史的起点，把生产力和交往形式的矛盾看作是历史发展的动力，彻底批判了那些通过逻辑推演和理论思辨来虚构人类历史的思想观点。在马克思和恩格斯看来，现实的个人既不是黑格尔和青年黑格尔派所说的概念化的“思辨的个人”，也不是费尔巴哈所强调的充满感性欲望的“经验的个人”，“而是处在一定历史条件下进行的、现实的、可以通过经验观察到的发展过程中的人”。① 这样的个人的“现实性”就在于，他要从事实际的物质生产和再生产，要形成和发展社会关系，前者意味着他要形成与自然界的关系，后者则意味着他要通过与他人的合作形成和发展社会交往。所以，现实的个人是处于自然与社会的“交汇点”上，借助于他的现实活动，自然与社会得以连接互动，历史也就在人与自然和人与人的关系发展过程中逐渐展现出它的丰富性。马克思和恩格斯把现实的个人确定为历史的起点，一方面确立了人的历史主体的地位，避免了把人与历史割裂开来，使人沦为历史的工具的偏向；另一方面也提出了人存在的历史制约性的基本论断，虽然人是历史的主体，但是人并不能随心所欲地创造历史，“历史的每一阶段都遇到有一定的物质结果，一定数量的生产力总和，人和自然以及个人之间历史地形成的关系，都遇到前一代传给后一代的大量生产力、资金和环境，尽管一方面这些生产力、资金和环境为新的一代所改变，但另一方面，它们也预先规定新一代本身的生活条件，使它得到一定的发展和具有特殊的性质。由此可见，这种观点表明：人创造环境，同样环境也创造人”。②

马克思和恩格斯把现实的个人确定为历史的起点，同时也解答了历史发展或文明演进的动力问题，即历史的发展、文明的进步不是借助于上帝的推动，也不是凭借主观的想象，更不是任凭感性欲望的膨胀，而是通过人的物质生产和交往关系之间的矛盾运动而产生出推动历史发展的动力。因为，从现实的个人出发也就是从人的现实生存方式出发，而在现实中每个人要生存、发展，就必然要同自然和社会发生一定关系，这是不以人的主观意志为转移的客观事实。“生活的生产——无论是自己生活的生产（通过劳动）或他人生活的生产（通过生育）——立即表现为双重关系：一方面是自然关系，另一方面是社会

---

① 马克思恩格斯全集：第3卷［M］．北京：人民出版社，1965：30.

② 马克思恩格斯全集：第3卷［M］．北京：人民出版社，1965：43.

关系。”① 由于人们必须首先通过与自然的关系——通过和自然界的物质交换才能满足自己生存和发展的需要，因而人与自然界之间进行物质交换的能力（生产力）必然是第一位的，它决定着人们的其他关系和活动。当然，生产力并不能直接决定全部社会关系的变化，而只是直接决定了那些由物质需要和生产方式所直接决定了的社会关系。物质的社会关系以及由其所决定的其他社会关系一道所构成的社会关系总和，表现为一定的社会关系类型，或社会形态。社会形态的不断更替，就形成了历史。“由此可见，一开始就表明了人们之间是有物质联系的。这种联系是由需要和生产方式决定的，它的历史和人的历史一样长久；这种联系不断采取新的形式，因而就呈现出‘历史’，它完全不需要似乎还是把人们联合起来的任何政治的或宗教的呓语存在。”② 这样，生产力的发展就构成了历史发展的最终决定力量，它不断地冲破不能适应其发展的社会关系的束缚，为自己的发展开辟道路，从而也推动着历史不断地从低级阶段向高级阶段迈进。“人们永远不会放弃他们已经获得的东西……为了不致丧失已经取得的成果，为了不致失掉文明的果实，人们在他们的交往（commerce）方式不再适合于既得的生产力时，就不得不改变他们继承下来的一切社会形式。”③ 因此，从生产力和交往形式亦即从生产力和生产关系的矛盾来看，资本主义的产生有其必然性，资本主义的灭亡也有其必然性。无产阶级起来推翻资产阶级的统治，消除资本主义制度下物的关系对个人的统治、偶然性对个人自由的剥夺，抛掉身上一切陈旧的肮脏东西，建立一个崭新的世界，就成为无产阶级必然要担当的历史重任。

所以，在马克思和恩格斯看来，人与自然和人与人的关系状况就成为衡量不同文明阶段或社会历史阶段的基本参照。马克思把人类历史的发展分为三个阶段，或者说分为三大历史形态。马克思在《1857—1858 年经济学手稿》中明确指出：“人的依赖关系（起初完全是自然发生的），是最初的社会形态，在这种形态下，人的生产能力只是在狭窄的范围内和孤立的地点上发展着。以物的依赖性为基础的人的独立性，是第二大形态，在这种形态下，才形成普遍

① 马克思恩格斯全集：第 3 卷［M］．北京：人民出版社，1972：34.
② 马克思恩格斯全集：第 3 卷［M］．北京：人民出版社，1995：81.
③ 马克思恩格斯全集：第 27 卷［M］．北京：人民出版社，1972：478.

的社会物质交换，全面的关系，多方面的需求以及全面的能力的体系。建立在个人全面发展和他们共同的社会生产能力成为他们的社会财富这一基础上的自由个性，是第三个阶段。第二个阶段为第三个阶段创造条件。因此，家长制的，古代的（以及封建的）状态随着商业、奢侈、货币、交换价值的发展而没落下去，现代社会则随着这些东西一道发展起来。"① 所谓人的依赖关系时期主要是指前资本主义时期，这种自然发生的依赖关系主要体现为两个方面：一方面，从人与人的关系来看，由于人们都是基于对血缘关系这种自然关系的依赖，因而人与人之间的交往受到了很大的限制，人与人之间的交往只是局部的、单一的、地域性的，也必然是原始而贫乏的。"他们只是作为具有某种（社会）规定性的个人而互相交往，如封建主和臣仆、地主和农奴等等，或作为种姓成员等等，或属于某个等级等等。"② 另一方面，从人与自然的关系来看，由于人自身的能力和生产条件的限制，也使得人与自然之间的关系处于一种未分化的状态，人更多地顺从和适应既定的自然条件，直接从自然界获取生活资料，生产不是为了交换、致富，而仅仅是为了生存。"各个个人都不是把自己当作劳动者，而是把自己当作所有者和同时也进行劳动的共同体成员。这种劳动的目的不是为了创造价值，——虽然他们也可能造成剩余劳动，以便为自己换取他人的产品，即（其他个人的）剩余产品，——相反，他们劳动的目的是为了保证各个所有者及其家庭以及每个共同体的生存。" 总之，人与自然关系的直接、简单和人与人关系的直接、贫乏就成为了人类历史第一种形态的根本特质。

人与动物不同，不会总是在原点上重复地生产自己，人的劳动是增值性的，人的需要是扩展性的，所以人对人的依赖和对自然的依赖状态必然要被打破，社会形态随之进入第二阶段——以物的依赖性为基础的人的独立性阶段，即资本主义阶段。这意味着，从人与人的关系来看，对宗法血缘关系的直接依赖状态被打破了，人的自由度空前提高，人的社会交往开始突破了地域和血缘的限制，人身获得了空间、居留地点和生活地点而不受阶层（或共同体）从属性的束缚；人有自己支配自己劳动力的权利，人身也不依附于他人。当然，

---

① 马克思恩格斯全集：第 46 卷（上）[M]．北京：人民出版社，1979：104.
② 马克思恩格斯全集：第 46 卷（上）[M]．北京：人民出版社，1979：110.

人与人之间关系的变化并不是偶然获得的，它是与人和自然关系的变化密切相关的。在历史的发展过程中，随着人的劳动能力即生产力不断进步、人的需要不断发展，直接依附于自然界的生存方式逐渐被抛弃，人们摆脱了对自然界的直接依赖，破除了对自然界敬畏顺从的心理，开始把自然界作为征服改造的对象，并最终把自然界改造成了服务于人的生存的现实世界。人类对自然界的改造和征服促进了物质财富的迅速增长，财富的增长导致了自然经济的破产和市场经济的确立，商品交换成为扩大人的视野和交往范围的最重要的媒介，即物的因素成为激发人的要素活跃起来的媒介或动力。

但是在资本主义阶段，人与人和人与自然关系的这种变化却最终会造成全面的危机。原因在于，人的独立性的获得所换来的是人与人之间，特别是有产者和无产者之间的尖锐对立，是相互漠不关心的独立性，是为了谋取财富而达成的形式上的彼此认同，是利己主义和物质主义成为市民社会的铁的原则的现实。人与自然关系的恶化所导致的是自然界被践踏得千疮百孔，人的生存环境一再恶化，“美洲金银产地的发现，土著居民的被剿灭、被奴役和被埋藏于矿井，对东印度开始进行的征服和掠夺，非洲变成商业性地猎获黑人的场所——这一切标志资本主义生产时代的曙光”。① 更重要的是，人与自然的对立生产出了片面的畸形的人，主要表现为“人的一切关系都局限于对物的占有关系中，社会关系的属人性质从中消失了；任何对象（包括人）只有成为私人的占有物才有意义，人的本质力量并不能在外部对象中得到表现、发挥和实现；人仅成为生产社会物质财富的手段——仅仅为获取生活资料以维持肉体生存而劳动，自我的创造个性在其中消失了；人的感觉也仅仅变成了单纯拥有的感觉。这是物的依赖关系对个人发展的消极一面”。②

当然，在马克思和恩格斯看来，资本主义阶段所形成的物的依赖关系并非只有消极的意义，从整个历史和人类文明发展的过程来看，它的积极意义也是不容否定的，一方面，它是人类以往历史发展的结果，是摆脱人身依附关系和自然依赖性所产生的重大飞跃；另一方面，物的依赖关系的形成也为人类历史

---

① 马克思恩格斯全集：第 44 卷［M］．北京：人民出版社，2001：847.

② 韩庆祥，亢安毅．马克思开辟的道路——人的全面发展研究［M］．北京：人民出版社，2005：204.

向高一阶段发展奠定了基础。大机器的普遍使用，资本的活跃或增值等，都为人类历史发展到高一阶段奠定了物质基础；同时，人的自由和独立性的增强尽管具有表面和形式的意义，但是仍然敞开了通向未来的发展之路；无产阶级在大机器化生产中锻炼了自己，使得人类解放的主体力量不断得到积累。所以，“毫无疑问，这种物的联系比单个人之间没有联系要好，或者比只是以自然血缘关系和统治服从关系为基础的地方性联系要好。……这种联系……是历史的产物”①。

资本主义的发展，工业文明的递进为人类历史向第三阶段发展提供了实践基础和理论前提，马克思把历史发展的第三阶段的主题确定为每个人自由全面的发展，而这也是马克思和恩格斯毕生追求的价值目标。

在马克思和恩格斯的视野中，“每个人自由全面的发展”的内涵可以从两个维度来得到体现：一是从个体自身的素质方面来看，个人的全面发展首先就是要生产出个人的全面性和丰富性，人不仅在体力和智力上要达到很高的水平，而且要塑造出“具有丰富的、全面而深刻的感受能力的人”，这“一方面为了使人的感觉成为人的，另一方面为了创造同人的本质和自然界的本质的全部丰富性相适应的人的感觉”。② 二是从社会发展的角度看，作为对私有制条件下个人之间彼此隔绝、对抗敌视的生存境遇的扬弃，个人的全面发展绝不意味着要获得一种更加彻底的特立独行，来剪断人与自然和社会的一切联系，因为这会对人的本质造成更严重的扭曲。“人的本质不是单个人所固有的抽象物，在其现实性上，它是一切社会关系的总和。”③ 所以，个人的全面发展就是要造就一个自由人的联合体或者说一个真实的集体，在这样一个联合体中，每个人都获得平等的发展，每个人的个性都获得充分而自由的发展。自由人的联合体既是个人全面发展的条件，也是个人全面发展的结果。这就意味着，在马克思和恩格斯看来，个人的全面发展与社会的发展进步是统一的，“每一个单独的个人的解放的程度是与历史完全转变为世界历史的程度一致的”。④ 因此，社会主义和共产主义就是要为个人的全面发展开辟道路，就是要把生产力

---

① 马克思恩格斯全集：第 30 卷［M］. 北京：人民出版社，1997：111－112.
② 马克思. 1844 年经济学哲学手稿［M］. 北京：人民出版社，2000：88.
③ 马克思恩格斯选集：第 1 卷［M］. 北京：人民出版社，1995：60.
④ 马克思恩格斯全集：第 1 卷［M］. 北京：人民出版社，1956：42.

和社会交往的最高成果通过个人的完善和发展体现出来，这也是社会主义和共产主义价值意义的重要体现。

马克思在《1844 年经济学哲学手稿》中对共产主义做出了这样的概括："共产主义是私有财产即人的自我异化的积极的扬弃，因而是通过人并且为了人而对人的本质的真正占有；因此，它是人向自身、向社会的即合乎人性的人的复归，这种复归是完全的，自觉的和在以往发展的全部财富的范围内生成的。这种共产主义，作为完成了的自然主义 = 人道主义，而作为完成了的人道主义 = 自然主义，它是人和自然之间、人和人之间的矛盾的真正解决，是存在和本质、对象化和自我确证、自由和必然、个体和类之间的斗争的真正解决。它是历史之谜的解答，而且知道自己就是这种解答。"① 马克思这里所说的自然主义所强调的是，自然界是世界的唯一真正的本体，是人和社会存在基础，人和社会要存在和发展，都必须以对自然界的利用、依赖为基础；人道主义所强调的则是人本身具有最高的价值，人的社会联系及其活动是人化了的自然界和一切社会历史事件的主题本质和创造源泉。马克思认为，自然主义和人道主义是具有内在的联系的，也就是说自然界的基础地位与人的最高价值实现是密切相关的。只有实现了人与人的和谐统一才能实现人与自然的和谐统一，反之亦然。资本主义私有制把人对自然界的占有变成了人对自然界的掠夺、统治，而共产主义社会由于废除了私有财产，扬弃了人的自我异化，自然界便开始向人生成，即通过人的劳动实践，自然界不再与人相对立，变成了属人的自然界或符合人的本质的自然界，这也就是完成了的自然主义。同时，共产主义是通过人并且为了人而对人的本质的真正占有，是人向自身的复归，它解决了人与人之间的矛盾和个人与社会的对立，因而也是完成了的人道主义。

马克思与恩格斯在批判旧世界的基础上发现了一个新世界，即发现了人类历史的发展规律，指明了社会发展的目标，肯定了个人实现自我完善的价值追求。马克思与恩格斯虽然没有明确地谈到生态文明的问题，但是他们的这些思想对于我们理解生态文明的内涵具有重要的启示。

第一，资本主义是一定要被超越的，私有制条件下的大机器化生产和科技发展与应用方式是一定要被超越的，人类历史一定要进入到一个新的阶段。

---

① 马克思. 1844 年经济学哲学手稿［M］. 北京：人民出版社，2000：81.

第二，生产力和生产关系的矛盾运动是人类历史发展的根本动力，也是人类文明发展的根本动力。换句话来说，人与自然的关系和人与人的关系的矛盾运动是人类社会发展的重要机制，在任何一个社会形态或文明形态中都要面临着处理人与自然和人与社会的关系问题，当人与自然的关系和人与社会的关系发生变化时，社会形态和文明形态就必然要发生变化。

第三，作为对资本主义和私有制条件下人与自然关系以及人与人关系的超越，社会主义和共产主义社会是追求全面和谐的社会，是人与人之间和人与自然之间的尖锐对抗得到解决的社会，人将生活在一种全新生存环境之中。

第四，社会的发展和文明的进步在最终的意义上要通过每个人的全面发展体现出来，也就是说，社会的发展和文明的进步并不是要造成与人的生存、生活以及主体需要的满足无关的繁华或荣光，而必须要使人能够分享、体验、获得。

第2章

人类文明的三大形态及其特质

迄今为止，人类文明已经经历了原始文明阶段、农业文明阶段和工业文明阶段，而现在正处于工业文明向生态文明过渡的时期。虽然根据人类文明在不同时期所表现的特质可以将文明划分为上述不同的类型或阶段，但是人类文明的发展、演化是一个连续统一的过程，期间有转折却并无断裂。所以透过人类文明的历史过程，我们不仅能够发现不同时期的文明内涵，而且更能从中发现生态文明从萌芽到发育、成长的过程。也就是说，生态文明实际上是人类文明发展积淀的一种必然结果，尽管在以往的文明阶段，生态文明并未获得显性的内涵或形式，但是它已经在以往文明的母体中悄悄地孕育着。诚如在“道路”的概念产生之前，人们实际上已经走在道路上很久了。

这并非是单纯的理论推论或逻辑归纳的结果，因为从根本上说，“人类文明的乐章不外乎两大主题的交响、变奏，一是人与自然的关系，一是人与人的关系；人类文明史也是一部与自然并存、交流、共生的发展史”①。

第一节　原始文明的表征

表征（representation），通常是指事物显露在外的征象。原始文明的表征即指原始文明所表现出的感触到或直观到的现象。当然，原始社会这一概念是对人类初期生活阶段的一种概括或描述，对于今天的人来说，谁都没有亲历，故而谁也没有记忆。但是在历史的沧桑巨变之中，原始文明并没有彻底湮没，自然界成为了最大的原始文化博物馆。人们通过考古发掘获得了大量的关涉原

① 梅雪芹．环境史学与环境问题［M］．北京：人民出版社，2004：21.

始文明状态和征象的材料，并且通过文献分析和整理，对原始文明的认识也不断深化。所以，我们今天仍然可以从整体上对原始文明的性状做出一些基本的归纳和描述。

文明首先表现为物质生产的过程与结果。马克思指出，“全部人类历史的第一个前提无疑是有生命的个人的存在。”① 而为了维持肉体的存在，人们就必须展开改造自然的物质活动，并在改造自然的过程中形成和发展人与人之间的交往。原始社会“是与生产的不发达阶段相适应的，当时人们是靠狩猎、捕鱼、牧畜，或者最多是靠务农生活的”②。由于生产工具的简陋和交往方式的狭窄，原始人的实践活动带有非常强的实用性目的，即获得生存资料是劳动的直接目的。而且获取生存资料占据了他们生活的大部分时间，成为日常生活的主题。人类实践活动的能力和水平直接决定了文化的基本性状。尽管从文化分类学的角度来看，原始文明可以分为不同的区系，但是从物质活动的层面来说，仍然可以发现一些共同的现象。如早期以狩猎和采集为生，生产工具比较简单，使用石制的投枪、投掷棒、磨光石斧、三角形镞、尖状器、刮削器及骨制的鱼钩、鱼叉和锄，后期始出现弓箭和陶器等。

莫尔根对人类史前社会进行了这样的阶段性划分：蒙昧时代的低级阶段是人类的童年时期，为了在大猛兽中间生存，人们不得不住在树上；蒙昧时代的中级阶段，人们懂得使用粗制的、未加磨制的石器，并掌握了摩擦取火的本领；蒙昧时代的高级阶段是从弓箭的发明开始，这一时期人们开始使用磨制的（新石器时代的）石器，已经能用石斧等工具制造独木舟和木屋等。野蛮时代的低级阶段是从学会制陶术开始。这一时期人们由渔猎转入畜牧业，其特有标志是动物的驯养、繁殖和植物的种植；在野蛮时代的中级阶段，人们知道了除铁之外的一些金属加工，但仍然不得不使用石制的武器和工具。此时人们已懂得谷物的种植。野蛮时代的高级阶段则从铁矿的冶炼开始，并由于文字的发明及其应用于文献记录而过渡到文明时代。

当然，由于处在不同的自然生态环境中，原始人的物质生产活动也表现出了不同的区域性特征。如北美原始文化在旧石器时代便以地区类型而显出其特

---

① 马克思恩格斯选集：第 1 卷［M］. 北京：人民出版社，1995：67.

② 马克思恩格斯全集：第 3 卷［M］. 北京：人民出版社，1960：25.

质。进入新石器时代后，东部是古代文化传统（公元前 5000 年—前 2000 年），以伍德兰地区（即东部森林地区）为中心，并延伸到加拿大和平原地区。那里的居民过着季节性的村落生活，早期以狩猎和采集为生，后期开始出现农业并发展出了陶器制作工艺。西部地区初为沙漠文化（公元前 8000 年—前 7000 年），以西北沿海山脉和落基山脉间地为中心，扩及墨西哥 、得克萨斯地区东北、加利福尼亚南部一带，那里的人们初期以采集野生植物和猎捕小动物为生，使用石制的投枪、挖土棒、磨盘以及筐篮。大约在公元前 3200 年至公元前 2200 年开始过定居农业生活，为北美西南地区农业的发展奠定了基础。

对于中国史前文化，中国古代典籍多有记载。《古史考》说："太古之初，人吮露精，食草木实，穴居野处。山居则食鸟兽，衣其羽皮，饮血茹毛；近水则食鱼鳖螺蛤，未有火化，腥臊多，害肠胃，于是有圣人以火德王，造作钻燧出火，教人熟食。"《尸子》记载："宓羲氏之世，天下多兽，故教民以猎。"《白虎通》则载有："古之人民，皆食禽兽肉。至于神农，人民众多，禽兽不足。于是神农因天之时，分地之利，制耒耜，教民农作，神而化之，使民宜之，故谓之神农也。"而且中国古代典籍所载实事也不断为考古发掘所证实，中国先民利用简单的生产工具从事渔猎、采集和农耕构成了中国史前文明时期基本的物质生产活动方式，这与其他民族并无大异。

原始人的物质生产方式也决定了原始文明其他表现形式。原始宗教是原始文明的重要内容。宗教源于人对世界的神秘感知，"对原始人来说，纯物理（按我们给这个词所赋予的那种意义而言）的现象是没有的。流着的水、吹着的风、下着的雨，任何自然现象、声音、颜色，从来就不像被我们感知的那样被他们感知着"。① 原始人的知觉根本上是神秘的，对世界的神秘观感开辟出了原始文化的宗教场域。

崇拜大自然是原始社会一种极为普遍的现象，是原始人早期的宗教形式之一。当然，由于原始人各部落所依赖生存的地理环境不同，因此所崇拜的自然物也有所不同。在大自然中，为原始人普遍崇拜的对象主要有土地、天体、山石、水火和动植物等。土地是人类赖以生活、生产及万物生长的场所，土地被神化在原始文化中是极其自然的事；天宇的深邃和宏阔，给人以极大的神秘

① ［法］列维·布留尔．原始思维［M］．丁由，译．北京：商务印书馆，1981：34－35.

感，特别是天体运行中出现的各种现象（如电闪雷鸣、风霜雨雪等）又明显地影响人的生活，也会给人带来恐惧感。因而原始宗教中对天体和天象加以神化、加以崇拜的内容十分突出；对动物、植物的崇拜是狩猎经济和采集农耕经济在宗教意识方面的反映，目前在世界很多地方都发现了在洞穴、岩壁上描绘刻画动物与人类狩猎活动的图画。而且这种对动物的崇拜，在今天有些地方不仅保存下来，而且仪式还相当隆重。原始社会以血缘为纽带的各个氏族集团，往往把自己的始祖与某一类动物或植物联系起来，这类动物或植物就被当作本氏族的标记，它的盛衰就象征着本氏族的盛衰，这种动物或植物也就被当作图腾予以崇拜。

对大自然神秘对象的崇拜必然伴随着一定的宗教献祭仪式，人们以祭祀、歌舞、禁忌等方式表达着对神秘对象的献媚和尊崇，以期得到佑护和保全，原始宗教又在很大程度上催开了原始艺术之花。

在原始文明的谱系中，音乐、舞蹈、绘画等也是其中的重要内容，塑成了人类艺术的最古老的形式，这些最古老的艺术形式又往往是与原始宗教紧密联系在一起的。在生产力十分低下的远古时代，强大的自然力对于人类来说无疑是神秘的主宰力量，为了取悦于自然，获得神灵的保护，歌舞等便成为人向神灵表达愿望的重要手段。而且，在日常生活中，“一次狩猎的成功，一场战争的胜利，一次男女求爱的冲动，一种对天地鬼神的敬畏，人们都可以任感情的需要而手之舞之，足之蹈之，而无需在此时审视形式是否完美，掂量其情感是否适度，一切都是任其自然，化之于自然”。① 除了歌舞之外，原始人还创造出了大量的绘画作品，考古学家在世界许多地方都发现了原始人所创造的壁画、岩画，它们向现代人展示了远古艺术的独特魅力。

毫无疑问，人与自然的交往在原始文明创造的过程中占有主导型意义，因为自然力在很大程度上决定了人的生存条件、生活方式、交往条件和艺术活动，等等。可以说，自然崇拜成为原始文明的母题。尽管这一阶段的人与自然的关系是以自然力的主宰姿态而呈现的，人要献媚于自然，敬畏自然，但是在这种素朴的庄严中却逐渐陶冶出人类先祖的生存智慧，尽管这些智慧是混沌或未开化的，但事实证明，当人类已经远远离开荒蛮时期以后仍然有必要时常反

---

① 田小满．人类文明史（音乐舞蹈卷·快乐的人类）［M］．长沙：湖南人民出版社，2001：10.

省和回望这一时期的生存智慧。

总之，作为人类文明的逻辑起点，原始文明包含了人类文明发展演化的内在矛盾，当然也蕴涵了人与自然和人与社会关系逐步展开的内在根据。

第二节　农业文明及其特质

原始文明时期的人与自然和人与人的关系从总体上保持着一种“混沌的整体性”，但是这只是人类文明的初始阶段，并非是人类文明的一种常态。“人们不可以将这一时期想像成是一个自身静止的，并为人与自然之间稳定的和谐所充盈的时代，属于这一时期的还有那些带有创伤性的最原始的经验——关于干旱与寒冷的经验、关于饥饿与干渴的经验、关于水患与森林火灾的经验。人类对自然环境的警觉更多地建立在以往不幸的经验而远非人类的原始直觉的基础上。饥荒一再使人们意识到食物空间的局限与脆弱。”① 正是在这种生存的困窘中，人类的潜质得以激发和释放，人与低等动物的本质性差异逐渐得以彰显，即人类不是在本能的基础上复现自身，而是在不断满足自身需要的意义上生产自己。所以人与自然的关系和人与人的关系都不会始终停留在一个水平上，人类文明也不会始终停留在荒蛮时期，从原始文明形态过渡到农耕文明形态，就是人类文明发展史上的第一次重大跨越。

从原始文明形态过渡到农耕文明形态不是在人的观念和意识中完成的，而是在人的实际生存过程中体现出来的。人猿揖别，人类就在寻求着合乎自身的生活和生存方式。“不管是蝙蝠、鸟类、昆虫还是人类，都不能像鱼类和海洋哺乳动物生活在水里那样生活在空中。任何生物在空中都只是一个旅行者。有翼动物飞来飞去捕食谋生，但它们在地面或水面上不能没有一个活动基地。即使燕子也得栖停在哪怕是电线上，并构筑泥巢来哺育幼雏。”② 而人类从动物

① ［德］约阿希姆·拉德卡．自然与权力：世界环境史［M］．王国豫，付天海，译．保定：河北大学出版社，2004：44.

② ［英］阿诺德·约瑟夫·汤因比．人类与大地母亲——一部叙事体世界历史［M］．徐波，等，译．上海：上海人民出版社，2001：29－30.

生存状态中解脱出来之后，就必须寻求最适合于自己生存的栖居地。“旷观此世，人类所生，不仅在温带，亦有在寒带热带生长者，寒带人仅能以游牧为生，逐水草而迁徙。不能安居，斯不能乐业。”① 而最适合人类居住的是温带地区，除了有四季分明的气候条件之外，还应有便于耕种的土地和利于灌溉的江河，因而最初人类所集中选择的生存之地大都是濒临江河且有便于开垦耕种的土地所在。人类历史上最先形成的西亚—北非—南欧农耕文明区，东亚—南亚农耕文明区和美洲新大陆农耕文明区，都说明了这一点。由此也奠定了人类以农业生产劳动为基础的基本生存样式和文明表现形态。

首先，农耕文明实际上仍然保留了许多原始文明遗存，因为奠定了原始文明基础的生产方式并没有发生根本性的变化，采集和渔猎等物质生产活动仍然是非常重要的获得生活资料的手段或途径。但是随着人类加工和使用生产工具能力的提高，生产力有了较为迅速的发展，物质生产资料的积累有了迅速增长，从而为人口的迅速增加奠定了坚实的物质基础。这样，人类的交往方式也发生了很大的变化，人们聚族而居，社会交往的深度和广度有了很大提高，更大规模的社会组织单位开始形成。

其次，生产力的较快发展导致了社会分工的出现和深化。原始社会的劳动分工是以人的生理条件上的差异为基础的自然分工。而随着生产力的发展，劳动产品有了剩余，使得社会中的人从事不同的社会活动有了可能。原始社会末期，畜牧业、手工业和商业都从农业生产活动中剥离出来了，而这也为农耕文明的繁荣发展奠定了基础，社会分工也在客观上使得精神文化活动逐渐获得了自身的表现方式和发展领域。文学、音乐、舞蹈等迅速发展极大地丰富了农耕文明时代人们的文化生活。

最后，随着生产力的发展，阶级和国家开始出现。一方面，通过国家管理，社会事务的各个方面都得以立规立制，制度文化由此也得到了迅速发展；另一方面，尽管阶级和国家的产生打破了原始淳朴的人际关系，出现了人对人赤裸裸的剥削和压迫，但是国家的产生使得整合全社会的力量组织和完成社会重大事务成为可能。由上所述，农耕文化的基本表征就是：文明的创造都与农业生产劳动密切相关，农业生产成为文明发展的“关键点”；文明的表现方式

---

① 钱穆．晚学盲言：上卷［M］．桂林：广西师范大学出版社，2004：33.

更加丰富多样，制度文化得到了迅速的发展。

农耕文明时代，地球上主要形成了三大农业文明中心，处在这些不同区域的国家、民族都结合自己的生存和生活特点，创造了属于自己的文明成果。

一、西亚—北非—南欧农耕文明区

西亚农耕文明区又被称为苏美尔文明区，地理上主要是指两河流域的美索不达米亚平原地区。开发并定居于底格里斯河、幼发拉底河两河流域下游冲积盆地的人们靠集体的力量共同缔造了人类历史上早期的“文明摇篮”。在公元前3100至公元前2500年间，此地的各城邦国家相安无事，在很长的时间里，由于各城邦国家忙于开垦自己所辖的领土，一片片沼泽逐渐变成了肥沃的粮田。但是“大约开始于公元前第三千纪中叶的苏美尔历史的下一个阶段，突出的特点已不再是统治集团在各自城邦国家中尽力保持自己的特权地位，而是各城邦国家之间的相互冲突”。[①] 冲突的焦点则无非是对粮田和水利的控制。战争和冲突并没有使得人们远离这片沃土，相反却使得一次次的移民浪潮席卷过阿拉伯平原的北海岸，川流不息地涌入这片“肥沃新月”地带。在历史的延续过程中，这块文明沃土不仅滋养着人们的躯体，而且也逐渐培育出人们独特的人格风范：其一是对宗教的虔诚，其二则是强大的经商能力。

西亚农耕文明区的人类生活与这片土地紧密地贴合在一起，人对大自然的依赖以及大自然对人的塑造都在同时发生着、进行着。底格里斯河和幼发拉底河哺育了这里的文明，也塑造出了与这两大河流相关的生活方式。考古学家证实，公元前3000多年以前在城邦中已经出现了专门培养贵族子弟的宫廷学校，“人类的赛车、骑马、剑术等可以在这里找到源头”。[②] 游泳技术和能力的培养也在这里受到重视。两河流域地处交通要冲，又无天然屏障，常遭异族入侵，与军事斗争相关的技艺受到重视。在对军士的训练上，除了重视骑射技术的训练外，还重视潜泳、爬泳技术的训练，士兵在训练过程中还配备一种名为“穆塞”的充气气囊作为水中漂浮工具。另外，在农业社会时期，两河流域也

---

① ［英］阿诺德·约瑟夫·汤因比．人类与大地母亲——一部叙事体世界历史［M］．徐波，等，译．上海：上海人民出版社，2001：55.

② 刘清黎，等．体育五千年：上卷［M］．长春：吉林人民出版社，2000：90.

曾经是水草丰美、林密径深之地，所以狩猎活动也在上层社会中十分普遍，狩猎既是当时非常重要的体育休闲活动，也是重要的军事训练手段。

北非农耕文明区主要是指古埃及人在开发尼罗河下游河谷及三角洲丛林沼泽的过程中所创造的古老的区域性文明区。埃及人创制文明的条件要远远胜于苏美尔人。尼罗河流域不同于两河流域，西边是利比亚沙漠，东面是阿拉伯沙漠，南面是努比亚沙漠和飞流直下的大瀑布，北面是三角洲地区没有港湾的海岸，在这些自然屏障的怀抱中，埃及人可以安全地栖息，不必担忧外族人的袭扰。丰富的矿产资源、便利的运输条件、有利的气候条件等都使得埃及人的文明成果迅速得到积累。“在埃及，神祇代表了将人类掌握于股掌之中的自然力量，而且在埃及，对自然的崇拜也得到一种补充，即对人类集体力量的崇拜。”而且大约公元前 3100 年，埃及实现了政治上的统一后，一直到公元前 332 年亚历山大大帝征服埃及，古埃及经历了 31 个王朝，长期保持着政治上的稳定。“埃及的政治统一开创了法老埃及的文明时代。在此后的 3000 年历史中，这一文明一直在埃及占统治地位。它史无前例地体现出人类的集体力量，对人类集体力量的崇拜也因之而具有了新的形式。”①

古希腊历史学家希罗多德曾经说过，“埃及是尼罗河的礼物”。古埃及诗人也盛赞尼罗河：“既不向我们征税，也不强迫我们服劳役……它向每一个人馈赠礼物，向上埃及、下埃及，穷人、富人，强者、弱者，不加区别，毫不偏袒，这些就是他的礼物，比金银更贵重。”尼罗河也成为了埃及文明的摇篮，古埃及人生活的许多方面都与水有关。古埃及人非常喜爱游泳运动，特别是妇女参加游泳活动十分踊跃广泛。划船本来是埃及人的生产活动，后来这项活动逐渐演化成一种带有竞技性和娱乐性的体育运动。有的法老在宫廷附近开凿人工湖，便于泛舟娱乐。有的还亲自参加划船比赛，传说法老阿门诺裴斯就是一位出色的桨手，他站在可容纳 200 人的赛船上，甩开粗壮的臂膀，奋力划动 20 英尺长的船桨，催舟猛进。除此之外，古埃及人还喜爱摔跤和击剑活动，每逢节日庆典和重要外事活动，往往都要在宫廷中举行摔跤和击剑比赛。在埃及出土的许多壁画和浮雕中都有摔跤和击剑的形象。当然，在农耕文明中，狩

① ［英］阿诺德·约瑟夫·汤因比．人类与大地母亲——一部叙事体世界历史［M］．徐波，等，译．上海：上海人民出版社，2001：53.

猎是必不可少的生产活动，古埃及的法老和贵族也把狩猎作为一项重要的娱乐活动，并把狩猎规定为法老贵族的特权，狩猎活动培养了人们对骑射技能的兴趣。总之，古埃及文明源远流长，对世界文明的发展贡献颇多。

南欧农耕文明区从地理上主要是指阿尔卑斯山脉以南的巴尔干半岛、亚平宁半岛、伊比利亚半岛及其附近岛屿，这一区域南面和东面面临大西洋的属海地中海和黑海，西濒大西洋。南欧三大半岛多山，平原面积甚小。地处大西洋—地中海—印度洋沿岸火山带，多火山，地震频繁。大部分地区属亚热带地中海式气候。河流短小，大多注入地中海。在这片土地上所产生的文明即是希腊文明。虽然从起源上看希腊文明并不是最古老的文明形态，但是它对后世欧洲文明的哺育和影响却是巨大的。

从文明发展的客观环境来看，南欧在当时并非人类理想的栖居之地，平原狭小，土地贫瘠，冷风苦雨，但是“我们在整个希腊罗马的历史进程中所看到的那种典型的希腊城邦，是一种领土有限的小型农业公社……这种公社在经济上基本自给自足，它与外界维持着最低限度的贸易，其内部政府机构也很简单”。① 发达的城邦生活和先进的城邦管理使得这片土地上的文明之花开放得格外灿烂。

造化弄人。较为严酷的生存环境和频繁的城邦之间的战争使得古希腊人十分崇尚理论思维和身体锻炼，重视理论思维使得古希腊的哲学很早就达到了较高的水准，重视身体锻炼也使得古希腊的体育活动获得了很好的发育。与其他农耕文化区的体育活动有很大不同的是，古希腊的体育活动不仅被纳入到了城邦管理的体制中，而且一些思想家还阐述了较为系统的体育教育思想，这也在一定的意义上决定了古希腊的体育文化的历史性贡献。

古希腊的城邦国家主要有雅典和斯巴达。

雅典地处地中海的阿提卡半岛，境内多山，不利农耕，但沿海多良港分布，便于经商。自公元前 594 年经过梭伦改革以后，雅典的经济和文化得到了迅速的提升。雅典要求其公民既要积极参与城邦事务，同时还要成为勇敢的军人。雅典人十分重视和欣赏人体的匀称健美、动作的灵活协调以及勇敢坚毅的

---

① ［英］阿诺德·约瑟夫·汤因比．人类与大地母亲——一部叙事体世界历史［M］．徐波，等，译．上海：上海人民出版社，2001：119.

品质，而且认为人的这些外在和内在的良好的素质只有通过体育锻炼才能获得。雅典人把他们这种热爱、崇尚体育活动的基本理念渗透在教育中，规定儿童到7岁后就要到国家设立的公共场所接受全面的教育和训练，而且专设体操学校进行体育训练，儿童根据年龄和体质状况进行分组，主要进行跑步、跳跃、爬绳、球类、游泳等方面的训练；成年人则增加了角力、拳击、格斗、赛马、赛车等竞技性较强的体育活动的训练。“雅典的体育教育，注意培养公民热爱国家、勇敢坚韧、团结自信、严守纪律的品格。”①

斯巴达城邦是古希腊时期最大的农业城邦国家，地处伯罗奔尼撒半岛的南部。斯巴达更是一个尚武的国家，十分重视军事化教育，国家实行全民皆兵制度，国家的一切事务安排也都是服从军事需要。斯巴达规定，婴儿一出生就要接受严格的身体检查，体弱多病者则被扔到山谷中，身体合格者从小就要接受严格的训练，而体育训练则是其中的重要内容。斯巴达青年在20岁时都要参军，而且规定服役时间长达40年。在斯巴达，不仅男青年要接受严格的军事训练，女青年的训练强度与男子也基本相似，这种近乎严酷的军事训练方式为斯巴达培养了一大批能征善战的勇士，当然也涌现出了一大批体育方面的杰出人才。从公元前720年到公元前570年的150年间，在奥林匹克运动会上，斯巴达人共取得了81项比赛中的40项优胜奖。

谈到古希腊的体育运动就必然要谈到古希腊奥林匹克运动会。古希腊的奥林匹克运动会实际上是从祭祀古希腊的众神之王宙斯的奥林匹亚竞技会发展而来的，最先兴起于伯罗奔尼撒半岛的伊里斯城邦境内。当地人为了取悦神灵，获得赐福，就在奥林匹亚这个风景秀丽的村落里举行祭礼竞技大会，展示力量和健美。古希腊奥林匹克运动会前后延续了一千多年，公元前8世纪到公元前6世纪是古希腊奥运会初始阶段，举办范围主要限于伯罗奔尼撒西部城邦，竞赛时间和内容都比较少。公元前6世纪到公元前4世纪是古希腊奥运会的鼎盛时期，规模已经发展到古希腊全境，所有城邦都来参与，比赛的项目和运动会的时间都有所增加，影响迅速扩大。在奥运会上取得优胜的选手都被看成是英雄，人们给予他们很高的荣誉，到处受到欢迎和簇拥。从公元前4世纪到公元4世纪，随着古希腊各城邦先后被马其顿和罗马帝国征服而走向衰落后，古奥

① 罗时铭，谭华．奥林匹克学［M］．北京：高等教育出版社，2007：9.

林匹克运动会也逐渐走向衰落。

罗素说过：“在全部的历史里最使人感到惊异和难以解说的莫过于希腊文明的崛起了。”他又说：“人们生活的环境在决定他们的哲学上起着很大的作用，然而反过来他们的哲学又在决定他们的环境上起着很大作用。”① 也就是说，古希腊文明尽管一开始就表现出一种早熟的特征，但是这并不是奥林匹亚山的众神所创造的奇迹，仍然是自然与人之间互塑的结果。

正如有学者所指出的，在世界上许多古老的民族那里，自然常常被看作是混沌的、神秘的、变化无常的，因而人们对自然的看法往往是神话的或宗教的，缺乏对自然界的系统看法。但公元前 6 世纪的希腊人，他们完成了对自然的三个层次的把握：第一，把自然作为一个独立于人、外在于人的对象加以整体看待。第二，把自然界看成一个有规律的，并且其规律是可以为人，即主体所把握的对象。第三，创造了一套数学语言来力图把握自然界的规律。②

这似乎意味着在希腊文明体系中自然已经早早就被祛魅了，科学的思维方式已经确立，人与自然已经在观念中形成了主体与客体对立的认识论框架。实际上，若如此判断可能造成一种对希腊文明特质的误读。究其实，萌生于希腊神话中的哲学思想和科学观念在本质上所体现的还是一种对自然智慧的讶异和敬仰。“正像所有开化得很快的社会一样，希腊人……发展了一种对于原始事物的爱慕，以及一种对于比当时道德所裁可的生活方式更为本能的、更加热烈的生活方式的热望。对于那些由于强迫因而在行为上比在感情上来得更文明的男人或女人，理性是可厌的，道德是一种负担与奴役。这就在思想方面、感情方面与行为方面引向一种反动。”③ 所以从深层次来讲，希腊文明所反映出更本质的东西应该是人对自然智慧的爱与崇敬，而并非征服或驾驭。人与自然之间就像安泰与大地母亲之间，自然并没有被想象为已经构成了一种异己性的物质的力量，这一点与近代科学思维有着本质上的差异，也体现了希腊文明早期的农耕文明的基本特色。

---

① ［英］罗素．西方哲学史：上卷［M］．何兆武，李约瑟，马元德，译．北京：商务印书馆，1981：12.

② 吴国盛．科学的历程：上册［M］．长沙：湖南科学技术出版社，1997：104－105.

③ ［英］罗素．西方哲学史：上卷［M］．何兆武，李约瑟，马元德，译．北京：商务印书馆，1981：98.

二、东亚—南亚农耕文明区

东亚农耕文明区主要是指以中国的黄河和长江流域为基础而形成的文明区域。黄河和长江是中华民族的母亲河，这两大流域幅员辽阔，宜于农耕，哺育了众多人口。从历史上看，中国长期以来一直以农立国，人们聚族而居，血浓于水。正如《汉书》所描绘的："安土重迁，黎民之性；骨肉相附，人情所愿也。"① 中国传统文化长期以来也一直保持着农耕文化的基本特色：重人伦、倡和谐；重生命、亲自然；重整体、趋均平；重教化、尚践履等，这些基本的文化价值理念渗透于人们生活的方方面面。

东亚农耕文明历史悠久，不仅影响深远，而且可以说把农耕文明发展到了一个很高的水平上，而这一结果与人们对人与自然关系的理解和独特的处理方式有着密切的关联。

在中国传统文化中，自然究竟意味着什么？或者说中华民族在与自然界打交道的过程中究竟形成了一种什么样的认识或觉解？弄清楚这一点，对于认识中华文明的特色及其未来走向是非常关键的。

自然的观念实际上是贯穿于中国传统文化的不同层面的，而"生"这一范畴可以代表中华民族对于自然的智慧或觉解。生有三重含义，从本体论的意义上说②，"生"即为"创生"或"化生"，自然亦即天地，自然被看成是化生万物之根本，是万物之母，此即为"天地之大德曰生"③，"天地，生之本也"④，"天包着地，别无所作为，只是生物而已，亘古亘今，生生不穷"⑤。自然作为化生万物的母体，是万物之根，是最高的存在和万物存在的终极根

---

① 汉书·元帝纪.

② 中国传统文化中的本体与西方哲学中本体并非同义，中国传统文化中的本体实指本根。张岱年认为，中国传统文化的本根主要有三种含义：第一，始义。世界万物，都从此出。第二，究竟所待义。世界万物，各有所待，但最终当有总所待，此总所待，即是究竟所待，也即大化之所待。第三，统摄义。世间万象虽极其繁赜但必统于一，这兼涵万有，赅总一切，而为一切之宗主的即是本根。印度哲学及西洋哲学讲本体，更有真实义，以为现象是假是幻，本体是真是实。这种观念，在中国本来的哲学中，实在没有。中国哲人讲本根与事物的区别，不在于实幻之不同，而在于本末、源流、根支之不同。(参见张岱年. 中国哲学史大纲［M］. 北京：中国社会科学出版社，1982：8-9.)

③ 周易·系辞下.

④ 荀子·礼论.

⑤ 朱子语类：卷五十三.

据。但是万物与自然之间又一体不隔，万物不是自然的异己存在，而是自然命脉的延续和繁华。因此，生生是天地目的的最完美的体现，也是天地的根本品性。人作为天地化生的万物中的一员，应当对天地的化生之德持感恩之心、赞美之心、敬畏之心，也应当把自己的生命活动的节奏与天地化生万物的节奏保持统一，而这应当是人从天地生物的本根处获得的最高的生命体验。

从价值论的层面上，“生”意味着共生，即既然人与万物都是天地这一本根的化生之物，因而虽各得其性但又彼此平等，又彼此依赖，形成一种共存共在的格局，此即为“阴阳和，风雨时，甘露降，五谷登，六畜番，嘉禾兴，朱草生，山不童，泽不涸，此和之至也”。[①] 这里所描绘的是一派农业丰产、山泽丰腴、人事顺昌的景象，而这在中国传统文化中就是人们所向往和追求的价值目标。

从日常生活的角度看，“生”则意味着生活，即是满足于人的生活需求，而在这一层面上，因自然之势而用之则更是贯穿于日常生活的每一层面：对于生命的健康，中医强调人体的节律应当符合自然规律，治病祛疾要顺时合道，养生固本也要顺势适时。艺术审美要“外师造化，中得心源”。其中书法所追求的境界或者“如鹰望鹏逝，又若游鱼得水，还似景山兴云”（李斯），或者“如云鹄游天，飞鸿戏海”（钟繇），或者“飘若浮云，矫若惊龙”（王羲之），或者“如笔走龙蛇，一派飞动，迅疾骇人，自然成趣”（张旭），或者“惊蛇走虺，骤雨旋风 ”（颜真卿）。绘画则或从寻常花木虫鱼入手，或从异卉珍禽入手，或专画瘦竹傲梅，或专绘孤鸿哀鸣，或专写虫豸虎豹，总之要求写尽自然造化之神韵，更臻巧夺天工之境界。而音乐则要体现天地之和谐，“乐者，天地之和也”。古代建筑则把“自然谦恭的情调与崇高的诗意组合在一起”。园林布局更是讲究将水光山色的自然情趣和雕刻绘画的人工匠艺融为一体。对于日常起居，古人也讲究风水，强调生死都要依托合宜的自然场所。对于生产劳动，反对焚林而猎，竭泽而渔，在节约资源、遵从自然规律的前提下安排农业生产，就像荀子所说的：“春耕、夏耘、秋收、冬藏，四者不失其序，故五谷不绝，而百姓有余食也。”[②]

---

① 汉书・公孙弘传．

② 荀子・王制．

自然的因素就这样渗透于中华民族的精神世界和日常生活世界之中，这是天地之馈赠，是中华民族对自然之感悟，也是中华文明中的瑰丽篇章。

南亚农耕文明区主要是指在恒河和印度河流域形成的区域性文明，即印度文明。印度河—恒河低地位于南亚的喜马拉雅山脉和德干高原之间，两河大体以亚穆纳河高岸为界。平原东部又称恒河平原，大部在印度境内，平坦广阔，冲积层达300米，沿岸平原是印度文明的发源地，农业发达，人口密集，城市遍布；西部又称印度河平原，大部在今天的巴基斯坦境内，从地理分布来看属于广阔的塔尔沙漠。印度河沿岸灌溉农业发达，是巴基斯坦主要人口聚集区之一。印度河河口三角洲面积约5.7万平方千米，河网密布，土壤肥沃，是当今孟加拉国经济发达地区。恒河流域的广阔平原可分为上、中、下游三部分；印度河流域平原可分旁遮普平原与印度河下游平原（信德平原）。印度文明是人类最古老的文明之一，在文学、哲学和自然科学等方面的造诣对人类文明做出了独创性的贡献。

古代印度文明与宗教文化密切结合在一起。古代印度社会实行等级森严的种姓制度：第一等级是由祭司和僧侣组成的婆罗门，他们居于社会的最顶层，掌握着神权，而且解释法律，垄断文化；第二等级是由军事贵族组成的刹帝利，掌管国家的行政和军事大权；第三等级是由农民和工商业者所组成的吠舍，他们通过自己的劳动谋取生机，但必须要向国家缴纳赋税；第四等级则是由奴隶所组成的首陀罗，他们几乎没有任何权利，只能接受其他等级的奴役。古印度的种姓制度严酷苛刻，不同等级均为世袭，不准逾越。在种姓制度的发展沿袭过程中，产生了维护种姓制度的婆罗门教，其教义宣扬灵魂轮回，要求下层人忍受现实的苦难，以求来世进入更高等级。公元前6世纪，佛教在此产生，佛教虽然强调众生平等，但仍然主张人们放弃现实的反抗，以内心陶冶修行的方式追求精神上的超脱。宗教在古印度文明中占有极其重要的地位，其教义主张在社会民众中有重要影响，因而古印度人普遍重视提升内修功力，鄙视肉体的强悍，瑜伽术的出现就体现了古印度人的思想意识和行为习惯。瑜伽术强调遵守戒律，克制欲望；采用多种姿势和动作并结合多种呼吸方法来锻炼身体；通过苦思冥想进入超越境界，实现精神上的自由。当然印度宗教教义中还有强调公共卫生和个人卫生的许多规定，如提倡每天必行水浴，保持身心洁净，处罚破坏公共卫生的各种行为等。宗教精神引导着这块土地上的人们过一种恬淡自适的生活。

在处理人与自然关系的问题上，印度宗教也同样发挥了重要的作用。吠陀教在公元前 2000 年繁盛于印度北部，“吠陀教是崇拜自然神的宗教”①，《吠陀经》被奉为经典，而经典中的许多故事都涉及人与自然和动物的关系，保护自然、爱护动物在印度教中被看成是慈悲胸怀和仁爱品行。而且这种宗教精神在印度文明中得到了很好的保留与传承，印度独立以后的许多关于自然和野生动物保护的哲学都深深根植于吠陀教、佛教及耆那教的传统之中。虽然这种在农耕文明基础之上诞生的敬畏自然的精神在印度文明的发展传承过程中不断受到冲击和挑战，但是这种精神始终在引导着人们时常回望，以固守文明之根。“在恒河母亲的岸边我看到了曙光。总有一天我们会解放她，还她清澈的河水。我们将学会克制自己的欲望。我得知现在那条通道不仅只有雄象才能通过了，有些大象现在可以举家过河。难道他们古老的智慧告诉他们重获自由的时刻就要来了？这自由将来自将他们当作邻居，而不仅仅是为了两颗象牙的人类。”②

三、美洲新大陆农耕文明区

美洲新大陆农耕文明区主要是指以夸察夸尔科斯河谷和沿墨西哥湾一带所形成的区域文明，现代人称之为奥尔梅克文明。奥尔梅克文明在大约公元前 1150 年至公元前 900 年间达到鼎盛，并对美洲其他许多地区的文化发展产生了巨大影响。在相当长的时间内，美洲新大陆的文化自成一统地发展着，并没有受到其他文明的波及，文化的原初状态得以较长时间的保留。许多考古学家和人类学家认为，美洲新大陆的最初居住者也是从外迁徙而来的，大约在距今 1 万多年以前的末次冰期，地球上温度很低，冰川大规模发育，造成海平面降低，导致白令海峡海底露出海面，形成了连接亚洲东北部和北美洲西北部的陆桥。一批生活在西伯利亚一带的黄种人追赶着他们的猎物，穿过这个陆桥勇敢

---

① ［印度］阿肖克·库马尔．一部同情心的历史：印度伦理与自然保护//［印度］韦维卡·梅农，［日］坂元正吉．天、地与我：亚洲自然保护伦理［M］．张卫族，马天杰，等，译．北京：中国政法大学出版社，2005：175.

② ［印度］阿肖克·库马尔．一部同情心的历史：印度伦理与自然保护//［印度］韦维卡·梅农，［日］坂元正吉．天、地与我：亚洲自然保护伦理［M］．张卫族，马天杰，等，译．北京：中国政法大学出版社，2005：179.

地踏上了北美大陆，并在随后的岁月里逐渐发展散布到了整个美洲。美洲土著人主要包括印第安人和因纽特人等。

在印第安人中间，万物有灵观念非常普遍，自然界的山川草木都被看成是精灵的化身，这必然使得自然崇拜在以农业为生的印第安人中间特别突出，因为自然现象对于人们的农业生产具有重大影响。从事农业的印第安人特别崇拜土地，视土地为万物生存的根本。如印加人崇拜土地娘娘、马铃薯神和玉米神；阿兹特克人崇拜地母神和掌管谷种、药材、食盐的神灵；易洛魁人崇拜玉米、豆子、南瓜三位女神；玛雅人崇拜天神、地神、玉米神；等等。除此之外，太阳、月亮、风、水、雷、电等也都成为崇拜的对象。而这些代表了美洲新大陆农业文明最具有本土特色的文明形式。

由上所述不难发现，尽管世界上不同农耕文明区的文明显示出了各自的特色，但是总是表现出了一些共有的特质，这也可以被看成是农耕文明的特质。首先，农耕文明的发端和发展都表现为对自然环境的高度依赖。世界上这三大农耕文明中心的散布范围都是适合于人类居住的场域，从地理上看基本都濒临大江大河，可以说都基本具备了水草丰美、物产丰富、交通便利的条件，这也体现了大自然对于人类有较多的馈赠。其次，农耕文明的内涵、构成及其特点都表现出与农耕活动的一致性或协调性：生产方式和社会分工都较为简单，精神生活虽然较之于原始文明阶段有了很大的变化，但是仍然保留了许多原始文明时期的遗存，自然崇拜在农耕文明阶段是十分普遍的。最后，在农耕文明阶段，由于开发利用自然的力度不断增强，人与自然的矛盾已经初现端倪，这为许多区域性文明的陨落埋下了伏笔。

当然，如果说原始文明阶段在总体上呈现出一种混沌的特性的话，那么农耕文明则表现出明显的依顺或内敛的性格。在这一时期，人与现实世界的关系（人与自然的关系和人与人的关系）尚处于一种“蛰伏”状态。但是人与现实世界的关系不会始终处于一种恒定的水平的，因为人始终要“通过实践创造对象世界，改造无机界”，因而自然界就不仅仅表现为人的活动场所，更是“他的作品和他的现实”①，在人通过实践活动不断地拓展人与自然的关系和人与人的关系的过程中，农耕文明就逐渐为工业文明所取代了。

---

① 马克思．1844 年经济学哲学手稿［M］．北京：人民出版社，2000：57－58.

第三节　工业文明的基本特质

17 到 18 世纪，从英、法等国家开始，一场以大机器生产取代传统的手工技术操作为标志的工业革命，逐渐在西方一些主要资本主义国家蔓延开来，并很快在欧洲形成了席卷之势。许多人由此断言，工业革命的时代开始到来，工业文明的转型开始呈现。

从农耕文明向工业文明的转型并不是一蹴而就的，一方面，西方工业革命的出现经过了漫长的历史积累，最终是由多种因素促成这一飞跃的。主要体现在：西方文艺复兴以后，经过宗教改革打破了禁欲主义的束缚，确立了世俗生活的重要地位；自然科学得到了迅速发展，天文学、物理学、化学、生物学等领域都取得了一系列重大突破，为工业化时代的到来奠定了重要基础；近代启蒙思潮的涌动，使得个体主义、主体主义、物质主义的原则得到极大的张扬；英、法等国发生的资产阶级政治革命在政治—法律制度的改革方面进行了积极的尝试，产生了重要的示范性效应；等等。这些都是工业文明形成和发展的不可或缺的重要因素，当然这些科学的、人文的、政治的、法律的要素也经过了较长时间的磨合才最终产生合力。另一方面，工业文明在欧洲一些较早走上资本主义道路的国家率先出现，并迅速蔓延到其他国家，但是这种状况并不意味着工业文明已经迅速地在全球范围取得了主导地位，文明范式的转换并非像脱穿衣服那般简单。

工业文明是历史长期发展过程的产物，在归根结底的意义上是人类生产方式和交换方式一系列变革的产物。工业文明时代的到来创造出了崭新的文明图景，也充分展现了新文明的特质。

一、物质生产方式的重大变革

马克思和恩格斯曾经这样描述过大工业化时代的重大变化：“自然力的征服，机器的采用，化学在工业和农业中的应用，轮船的行驶，铁路的通行，电报的使用，整个整个大陆的开垦，河川的通航，仿佛用法术从地下呼唤出来的大量人口，——过去哪一个世纪料想到在社会劳动里蕴藏有这样的生产力呢?”① 生产力的提高意味着整个社会的物质生产条件和方式都发生了根本性的变化：现代大工业取代了工场手工业；一切国家的生产和消费都具有了世界性特征，民族工业的基石被破坏；由于生产工具的迅速改进和交通的迅速便利，众多民族和国家都被卷入到了一体化的物质生活格局之中。“资产阶级在它的不到一百年的阶级统治中所创造的生产力，比过去一切时代创造的全部生产力还要多，还要大。”② 特别是科学技术革命的深化导演了工业文明狂飙突进的历史活剧，全面带动了物质生产方式的变革。

首先，大量的人口进入到产业工人的队伍中来了，使劳动主体在许多方面发生了变化。在西方许多率先走上工业化的国家中，工业化发展对自然经济造成了严重的挤压和破坏，“羊吃人”现象比比皆是，大量失地农民被迫改变了传统的安土重迁、聚族而居的生活状态，从乡村来到城市，来到矿山、铁路、织布厂、造船厂、冶炼厂……成为工厂流水生产线上的一个按程序操作的“环节”，成为劳动密集型产业大军中的一分子。同时，西方工业化国家为了解决社会化大生产对廉价劳动力的大量需求，不惜通过血腥的奴隶贸易和其他形式的人口贸易来掠夺劳动力。大工业化生产不仅对劳动者的数量提出了要求，而且以各种或野蛮或文明的方式不断地拷问着、挑战着劳动者体力、智力和心理。工业文明的发展催生了新的生产方式，也在全方位的层次上对劳动主体提出了要求。

其次，生产工具发生了重大变化，日益朝着高功率、高自动化、高智能化的方向发展。在原始文明阶段，人们所用的生产工具都是天然的或者是经过了很少的人工雕琢改造的物品，因而生产工具体现的是一种自然的或天然的物的力量；在农耕文明阶段，生产工具有了很大的改进，一些金属工具得以在农业耕作中广泛使用，同时人们还在很大程度上依赖于畜力进行生产。工业文明阶段，生产工具无论在结构上还是功能上都有了巨大的变化，随着生产领域的分化，生产工具也渐趋多样化，每一种生产工具都在客观上形成了固有的意向性

① 马克思，恩格斯．共产党宣言［M］．北京：人民出版社，1997：32.
② 马克思，恩格斯．共产党宣言［M］．北京：人民出版社，1997：32.

结构，承担或履行着一定的功能。机械力代替了自然力和畜力，不仅延伸了人类的肢体而且强化了人类的智力，从而使得人类的生产能力有了飞跃式的提高。

最后，工业化大生产也改变了劳动对象的性质。在原始文明和农耕文明阶段，人们的生产活动都是直接与自然界打交道，劳动对象都是天然的自然物，进入劳动过程的劳动对象相对来说较为简单或单一，土地、草原、河流既是人们通常的劳动场所也往往构成了人们直接的劳动对象。但是在工业文明时代，作为劳动对象或者进入到生产领域的生产资料表现为多样性，既有直接加工的自然物，也有需要再加工的物品，因而劳动领域变得越来越广泛和复杂。同时，劳动场所不仅仅是在自然环境下进行，而且大多在城市的工厂、车间来展开，劳动的强度空前提高。物质生产方式的变化在很大程度上改变了人与自然的关系，也必然改变人与人的交往方式。

二、社会制度和管理方式的重大变化

工业文明的产生和发展不仅仅是物质生产方式的变化，也意味着社会制度和管理方式的巨大变革。

从人类历史的客观进程来看，工业文明的起步是与西方资本主义制度的逐步确立保持同步的，因而历史就以铁的面孔呈现出工业文明与资本主义制度相结合的样貌，资本主义私有制似乎也就成为了工业文明的基本要素，这在历史演进的无奈的必然性态势上实际上也隐含着一种无法遮蔽的“历史偶然性”的设问。

工业文明在西方的产生和发展也始终伴随着相应的政治上的进展。生产力的迅速发展为资产阶级登上历史舞台奠定了雄厚的物质基础，经过资产阶级政治革命的洗礼，国家和市民社会发生分离，国家政权在实质上沦为管理整个资产阶级谋取物质财富的“委员会”。从本质上讲，资本主义的政治制度是资产阶级进行政治统治和社会管理的方式和手段，是为资产阶级专政服务的，是资产阶级对民众进行政治统治的手段。这样，与资本积累扩张相适应的政治制度得以建立起来，自由竞争以及与自由竞争相适应的社会制度和政治制度、资产阶级的经济统治和政治统治也就成为工业文明的重要组成部分。

资本主义制度建立以后，其社会组织和管理方式也发生了相应的调整，而这种调整的核心就是要形成与私有制、资本扩张和商品生产适应的组织管理格局，马克思·韦伯将其归结为“官僚制”的组织运作模式。他认为，现代资本主义国家是完全依靠官僚制来支撑和维持的，而这正是工业文明条件下劳动扩张的一个必然结果，资本的运作以追求最大化为目的，资本主义经济的运作需要速度和精确性来计算，“完善的官僚机构与其他组织形式之间比较，完全像机器生产模式与非机器生产模式之间的比较一样。精确、快速、清楚、档案信息、持续性、判断力、一致性、严格的从属关系、摩擦的减少以及物质和人为成本的降低——这些都在严格的官僚体制里达到了最适宜的程度……”① 官僚制的组织和管理实质上所贯穿的管理理念就是控制，人被置于一种庞大的、条块明细的组织结构中对人进行机械化式的塑形，精细化、计量化、模式化的组织管理方式成为了资本主义所铺陈的工业文明之路上的一层僵硬的制度外壳。

三、人际关系的重大改变

工业文明时代的人际交往也发生了重大变化，这主要表现在：首先，个人的人身依附关系被打破，自由度有了很大的提高。19 世纪英国法学家梅因就曾提出，资本主义的发展意味着从身份到契约的深层转换。具体来说，“从身份到契约”标志着从自然经济到商品经济的转变，体现着从团体本位到个人本位的转变，代表了从“人治”到“法治”的进步过程。总体来看，个人的自由度空前提高，人与人之间的自由交往和竞争有了较为广阔的舞台。其次，人与人之间关系的性质也发生了很大的变化。对此，马克思、恩格斯深刻地指出：“资产阶级在它已经取得了统治的地方把一切封建的、宗法的和田园诗般的关系都破坏了。它无情地斩断了把人们束缚于天然尊长的形形色色的封建羁绊，它使人和人之间除了赤裸裸的利害关系，除了冷酷无情的‘现金交易’，就再也没有任何别的联系了。它把宗教虔诚、骑士热忱、小市民伤感这些情感的神圣发作，淹没在利己主义打算的冰水之中。它把人的尊严变成了交换价值，用一种没有良心的贸易自由代替了无数特许的和自力挣得的自由。总而言

---

① ［英］安东尼·吉登斯．资本主义与现代社会理论：对马克思、涂尔干和韦伯著作的分析［M］．郭忠华，潘华凌，译．上海：上海译文出版社，2007：181.

之，它用公开的、无耻的、直接的、露骨的剥削代替了由宗教幻想和政治幻想掩盖着的剥削。资产阶级抹去了一切向来受人尊崇和令人敬畏的职业的神圣光环。它把医生、律师、教士、诗人和学者变成了它出钱招雇的雇佣劳动者。资产阶级撕下了罩在家庭关系上的温情脉脉的面纱，把这种关系变成了纯粹的金钱关系。"① 也就是说，当人们摆脱了宗教统治的羁绊、打破了天国的偶像以后，世俗生活的偶像又被确立起来，而这一世俗的偶像就是金钱，因而金钱也就成为促进人与人之间的交往的不可或缺的媒介。最后，当个人的人身依附被打破、"原子式"的个人身份得以确立后，当人与人的交往需要以金钱作为中介或润滑剂之后，也就意味着个人在社会中处于一种"被抛弃"的状态，人与人之间时常会处于紧张的对立状态，社会矛盾必然加剧。

四、精神生活的基本样态

工业文明时代，物质生产的规模和水平有了很大的提高，这在很大程度上为精神生产的发展奠定了基础，提供了强劲的动力。与资本主义社会的物质生产方式、社会结构、组织管理模式、人际关系状况相适应，精神生活也表现出了许多新的特质。

（1）个人主义被确定为核心的价值理念。尽管西方工业化国家在走向和发展工业文明的时间和实践路径上存在着一定的差异，但是在基本价值理念的确认和肯定方面却表现出了惊人的一致，这就是对个人主义的青睐，可以说个人主义代表了西方工业化国家共同的主导性的意识形态。"事实上，在整个现代欧洲，个人早已表现出他们的自主意识。每个人都在要求得到所有其他人的尊重，认为其他人都是自己的同伴或同侪；社会好像是——大概越来越像是——产生于构成了社会的个人的自觉意志。个人主义学说的出现和成功本身就足以说明，在西方社会，个人主义是一种真正的哲学。个人主义是罗马法和基督教伦理的共同特征。正是个人主义，使得在其他方面大相径庭的卢梭、康德和边沁的哲学之间有了相似性。甚至今天仍然可以认为，不管是作为一种解释社会事实的方法，还是作为一种实践的学说，个人主义都能决定改革者的行动

---

① 马克思，恩格斯. 共产党宣言［M］. 北京：人民出版社，1997：30.

方向。"①

正因为个人主义被确定为一种核心的价值理念，所以它弥散在社会生活的各个领域，化身为不同风格的个人主义，诸如政治个人主义、经济个人主义、伦理个人主义、宗教个人主义、认识论个人主义、方法论个人主义等，无论这些个人主义在具体主张上有何差异，但是在根本依据和价值立场上来说则是共同的，因而，"无论它在什么场合出现，使用什么样的称谓和措辞，也无论是在多么不同的思想领域，我们都能够认出它"。②

概括来说，个人主义作为一种价值理念所强调的主要是：第一，个人被抽象地刻画为既定的个人，他是先天自满自足的，有着既定的兴趣、愿望、目的和需要等，而社会和国家只是成为满足既定兴趣、愿望、目的和需要的工具。"这种抽象的个人观的关键就在于，它把决定社会安排（实际地或理想地）要达到的目标的有关个人的特征，不管是本能、才能、需要、欲望、权利还是别的什么，都设想成了既定的、独立于社会环境的。人的固定心理特征的这种既定性（givenness）导致了一种抽象的个人观。这种个人被看做仅仅是这些特征的负载者，这些既定的抽象特征决定着他的行为，表达了他的兴趣、需要和权利。"③ 第二，单独的个人被确定为具有至高无上的内在价值和尊严，而且这一点被看成是享有一种道德或宗教法则保护的当然地位，这种法则是根本的、终极的、压倒一切的，它为判断道德是非提供了一项当之无愧的普遍原则。第三，单独的个人被确定为是自主的个人，即他的思想和行为属于自己，并不受制于他所不能控制的力量或原因。"在我们这个时代，我们可以看到不管是自由主义者，还是新马克思主义者或是无政府主义者，都承认个人自主"④，在现代西方文明框架中的道德规范里，自主已经成为核心价值命题。第四，单独的个人的隐私或私生活受到尊重和保护。也就是说个人主义肯定这样一种生活方式：个人应当不受到别人的干涉，能够做和想他所中意的任何事情，而归根结底是应当按照自己的方式来追求自己的利益。第五，认为个人的发展完全是

---

① ［英］史蒂文·卢克斯．个人主义［M］．阎克文，译．南京：江苏人民出版社，2001：1.

② ［英］史蒂文·卢克斯．个人主义［M］．阎克文，译．南京：江苏人民出版社，2001：42.

③ ［英］史蒂文·卢克斯．个人主义［M］．阎克文，译．南京：江苏人民出版社，2001：68.

④ R B McCallum. On Liberty and Consideration on Representative Government［M］. Blackwell，Oxford，1946：59.

靠个人的自我奋斗而成就自我的卓越的。威廉·冯·洪堡将其表述为：不仅每个人都享有通过自己的能力以他完善的个性发展自我的绝对自由，而且，外在的自然界仍然未被人力所雕琢，而只是接受了每个人根据他自己的自由意志、他的需要和天性所赋予它的特征，而这种赋予仅仅受制于他的能力和权利的限度。个人被看成是处于受自己的禀赋和能力影响外而不受任何客观因素制约的存在物。

（2）资本主义商品经济的发展培植出了迅速蔓延滋长的商业文化。商业文化在本质上来说是与资本主义商品经济发展相匹配的精神生产方式，它在发展的过程中逐渐形成了自身的逻辑和特性。首先商业文化是一种消费文化，它投身于人们的消费领域中，使文化自身包容了浓厚的市场气息和消费意蕴。文化的创造本来包含着重要的精神生产和精神升华的成分，但商业文化却像商品生产一样，追求一种市场交换价值，从而使得文化机构也被迫向经营性实体过渡。它引导着人们形成这样一种文化意识：文化也是一种消费品，也是一种赢利手段，因而它也需要通过各种方式刺激大众来产生大众性消费效果。这正如一些思想家所指出的，在工业文明时代，精神文化的生产也被纳入到了工业化或商业化的运作模式之中，充斥着浓厚的商业特性，成为了一种渗透着商业气息的意识形态。很显然，以这样的方式进行的精神生产，最终所生产出来的许多产品必然是不关注精神内涵，更多地重视自身的娱乐或其他的功利性功能。其次，工业文明背景下所形成的商业文化往往以大众传播媒介为载体，以普通民众为影响对象，以鼓励消费、引导消费、投身娱乐为目的，以创造流行性消费或消费时尚为宗旨，努力引导人们通过娱乐和消费活动体现自身的品位和风采。所以，商业文化从一定的价值和意义角度来审视，呈现出平面结构的样态。

（3）在工业文明时代，精神生产和物质生产一样，也不断地突破地域和人文的藩篱，这就像马克思所说："各民族的精神产品成了公共的财产。民族的片面性和局限性日益成为不可能，于是由许多民族的和地方的文学形成了一种世界的文学。"① 从这种意义上说，文化的多元共融的格局应当慢慢形成，宽容的文化精神应当成为人们所共同欣赏的品格。但是在工业文明的格局中，西方文化的价值理念被标榜为唯一具有合法性的理念，并且物质力量与精神力

---

① 马克思，恩格斯．共产党宣言［M］．北京：人民出版社，1997：31.

量形成共谋或者说精神力量借助于物质力量的强力裹挟试图向整个世界渗透，因而在全球范围内，精神领域中的殖民化与去殖民化的较量渐趋激烈。

综上所述，工业文明是以大工业生产方式为主导的，以物质财富的迅速积累为标志的文明形态，它带有非常明显的“外向性”特点。这里所说的外向性主要是指相对于原始文明的整体混沌，农业文明的恬淡自适、封闭自足的样态来说，工业文明更加具有扩张性、竞争性、开放性、释放性、表演性等诸多特点。这里所说的扩张性主要是指，工业文明的发展不是以逐渐的渗透来扩大自己的领地，而是受到一种“征服”理念的强力牵引，不仅通过征服自然来获得文明的积累，而且一些率先进入工业化时代的资本主义国家还用血和火来开辟所谓“新文明”的播撒道路；所谓竞争性主要是指，工业文明倡导个性自由和解放，从而使竞争的原则几乎覆盖到社会生活的所有领域，主张人的个性和力量获得最充分张扬，而人与人之间的情感和道德关怀则会变得越发脆弱；所谓开放性是指工业文明不是一个封闭的文明系统，而是一个具有“敞开性”特色的结构模式，主张多元，强调兼容，重视变化，寻求创新；所谓释放性是指工业文明非常重视各种事物的功能发挥和实现效度，强调引领和辐射，反对自适和内敛的结构和态度；所谓表演性是指工业文明的发展既重视文明内涵的积累和放大，更重视文明的表现形式和传播方式，追求流行、普及和轰动性效应的产生等，而所有这一切就基本上表现了工业文明的“外向性”特征。

从理论上说，人类文明的发展与社会制度之间的演替存在着一定的关联性，但是不应当存在着一种等同关系，也就是说工业文明与资本主义之间不应当存在着一种完全同步的关系。但是历史却以赤裸裸的形式给人们展示了工业文明与资本主义相结合的样貌，也在客观上造成了这样一种现实：工业文明即是资本主义文明，历史的发展并没有提供一种工业文明与其他社会制度结合的充分机缘，或许这也是历史的吊诡。然而这又是人们的一种期待，即人类能否走出一条迥然不同于资本主义制度下的工业文明之路？

资本主义所创造的独特的工业文明体系是要被超越的，这不仅仅是一种主观的愿望，而是客观的必然。诚如物极必反，当工业文明在资本主义框架下把扩张性或外向性特质发展到极致时，自身就逐渐积累起否定其自身的力量，而这就成为了工业文明转型——向生态文明过渡的客观基础。

第3章

生态文明的现实基础

前文已述，我们虽然可以把人类文明分为不同的类型或分为不同的发展阶段，但是人类文明是具有连续性的，不同类型的文明之间存在非常密切的关系——“新文明”都是在“旧文明”母体中孕育生长的。从这一视角来看，生态文明的产生是有现实基础的，也是有必然性的。

第一节　生态文明的思想基础

生态文明可以看成是工业文明异化的产物，即工业文明在发展的过程中，也不断生长发展出了结构自我的新文明元素。

列宁曾经指出：“辩证发展过程在资本主义范围内确实就包含着新社会的因素，包含着它的物质因素和精神因素。”① 同理，工业文明在自身的发展过程中也不断积淀着生态文明的物质条件和精神条件。因而生态文明并不是在割断与工业文明联系的基础上形成的一种独特的文明形态，它是工业文明的转型或对工业文明的超越。

前文曾经做过这样的描述：工业文明在几百年的发展历程里塑成了一种很明显的“外向性”或“扩张性”品格，当然这种文明品格并不是凭空获得的，它是多种因素交互作用的结果，诸如科技发展、市场经济、私有制和个人主义的价值取向等。所以，虽然工业文明的铺展使人类生活发生了很大的变化，原始文明或农耕文明时期的人类生活的封闭性、朴素性或重复性等诸多特质都被荡涤掉了，人与人的关系和人与自然关系都得到了较为充分的扩展和开发，但

① 列宁全集：第 11 卷［M］. 北京：人民出版社，1987：371.

是，这种开发和扩展是以人与人之间的激烈对抗和人对自然的野蛮掠夺为前提的，而这两重矛盾的发展、激化就成为催化工业文明解体、转型的重要力量。

实际上，尽管在工业文明的发展历程中，理性主义得到了高度张扬，征服自然的旗帜被高高举起，经济扩张或不同面目的殖民掠夺始终未曾停歇，但是在工业文明的这种“主旋律”的背景下也始终存在着另外的声音，这就是对工业文明的反思和批判。这些批判和反思的目标指向或者以怀旧的思绪来回望人与自然的和谐图景，或者探讨超越工业文明局限性的各种尝试，或者寻求历史的新开端，等等。而这些反思和批判可以被看成是在工业文明的厚重幕帏中发出的走向生态文明的呼唤。

一、浪漫主义思潮的兴起和发展

美国生态学家唐纳德·沃斯特认为，西方的 17 到 18 世纪，虽然是一个理性主义占统治地位的时代，但是还有另一种声音在发出呼喊，这就要求人们要以“阿卡迪亚式的态度”① 来对待自然，这种声音是一种田园主义的观点，主要是倡导人们过一种简单和谐的生活，目的在于使人们恢复到一种与其他有机体和平共存的状态。这种思想观点和生活态度体现的就是对工业文明批判反省的精神。而在以后的历史进程中，“阿卡迪亚式”的生活态度和价值理念在生态学中得到了很好的保留和遗传。然而，对工业文明的反思和批判并不仅仅是在生态学中体现出来，西方近代兴起的浪漫主义思潮一开始就站在了启蒙理性的对立面。

启蒙理性是工业文明发展的思想基础，近代欧洲的产业革命和资产阶级的政治革命都体现了启蒙理性的精神气质。可以说，工业文明的狂飙突进就是启蒙理性胜利的象征。但是启蒙理性的局限性一开始就有所暴露。“当法国革命把这个理性的社会和这个理性的国家实现了的时候，新制度就表明，不论它较之旧制度如何合理，却绝不是绝对合乎理性的。理性的国家完全破产了。卢梭的社会契约论在恐怖时代获得了实现，对自己的政治能力丧失了信心的市民等级为了摆脱这种恐怖，起初求助于腐败的督政府，最后则托庇于拿破仑的专制统治。早先许下的永久和平变成了一场永无休止的掠夺战争。理性的社会的遭

① 阿卡迪亚（Arcadia），古希腊的一个高原区，后人誉为有田园牧歌式的淳朴风尚的地方。

遇也并不更好一些。富有和贫穷的对立并没有在普遍的幸福中得到解决，反而由于沟通这种对立的行会特权和其他特权的废除，由于缓和这种对立的教会慈善设施的取消而更加尖锐化了；现在已经实现的脱离封建桎梏的‘财产自由’，对小资产者和小农说来，就是把他们的被大资本和大地产的强大竞争所压垮的小财产出卖给这些大财主的自由，于是这种‘自由’对小资产者和小农说来就变成了失去财产的自由；工业在资本主义基础上的迅速发展，使劳动群众的贫穷和困苦成了社会的生存条件。现金交易，如卡莱尔所说的，日益成为社会的唯一纽带。犯罪的次数一年比一年增加。如果说，以前在光天化日之下肆无忌惮地干出来的封建罪恶虽然没有消失，但终究已经暂时被迫收敛了，那么，以前只是暗中偷着干的资产阶级罪恶却更加猖獗了。商业日益变成欺诈。革命的箴言‘博爱’在竞争的诡计和嫉妒中获得了实现。贿赂代替了暴力压迫，金钱代替了刀剑，成为社会权力的第一杠杆。初夜权从封建领主手中转到了资产阶级工厂主的手中。……总之，和启蒙学者的华美约言比起来，由‘理性的胜利’建立起来的社会制度和政治制度竟是一幅令人极度失望的讽刺画。”①

所以，尽管工业文明时代的来临使得社会的政治、经济、文化等诸多领域发生了深刻的变化，但是这种变化打破了建立在人身依附基础之上的“和谐”状态，使人与人的矛盾和人与自然之间的矛盾都显性化了。大机器工业的发展，工厂制度的建立，造成了城市化进程的加快，导致城市人口激增，交通拥挤，住房紧缺，垃圾如山。资产阶级革命导致了国家与市民社会的分离，宗教的偶像被打破了，世俗生活的偶像——金钱又被重新确立起来，于是，人与人之间的关系蜕变为赤裸裸的金钱关系，人的淳朴天性被金钱腐蚀，被财富遮蔽。在征服自然的思想支配下，人类开始大规模地对自然开战，高山被铲平，河流被污染，森林被砍伐，草原被开垦，自然遭到空前的破坏。这种状况给很多人带来了恐惧、失望或悲观的情绪，而作为这种情绪的反映或凝聚，浪漫主义思潮开始形成并迅速蔓延。

“浪漫主义是在哲学、艺术、历史和政治理论等领域广泛存在的思想运动，它的高潮出现在 18 世纪末和 19 世纪初的德国、英国和美国，浪漫主义是

① 马克思恩格斯选集：第 3 卷［M］. 北京：人民出版社，1995：722－723.

对启蒙运动时期的理性主义和经验主义的反动。”①

许多浪漫主义思想家都从卢梭那里获得了启迪，“回归自然”成为浪漫主义者共同高举的思想旗帜。他们许多人通过书写自然、讴歌自然表达着摆脱各种人身束缚，实现人身自由的愿望。他们从自然中发现美，试图以美学原则代替政治话语，从而摆脱血雨腥风的政治恐怖，帮助人们实现政治上的再生。他们从自然中感悟道德的纯洁，探寻摆脱为功利而忙碌的疲惫和堆积起来的用作装饰的虚伪的方法。

近代英国的浪漫主义者是一个影响很大的文学艺术群体，他们中的许多人是以诗歌创作的方式来抒发自己的浪漫情怀的。他们离开被工业文明污染的城市，回到大自然中去，着力描绘大自然的纯净和美丽，也以此向造成人与自然分离的理性王国和毁坏自然生态的工业革命发出挑战。被称为“湖畔诗人”领袖的威廉·华兹华斯，他大半生创作、生活、行走于山水之间，倾注自己的情感绘出了一幅幅表现英国北部山川湖泊和乡村居民的美丽图画，这些远离尘嚣的田园景色与工业造成的废气、污水和垃圾形成了鲜明的对照。英国浪漫主义诗歌里都回旋着一个共同的基调：善待自然、敬畏自然、重新肯定自然。“人的眼睛从来都不拒绝美的事物”，英国浪漫主义诗歌把许多忙碌疲惫的人的注意力吸引到了大自然中，自然的恬静与秀美也慢慢走进了人们的视野，在征服自然的呼声中逐渐响起了要求恰当地对待自然的“杂音”。

美国文学家爱默生也是浪漫主义思想家阵营中的翘楚人物，通过书写和讴歌自然来表达自己的生活态度同样是爱默生作品的主题。他认为，大自然能够促进人的审美情趣和精神境界的提升，以帮助摆脱和忘却世俗生活之累。他指出，人对大自然的审美体验常常处于三种情形：一是“以简单地直觉观看自然的形体”产生美的体验；二是从人们的理智活动出发来发现和探究自然之美；三是大自然能把善和美集于一身，人们可以由此获得最深刻的审美体验。对第一种情形来说，美的产生可能是由于人们对大自然的功利态度或实惠心理。“对被庸俗的工作或交往束缚的身心来说，大自然好比是灵丹妙药，并且可以恢复身心的常态。生意人、律师从喧哗、充满阴谋诡计的大街走出去，看

① 张西平．历史哲学的重建——卢卡奇与当代西方思潮［M］．北京：三联书店，1997：197－198.

见天空与树木，就会重新成为一个人。在那永恒的寂静中，他得以发现他自己。”“大自然利用这点儿不起眼的风风云云竟然能使我们有超脱尘世之感！赐给我健康与阳光，我就会把帝王的显赫看得一钱不值。黎明即是我的亚述帝国；夕阳西落、明月东升即是我的帕福斯和不可思议的梦幻之乡；白昼将是我那理智和知识的英格兰；黑夜将是我那神秘哲学与梦想的德意志。”① 对于第二种情况来说，人们可以把自然美看成是认知和研究的对象，努力去挖掘和掌握关于美的知识和思想。对于第三种情况来说，大自然把美与善都统一于自身，人们从自然中不仅能够发现美的元素，而且还能发现道德的元素。事实上，许多德行只有在自然之美的衬托下才越发显得崇高；同样，道德行为也能使自然之美更加撼人心魄。“当一件高尚的行动发生的时候——也许发生在自然界美景如画的地方；当利奥尼达斯②率 300 名战士一日间英勇牺牲，从而惊动了陡峭的塞尔默派峡谷的太阳与月亮的时候；当阿诺德·温克尔里德③在雪崩爆发的阿尔卑斯山，为了替自己的同志们突破奥军防线而身中无数矛枪的时候，难道不值得在这些英雄们壮烈的事迹上添加几笔美景的描绘吗？……大自然的美总是像空气一样偷偷地溜进伟大的行动之中。”“不论在幽僻的地方，还是在破烂不堪的物件之中，坚持真理或英雄主义的行动似乎可以立即使天空变成它的庙宇，使太阳变成它的香烛。一个人的思想只要与大自然同样的伟大，大自然就会伸出她的臂膀来拥抱他。大自然会欣然在他的征途上洒下玫瑰和紫罗兰，并以她的宏伟与优美来打扮她的轿子……一个有美德的人不仅与大自然的作品相得益彰，而且也是这物质世界的中心人物。”④

爱默生与英国的浪漫主义思想家一样，面对科技的发展和物质世界的积压，表现出了非常强烈的怀旧和反叛情绪。但是他们中的许多人只是以消极的方式来表达自己的忧虑和愤懑，也就是说他们很少在现实的层面上来思考如何改变工业文明的消极影响，而只是通过浪漫的文学书写来表达自己的愿望，或者就像威廉·华兹华斯和亨利·梭罗那样干脆选择逃避城市，寓居乡间，通过与大自然的亲密接触而获得精神上的安宁平和。

---

① ［美］爱默生．论美//悠闲生活随笔［M］．贵阳：贵州人民出版社，1992：40.

② 古希腊时期的斯巴达国王。

③ 14 世纪瑞士军人，传说它在抗击奥地利军队入侵时，只身挡住了敌人的长矛部队。

④ ［美］爱默生．论美//悠闲生活随笔［M］．贵阳：贵州人民出版社，1992：42－43.

而同时期的德国浪漫主义流派同样表现出浓厚的怀旧复古情调。早在18世纪30年代，海涅在其著名的《论浪漫派》一书里就对浪漫派的本质特征作了这样的概括："它不是别的，就是中世纪文艺的复活。这种文艺表现在中世纪的短诗、绘画和建筑物里，表现在艺术和生活之中。这种文艺来自基督教，它是一朵从基督的鲜血里萌生出来的苦难之花。"① 但是德国的浪漫主义思想家对工业文明的批判更多的是为了唤起德意志民族的民族意识，所以他们着力从德意志民族的漫长历史中，从祖国优美景色中，从自己的语言中，从民间风俗习惯中，从血脉相连的生命群体中来"打捞"德意志的民族感情与精神，试图使处于四分五裂状态且遭受外敌入侵的祖国能够找到把人们团结在一起的纽带。因而，德国的浪漫主义刻意强调"情感"的因素和作用。因此，他们特别反对启蒙思想家的政治理论，认为启蒙思想家根据社会契约理论所构想出的国家是人为的、机械的，也是功利的，人们据此结合而成的国家只是满足个人利益和幸福的工具，这样的国家和制度从来不关注个体的精神与情感。而真正的国家应是基于个体精神和情感上的需要结合而成的共同体，只依靠功利目的而维系着的国家，并不是一个真正的共同体，它也不会持久。"国家并不仅仅是工厂、农场、保险公司、公共机构或商业协会，它是所有物质和精神的需要，所有物质和精神的财富的紧密结合，是一个伟大的有活力的、无限能动的、活生生的、民族的所有内在和外在生命的紧密结合。"② 当然，在德国"浪漫主义不是仅仅反对或推翻启蒙时代的新古典主义的'理性'，而是力求扩大它的视野，并凭借返回一种更为宽广的传统——既是民族的、大众的、中古的和原始的传统，也是现代的、文明的和理性的传统，来弥补它的缺陷。就整体而言，浪漫主义既珍视理性，珍视希腊罗马的遗产，也珍视中世纪的遗产；既珍视宗教，也珍视科学；既珍视形式的严谨，也珍视内容的要求；既珍视现实，也珍视理想；既珍视个人，也珍视集体；既珍视秩序，也珍视自由；既珍视人，也珍视自然"。③

以工业文明为反思批判对象的浪漫主义思潮，在思想舞台上并不是昙花一

① ［德］海涅．论浪漫派［M］．张玉书，译．北京：人民文学出版社，1979：5.

② ［英］H S 赖斯．德意志浪漫主义的政治思想（1793—1815）［M］．伦敦：牛津大学出版社，1955：150.

③ ［美］詹姆斯·G 利文斯顿．现代基督教思想［M］．何光沪，译．成都：四川人民出版社，1992：154.

现，随着工业文明的不断推进，工业文明的负面影响愈益充分地展示出来，浪漫主义思潮的批判反思就愈加深刻。但是，工业文明并不是通过情感或情绪堆积起来，它以强大的经济基础为后盾，以科学技术为支撑平台，依靠“血”和“火”来开辟道路。因而浪漫主义在与它的交锋中，虽然给人们提供了丰富的情感空间或审美维度，但是并未对其锋芒造成强大的阻抑。

二、多维度的批判、解构与建构

如果说在 20 世纪以前，资本主义和工业文明发展的局限性还没有充分暴露出来的话，那么进入 20 世纪以后，工业文明在西方社会演进过程中所产生的负面影响则逐渐深刻地表现出来了。虽然工业文明在继续向前发展，但是人们也感受到了多种压力甚至灾难：经济危机频繁发生，帝国主义国家为瓜分世界矛盾加剧，两次世界大战给人类造成了空前的浩劫，消费文化的蔓延肆虐不断撼动着人的意义世界的根基，冷战情绪长期影响着人们之间的交往和合作，生态危机的出现使人类濒临失去家园的危险，艾滋病和毒品的泛滥夺去了无数人的生命，单边主义和恐怖主义日益成为威胁世界和谐的主要因素……总之，矛盾和冲突始终伴随着西方工业文明的发展，也成为了它的显性特征。英国历史学家欣斯利做出了这样的概括：“这些年代既有巨大的物质发展，也有经济萧条；既向世界更紧密的结合突飞猛进，也对自由贸易经济产生强烈的反应；既提高了生活水平，同时也存在着贫困和社会上的堕落现象；既有迅速的社会变化，也有国家内政方面的停滞状态；既传播了民主政治，也加强了政府甚至专制主义；既维持了国际和平，但也是在武装状态下维持和平；另一方面，在思想和文化上，这些年代既产生了宣布启蒙时代胜利的作品，也产生了触及深刻幻灭和绝望的作品。”①

处在这样的生存境遇中，必然引发人们对工业文明和资本主义制度更加持续而强烈的批判，共同的主题汇集起了强大的思想浪潮。

（1）第一次世界大战以后，众多文学家也把反省战争、批判资本主义制度、揭露现代文明的虚伪性作为他们作品的主题。②“J. 乔伊斯的《尤里西

① 金重远. 20 世纪的世界——百年历史回溯：上卷［M］. 上海：复旦大学出版社，2000：36.

② ［英］彼得·沃森. 20 世纪思想史［M］. 朱进东，等，译，上海：上海译文出版社，2005：213.

斯》、T. S. 艾略特的《荒原》、S. 刘易斯的《巴比特》、M. 普鲁斯特 7 卷本的《追忆逝水年华》第 4 卷、《索多姆和葛莫尔》、V. 伍尔夫的第一部试验小说《雅各的房间》、M. 里尔克的《独伊诺哀歌》及皮兰德娄的《亨利四世》，这些作品均成了 20 世纪文学大厦的基石。”尽管时光荏苒，但是这些作品的主题并没有被遗忘，在一代代文学家的集体记忆中，它们成为了现代文明肌体上难以愈合的“创口”，而且“创面”在不断扩大。许多人不仅批判战争，而且批判整个资本主义社会，认为这个社会把价值准则演变成了对财富的占有和攫取，已经变成了一个彻底的“贪婪社会”（acquisitive society）。①

（2）许多历史学家在认真审视工业文明的前提下，纷纷对人类文明的未来走向做出了预判。1912 年，德国历史学家奥斯瓦尔德·斯宾格勒在几乎与世隔绝的状态下开始了他宏大的写作计划。1918 年，《西方的没落》一书开始出现在德国的书店里，这一年也正是第一次世界大战结束的时候。持续四年多时间的第一次世界大战把全世界“38 个国家的约 15 亿人口卷入了这场战争。受战争动员的总人数为 7350 万，战争造成了 1000 万人死亡，2000 万人受伤，交战国直接用于战争的费用就达 2080 亿美元，相当于 1793—1907 年历次战争总支出的 10 倍。因此，可以说，第一次世界大战是人类历史上的一场人为的大灾难”。② 斯宾格勒的《西方的没落》很显然带有对第一次世界大战反省的意味。

斯宾格勒认为，一部世界历史，实际上是各种文化的“集体传记”。如同生命是一个有机体一样，每一种文化也是“生命有机体”，即是说，文化也是有生命的，它必然要像生命有机体一样，都要经历从出生到成熟以至衰落和死亡的过程。他认为每一个活生生的文化都要经历内在和外在的完成，最后达至终结——这便是历史之“没落”的全部含义。很显然斯宾格勒所说的“没落”，并不能等同于死亡、终止、结束，而主要是指这种文化已经丧失了生机与活力，既无批判精神、反思精神，也失去了进取精神、创造精神。由于这种丧失，一种文化虽然可以继续存在，但却无异于行尸走肉一般。

文明是文化的最高阶段或者说最后阶段，文明是伴随着世界城市化进程的加快而造成的一种结果，但是这种结果的产生却加快了文明走向没落的脚步。

---

① 这个术语是由英国现代文学家 R. H. 托尼在 1912 年时提出来的。

② 金重远. 20 世纪的世界——百年历史回溯：上卷［M］. 上海：复旦大学出版社，2000：73.

因为在摆脱了农村的世界城市文明体系中，“金钱成为世界的主宰，金钱的统治取代了此前一切形式的统治，金钱的关系取代了此前一切形式的人的关系，金钱成为衡量一切的价值标准。金钱的冷酷算计使理性主义发展到它的最高阶段，此时抽象的概念取代了活生生的生命世界，机器与技术开始统治人类，成为新世界的暴君，生活的诗意已为单调的工作所取代，生命的创造力和想象力已经枯竭，就连人类生命本身也退化和衰弱到了‘不育’的状态。由此就催生了‘恺撒主义’或帝国主义的出现”。① 在这样的时代中，金钱在社会生活各领域中取得了压倒性的优势，特别令人恐惧的是，当金钱通过所谓民主政治的形式成为政治领域中的实质性支配力量的时候，政治就不再属于所有人，它就必然成为了少数垄断财富的人所支配使用的工具了，而这种情形必然塑造出像恺撒大帝统治时期的强人政治。也就是说，在金钱力量的作用下，民主政治蜕变为专制统治，而这种政治的最高形式就是战争。随着西方社会进入帝国主义时代，战争成了人们处理一切现存问题的手段，文明时代的一切最终都将在战争中灰飞烟灭。因而斯宾格勒大胆断言，在未来一千年的前几个世纪里，西方文明将不可避免地没落。“当西方以物质文明为主的时代兴起，以精神文化为主的时代也就逐渐衰落了”的名言也是斯宾格勒向全世界发出的警示。

当然，《西方的没落》一书出版后，也招致了许多“乐观主义者”的攻击或嘲讽，有人用“骇人听闻”的字眼来形容书中的某种论述，还有人将其称之为“历史的占卜术”、“恶的预言书”等，但这一切都没有影响这本著作在世界范围的传播。对于各种各样的反驳或非议，斯宾格勒以决裂的姿态做出了自己的回应，他在 1922 年的修订版前言里写道：“对于那些只会搬弄定义而不知道命运为何物的人而言，我的书不是为他们而写的。”

斯宾格勒对西方文明发展前景所做出的预言在历史学领域产生了持续性的影响，后来的一些史学家如汤因比、费正清等人，都提出了与其相似的观点。如汤因比就指出，技术时代的到来使人类建立起了新的社会制度，形成了更大的社会共同体，但是只是依靠物质力量来维系的这种机构化的社会关系更加脆弱，因为物的因素全部吞噬了人与人之间的温情，这就使得以物质力量为基础和纽带的现代国家总是要“面临失去控制和破碎的危险，接踵而来的便是，

① 李秋零．全球化时代重申斯宾格勒的“预言”［N］．中华读书报，2006－11－26．

掌握权力、负责维持制度的个人总是面临诱惑，即取消自愿合作，恢复强制。因为，社会机构时常无法唤起人们进行自愿合作”。① 而且，这种以物质力量和技术支撑起来的地区性主权国家之间经常要发生战争，他们没有维持和平的能力，也不具备把生物圈从人为的污染中拯救出来，或保护生物圈的非替代性自然资源的能力。面对未来，“人类将会杀害大地母亲，抑或将使她得到拯救？如果滥用日益增长的技术力量，人类将置大地母亲于死地；如果克服了那导致自我毁灭的放肆的贪欲，人类则能够使她重返青春，而人类的贪欲正在使伟大母亲的生命之果——包括人类在内的一切生命造物付出代价。何去何从，这是今天人类所面临的斯芬克斯之谜”。②

（3）20 世纪现代西方哲学的发展更是把批判的矛头指向了支撑工业文明的思想基础，力求要彻底解构传统哲学。现代西方哲学的发展呈现出一幅五彩斑斓的画卷，相对于传统哲学，其转折可以归纳为反形而上学的转向、非理性主义的转向、反主体主义的转向、后现代主义的转向等几个方面。

反形而上学是当代西方哲学的一面鲜明的旗帜。形而上学是西方传统哲学的理论支柱，也是一个历史悠久的思想传统，这个传统自古希腊时已经奠定，到黑格尔那里获得了一种完备精致的形式从而达到高峰。形而上学传统追寻的是世界的始基，并把这个始基作为一种超验的本质和永恒的实体，认为它是现实世界最终的根据，现存的一切都可以从这里寻找到说明其自身的答案。形而上学强调不变和永恒，追求绝对和普遍，并以思维与存在、主体与客体的对立为基础。随着时代的变化，形而上学传统受到了严重的挑战，反形而上学逐渐成为现代西方哲学的一种主要的理论思潮。这就像海德格尔所概括的：“哲学就是形而上学。”“在整个哲学史中，虽然有不同的变化形态，但柏拉图的思想一直是起着衡量其他一切思想的标准性作用的。形而上学就是柏拉图主义。尼采就表明他的哲学是颠倒过来的柏拉图主义。在卡尔·马克思那里已经完成这一颠倒。随着这种对形而上学的颠倒，哲学的最极端的可能性就达到了。哲

① ［英］阿诺德·约瑟夫·汤因比．人类与大地母亲——一部叙事体世界历史［M］．徐波，等，译．上海：上海人民出版社，2001：526－527.

② ［英］阿诺德·约瑟夫·汤因比．人类与大地母亲——一部叙事体世界历史［M］．徐波，等，译．上海：上海人民出版社，2001：529.

学就已经进入了他的终结。”① 海德格尔所说的哲学的终结也就是形而上学的终结。在现代西方哲学发展过程中，起到了终结形而上学传统的并不是某一种哲学流派，而是众多思潮或流派。形而上学传统除了受到了马克思主义的否定外，还受到了实证主义、科学哲学、存在主义等流派的否定。在实证主义的创始人孔德看来，只有经验事实才能为人们提供最实在、最精确、最肯定和有用的东西，除此之外别无他途。实证主义严格地将真理限制在事实的范围内，认为人们试图超出事实的范围而去构建一种超经验的哲学体系实在是一种妄想。科学哲学的重要人物赖欣巴哈则指出，“寻找普遍性”是形而上学的主要特征，但是普遍性总是离不开虚构和假设，因而这就常常使得“普遍性的寻求就被假解释所满足了”②。同样，形而上学追求知识的绝对性也常常需要虚假的逻辑前提，这些都是形而上学所无法摆脱的痼疾，而要真正解决知识或真理问题，决不能求助于抽象的哲学体系，而必须通过专门的工作。总之，在现代西方哲学发展的过程中，虽然也有的哲学家主张重振形而上学的雄风，但不可避免地陷入了一种“曲高和寡”的境地。

如果说形而上学是西方传统哲学大树的树干的话，那么理性主义或主体主义就是生长在这棵大树上的果实。当形而上学的大树日趋干枯的时候，也就必然会出现花果飘零的情形了，因此理性主义和主体主义走向没落实在是在所难免。理性主义主张理性至上，科学知识万能，逻辑方法绝对无误，把理性作为世界的本体和最根本的存在。自 19 世纪末 20 世纪初以来，西方社会矛盾的激化导致了一系列破坏性事件的发生，人们逐渐对理性主义失去了信心，同时，哲学自身的发展也逐渐暴露出理性主义诸多的缺陷，从而导致非理性主义的浪潮甚嚣尘上。非理性主义主要具有以下基本特征：在本体论上，反对传统哲学的主客对立的二元论，把非理性的意志情感作为世界的根本；在认识论上，反对逻辑思维方式而崇尚直觉或神秘的体验；在人性论上，反对把人抽象化、理性化，而主张人存在的历史性；在历史观上，反对以理性来统治历史、推动历史。③ 理性主义的破产也伴随着主体主义的瓦解，主体主义是西方形而上学在

---

① 陈启伟．现代西方哲学论著选读［M］．北京：北京大学出版社，1992：671.

② ［德］赖欣巴哈．科学哲学的兴起［M］．伯尼，译．北京：商务印书馆，1983：11.

③ 杨寿堪．冲突与选择：现代哲学转向问题研究［M］．北京：北京师范大学出版社，1996：127 – 128.

获得了主、客二分的确定形式之后所形成的一种哲学观点。主、客二分的思维方式在古希腊哲学中已经萌芽，在笛卡尔的哲学思想中得到了确定的形式。笛卡尔以先验的认识主体为前提，将近代哲学的主题转移到认识论上来，即将哲学的理论焦点集中在探讨主、客二分的框架中，作为主体的人如何接近客体，如何认识和把握客体的存在。在主、客二分的框架中，主体对于客体具有先在性和决定性，主体的尺度是客体所必须服从的，主客体的地位是不可逆的。主体主义的哲学思想也就初步确定了近代“人类中心主义”的基本内涵。形而上学的破产使得主体主义走向危机，20 世纪哲学的发展使得主体主义受到了空前的抨击。许多思想家指出，正是主体主义和人类中心主义导致人与自然关系的紧张，使得人类陷入空前的危机之中。他们认为人并不是世界的不变的主体，更不是世界的主人。实际上，人的主体地位并不能通过自封而取得，更不能通过剥夺其他存在物的权利来维护，人的主体地位是由与其“共在”的事物所赋予的，所以人的生存方式就不应该是一种孤傲的存在，而应当与其他事物和谐相处，即人应当“诗意”地居住在大地，成为大地的看护者。

在西方传统哲学的转折过程中，后现代主义的转向更是一道独特的文化景观。后现代主义是 20 世纪 60 年代以后在西方兴起的一场影响广泛的文化运动，它的影响几乎遍及人文科学的各个领域而成为一个似乎可以任意张贴的标签。从哲学的角度看，后现代主义的主要目的就是要消解“现代性”，而这里所指的现代性主要是针对西方近代启蒙以来所追求的个人自由和理性至上的哲学观念。18 世纪的启蒙思想家们都希望科学和艺术可以帮助人们来控制自然，而且帮助个人来充分地理解自己，理解世界，以获得道德的进步。然而后现代主义认为，启蒙主义的理想已经在现代社会中破灭了，必须清除它的影响。因此后现代主义哲学思潮在很大程度上与现代西方哲学的转向存在着某种一致性，如后现代主义也反对形而上学，反对主、客二分的思维模式，反对理性和终极价值存在，所以，它并不是一种与现代西方哲学思潮完全对立的哲学观念。后现代主义是一种非常复杂的思想运动，它今天仍在不断地发展变化，所以对它的分析和把握面临着许多理论上的困难。被冠之于后现代主义名称的学术思潮并非是一个完整的无分歧的整体，而是存在着重大的思想差异。如后现代主义中就明显地存在着激进的后现代主义和温和的后现代主义两种不同的理论倾向，按照美国学者大卫·雷·格里芬的说法即是存在着“破坏性的或解构性的”后现代主义与“建设性的或修正性的”后现代主义的区分。激进的后现代主义者往往都首先把矛头对准西方的形而上学传统，如德里达就认为，在西方传统哲学中，对“中心”、“本源”、“基础”、“在场”的追求始终是一以贯之的，而他所要完成的主要任务即是指出这个“中心”的虚幻性，从而使人们走出形而上学的阴影，因为这个中心被看作是先验的，是不受怀疑和不可阐释的，而这恰恰暴露了西方形而上学传统的一个根本矛盾，这样的中心“既制约结构又逃避结构的控制，既存在于结构之中，又似乎逃逸于结构之外，于是中心就不成其为中心，内与外、源初与终极的区别就成为一个问题”①。围绕着这样一个中心，长期以来人们总是习惯于固守一种理性与非理性、真实与虚假、言说与书写二元对立的认知模式，并且认为前者比后者更为重要一些，因为前者通常即是中心，后者则总是居于边缘，中心与边缘是固定的，不能互置的，但是一旦这个中心被宣布为虚设的之后，那么原来二元对立的认知程序就失去了意义，就必须按照新的游戏规则去行动了。这样，原来在形而上学传统中得不到重视的、被置于边缘的事物就应该纷纷活跃起来而受到重视。福柯所进行的探讨侧重于人类整个知识体系是如何形成的问题上，德里达宣布整个形而上学的中心是不存在的，福柯则更明确地揭示以主体为中心的认知模式的虚幻性。福柯指出，迄今为止人类所获得的知识并非是一个稳定的、完整的统一体，而是存在着无数的罅隙和缺陷，这些知识充其量只是一个个知识的碎片或一套套的“独立的话语”，但是以往的认识传统则把主体置于绝对的中心位置，并赋予这个主体一种特殊的能力，他可以凭借自己的理性或逻辑能力把知识的碎片穿接起来，把认识中的缝隙一一抹平，从而保证人类知识体系的完整性或统一性。福柯认为主体的这种建构知识的能力完全都是先验的。他进而指出，人类对世界的把握实际上都是按照一定的认知范式所进行的理性实践活动，真正在知识的形成过程中起作用的是“权力”，而这些权力也就是知识在形成过程中所必须遵守的规范、原则、标准、方法等，所以一切知识不过都是权力限制下的产物。福柯实际上是在告诉人们，西方的知识传统所制定的许多规则、标准、程序、信念只是相对的、暂时性的东西，它们并不具

① 转引自张国清．中心与边缘——后现代主义思潮概论［M］．北京：中国社会科学出版社，1998：42.

有永恒性。

激进的后现代主义试图拆掉西方近代以来的整个人文主义传统，取消一切普遍永恒的东西，但是这种企图受到的责难和困扰与日俱增，而温和的后现代主义则可以看作是后现代主义的一种退却或自身的调整。如果说激进的后现代主义是忙于解构而疏于建造的话，那么温和的后现代主义就既有对西方传统进行解构的一面，也有进行新的理论建构的一面。温和的后现代主义者揭露现代性造成了人的精神危机，造成了人与世界的紧张关系，对现代社会中存在的个人主义、人类中心论传统、机械主义的世界观和还原论的思维方式，主张在超越现代性的基础上形成新的价值观念和实现思维方式的变革。以格里芬等人为代表的后现代主义者则把人与自然的关系作为探讨的核心问题，他们认为传统哲学的二元论和还原论最终导致了世界和自然的“祛魅”，即自然界被剥夺了任何主体性经验和感觉，完全成为空洞的存在。他们提倡的是一种整体有机论的思维方式，这种思维方式强调人与世界是一个整体，一个人不仅包含在他人之中，而且还包含在自然之中。他们宣布那种认为自然界完全独立于人类之外的观念是完全错误的。尽管格里芬等人也反对唯科学主义，但是他们所反对的是那种建立在机械论和还原论理论基础之上的科学，而提倡的是与有机论相结合的科学，这就像图尔明所说的：“后现代科学的发展使得我们再一次感到在宇宙有一种在家的感觉。”“在后现代宇宙中，我们对人类和自然的理解是与企盼中的实践结合在一起的，这种后现代宇宙观的正式条件包括将人类，实际上是作为一个整体的生命，重新纳入到自然中来，同时，不仅将各种生命当成达到我们目的的手段，而且当作它们自身的目的。”①

（4）环境伦理思潮的出现也为生态文明的萌生鼓噪呐喊。伦理文化是文明体系的内核，是文明形态价值观念的体现。20 世纪中叶以后，伦理文化的视域也开始发生拓展，即生态问题也进入了伦理学的视野，环境伦理学的产生和发展就是伦理文化发生转变的重要体现。

任何一门学科都有自己所关注的视域，环境伦理学自问世以来也逐渐明确了自己的界域——人与自然的关系。很显然，环境伦理学的界域并非与传统的

① ［美］大卫·格里芬．后现代科学——科学魅力的再现［M］．马季方，译．北京：中央编译出版社，1998：44.

伦理学视域没有丝毫的联系，而是极大地拓展了传统伦理学的思维空间，将伦理学从只关注人与人之间的关系拓展到了关注人与自然的关系的范围内。因此，环境伦理学通过这种拓展试图对人际伦理有所包容和覆盖，这一点在20世纪80年代以后，当西方环境伦理学的发展开始自觉地把人与自然关系的调整和人与人的关系的调整联系起来之后表现得尤为明显。

当然，环境伦理学的拓展并不是为了创造一套新的概念系统或理论框架，而是从根本上宣示一种新的价值思维，这种新的价值思维无疑对一些传统的价值观是具有颠覆性的。这主要表现在：第一，环境伦理学认为，完全依靠物质财富累积起来的人类文明具有不可持续性，所以人类文明发展的路向和方式必须进行彻底的调整。第二，环境伦理学认为，完全用工具理性或计算理性来称量自然物的价值将会导致人文世界与自然界之间的隔阂越来越大，最终会导致人的生存失去根基和依托。究其实质，人不仅是社会存在物，是社会之子，而且人还是自然之子。也就是说人既栖居于自己所创造的文化世界中，也生存于先于自身而存在的自然世界中。人文世界和自然界并不是没有关系的，它们通过人的活动彼此关联、相互影响。而人类只有充分地认识到这种双重的“栖居”意义才会拥有更美好的明天。环境伦理学的这种思考实际上提示人们，人是否达到了一种良善的境界不仅要看他如何与他人相处，还要看他如何与自然相处。第三，环境伦理学还认为，人类不是地球的主宰，而是地球生命共同体中的一员，与其他生命体存在着休戚与共的关系。从生命进化的结果来看，人类是处在生命“金字塔”的塔尖的，这虽然在一方面显示出人的确具有其他生命体所不具备的生命特质，但是另一方面也能够表现出人的生命的脆弱之处，“高处不胜寒”这句话对于表达人在生命共同体中的处境也是具有警示意义的。所以，人应该以什么样的方式生存着，什么是人生之幸福和愉悦，这些历久弥新的问题在环境伦理学的视野中又当有另一种阐释的方式。

当然，环境伦理思潮在今天仍然是一股未竟的思想浪潮，每年都有大量的相关著述问世，也没有形成铁板一块的理论阵营，而是包含着多元化理论流派，各种各样的观点也都进入了环境伦理学的视野：动物解放论、动物权利论、生命平等论、大地伦理论、自然价值论、深生态学、代际正义论、代内正义论、生态女性主义、社会生态学、生态学马克思主义等。

今天的环境伦理学之所以给人一种纷繁复杂的感觉，不仅是由于所涉及的理论派别众多，似乎缺乏比较清晰、比较单一的且一以贯之的理论主线，而且还因为不同理论派别之间直接存在着立场观念的对立，相互攻讦之声始终不绝。如动物权利论不认同动物解放论仅仅把肉体感受性作为道德的基础，生命平等论又认为仅仅把动物看成是道德关怀的环境伦理学是不彻底的；以生态学为基础的学派指责只重视关怀生命个体的学派是个体主义的、带着人类中心论的尾巴的，而重视生命个体固有价值的学派又反过来指责以生态学为基础的学派是生态沙文主义或生态法西斯主义，丝毫不重视自然个体的内在价值；强调社会正义基础的环境伦理学指责大谈自然权利的学派未免“迂远而阔于事情”，而其他流派又认为专涉正义的环境伦理学固守着传统而无新意……

环境伦理学中的众多理论派别都有自己的理论立场，彼此之间的矛盾和不一致自然无法抹杀，否则也就形成不了不同的流派了，然而这只是问题的一个方面，它们之间的共识同样也不容忽视，否则它们也无法集结到同一个理论阵营中了。对于不同理论派别间的共识，我们可以做出多方面的归纳和列举，如它们都认为生态危机意味着人类文化的一次巨大的搁浅，反映出了人的价值观念的明显的局限性；都反对以强势的人类中心主义和以褊狭的实用主义为基础的自然价值观，强调应该具有长远的可持续发展的眼光，也反对一味地通过商品化和市场化的方式来确定自然物的价值，即限制工具理性或计算理性向自然界渗透；都认为人在解决生态环境问题上必须承担起相应的责任和义务，这些责任和义务可以是直接面向自然界的，也可以是指向未来一代的，还可以是指向同代人的，等等。

分歧虽然存在，但在许多问题上环境伦理学内部的各种派别之间还是有统一的看法的，甚至完全可以说彼此的共识还是要多于分歧的。这虽然是一种量化的描述，但是直接关涉的却是分歧的性质问题。仔细回顾环境伦理学内部所存在的分歧和对峙，我们就会发现它们都不是涉及是否承认环境伦理学的价值、意义以及可能性等根本问题，主要表现为由于思考问题的角度的差异所导致的分歧，如在关于环境伦理学的伦理基础的问题上，有的提出以功利主义为基础，有的提出以自由主义为基础，有的提出以目的论为基础，有的提出以价值论为基础，还有的提出以正义论为基础，有的则提出以人与自然的辩证关系为基础等。这些看法实际上都是对环境伦理学的伦理基础这一问题的解答，它们面对的问题是同一的，思考问题的初衷也是一致的，只是所提供的答案存在着分歧而已。实际上这也说明了这样一个道理：如果把环境保护看作是一件绿意飘荡的长裙，那么谁都有资格来分享这种绿意飘荡的美?

但是，在环境伦理学的发展历程中，我们必须承认这样一个事实，环境伦理学的诞生和发展与其说是理论上的要求，倒不如说是现实的需要，是解决生态问题的需要。正是人们在解决生态危机的过程中认识到，除了技术的投入、法律的约束、经济杠杆的调控外，人们价值观念的改变对于解决生态问题更为根本，环境伦理学才获得了强大的现实推动力。所以，环境伦理学的发展并不能以追求理论上或逻辑上的自圆其说为目的，而是以追求有益于环境保护或人与自然关系的改善为宿命。

一旦伦理文化将人与自然的关系也纳入自己的视野中，生态文明也就有了坚实的人文基础和精神价值支持。

总之，在工业文明的历史进程中，对资本主义进而对整个工业文明反思批判的观念、思想始终绵延不绝，而且思想阵营不断扩大，迅速波及各个学科领域。诚然，文明的发展和提升不是一个从观念到观念的过程，工业文明的终结也不是通过理论批判就能够完成的，但是这些思想观点作为生态文明发展的先声，毕竟起到了非常重要的启导作用。正是因为如此，有学者断言，即便在破坏自然盛行的工业文明时代，仍然存在着一条人类环境史的清晰线索。①

当我们在梳理这些思想脉络的时候，实际上就不难发现，自20世纪中叶以后，生态文明的转型已经成为一场现实的社会运动了，社会的诸多领域都在积累催生生态文明的力量。

对于生态文明这一概念究竟何时由何人首先提出，现在已经很难查考。即便可以通过文献考古的方式获得一定的线索，也并无多大意义。因为文明的发展形态并不是个人意志的体现，它既是现实化的历史运动也是广泛的社会共识。

20世纪60年代以来，整个世界关于“生态”或“环境”的话语表达愈益活跃，社会生活的各个层面都逐渐形成了自己的“生态”或“环境”语境，因而使得这两个概念的意义区域不断地向外扩张。如社会民众从关注生活健康

① 梅雪芹．环境史学与环境问题［M］．北京：人民出版社，2004：23.

的角度出发，开始积极寻求合乎生态和环境法则的生活方式并期望建立起严格的法律限制；科技发展的生态化成为触发科技创新的最重要的目标指向之一；经济领域中也展开了关于明智地利用自然资源、经济增长的限度、环境成本的计量以及通过催生生态经济以支持社会的可持续发展的探讨；在政治舞台上，借助于对生态或环境问题的关注来吸引民众支持并表达自己的政治诉求的政治力量开始形成，而且在许多国家已成为不可小觑的政治势力；在文化领域，“绿色文学”在秉承早期浪漫主义统绪的基础上形成了独特的叙事体系和审美旨趣；教育领域也在积极探索人们接受、内化环保理念的机制和一般规律，寻找具有可操作性的途径和方法。总之，生态或环境问题的凸现似乎正在颠覆一个时代，同时也在缓缓地拉开另一个时代的帷幕。因为一方面，“生态”或“环境”的概念已经越来越脱离它们原初的事实性描述或价值中立的内涵而为新的时代所赋义，成为了带有鲜明的反思性或批判性思想特质的概念，它们承载着人们的自责、悔恨、焦虑、不安、愤怒和对生命的深深忧患；另一方面它们也承载着人类新的价值期望，即希望能通过人类的自我拯救而开辟出新的生存通途，而所谓生态文明的转向的话题即是这种期望和行动的明确体现。

第二节 经济领域的探索与奠基

经济发展是人类文明体系的重要组成部分，文明的转型必然要通过经济发展理念、经济增长方式、经济管理政策等方面的转变表现出来。20 世纪中叶以后，面对日益严重的生态危机，关于经济发展的生态化指向成为人们关注的核心问题，并不断取得了实质性的进展。

一、宇宙飞船地球经济学

20 世纪 60 年代，美国经济学家 K. 鲍尔丁提出了“宇宙飞船地球经济学”的理论。他认为，随着人类对周围环境问题和对地球在宇宙中的位置认识的不断加深，人们在各个方面，诸如政治、心理、道德等方面都要做出相应的调适和改变，以适应把地球从无边无际的平面看成是一个相对封闭的球体的转变。而经济领域的变化当然更加迫切。“未来封闭的地球需要一些不同于过去开放性地球所适用的经济学原理。为了表达生动起见，我将开放经济称为‘牛仔经济’，牛仔象征着无边无际的平原，也代表着冲动、勇于开拓、罗曼蒂克、暴烈行为，而这正是一个开放社会的特征。类似地，未来的封闭经济可以被称为‘太空人’经济，那时地球就好像一只孤立的宇宙飞船，它的生产能力和净化污染能力都将是有限的。”①

鲍尔丁所提出的“宇宙飞船地球经济学”的全新意境在于强调地球是人类生存的唯一家园，在这个相对封闭的系统里，人口的过度增长和需求最终将使地球的有限资源消耗殆尽；经济发展排放的废弃物将使这个宇宙飞船遭受污染；资源耗尽和环境污染将导致人类社会的崩溃。在传统的经济发展模式，也就是开放的经济模式中，所关注的核心问题是生产和消费的问题，认为扩大的生产和消费都是“好事”，而在“宇宙飞船地球经济学”，生产和消费的扩大就不是好事而成了坏事，因为从地球资源的有限性和地球承载人类污染和破坏能力的有限性的角度来看，人类经济活动“最最迫切需要的决不是产量，事实上，产量被认为是应该最小化而不是最大化的东西。量度经济成功与否的标准也根本不是产品和消费，而是整个资本存量的性质、数量、质量及复杂性，包括该系统中人类的身体及精神状态。在太空人经济中，我们最为关心的是资本的维持，显然任何能够以更少的产量（即更少的生产与消费）来维持一个既定资本存量的技术革新是有价值的”。②

鲍尔丁的“宇宙飞船地球经济学”实际上提出了在生产和消费过程中，由于人们的不合理的实践方式，从生产到消费的过程就是一个资源存量减少的过程——不仅生产活动消耗资源，消费污染也破坏资源。而这恰恰是传统的经济学没有把资源环境的因素考虑在经济活动之中，没有把资源生成的生态成本纳入社会经济活动的生产成本中所造成的。因此以强调经济运行中的物能闭路循环的“循环型经济”取代过去的“单程式经济”成为“宇宙飞船地球经济

① ［美］赫尔曼·E戴利，［美］肯尼思·N汤森．珍惜地球——经济学、生态学、伦理学［M］．马杰，等，译．范道丰，校．北京：商务印书馆 2001：340.

② ［美］赫尔曼·E戴利，［美］肯尼思·N汤森．珍惜地球——经济学、生态学、伦理学［M］．马杰，等，译．范道丰，校．北京：商务印书馆 2001：341.

学”的基本思想。这一思想实际上也就是把生态学与经济学结合起来的生态经济思想，由此引发了生态经济学作为一门新学科的建立与兴起。生态经济学把研究视角扩大到了整个生态系统、经济系统和社会系统，以及由三个子系统耦合而成的生态经济社会复合系统，生态系统与其他子系统之间相互依赖，相互影响。生态经济学注重生态系统与社会经济系统的协调与持续发展，追求生态经济社会综合效益的最大化，强调经济效益、社会效益与生态效益的有机统一。生态经济扩大和延伸了“经济”这一概念的理论和实践蕴涵。

二、思考增长的极限

1972 年，罗马俱乐部成员、美国麻省理工学院教授丹尼斯·梅多斯等人推出了《增长的极限》一书，这也是罗马俱乐部针对人类困境所推出的第一个报告。也就是在这一年，联合国发表了《人类环境宣言》。梅多斯研究小组所针对的问题与鲍尔丁提出“宇宙飞船地球经济学所”针对的问题基本上是一致的。第二次世界大战以后，整个资本主义世界频繁地出现经济危机，为了摆脱经济上的困窘，许多国家仍然推行凯恩斯的经济政策，即通过降低利率、刺激消费、扩大投资、增加就业等方式或手段来保持经济的发展活力。特别是战后国际形势的深刻变化，使得各资本主义国家纷纷把经济的快速增长看成是头等大事。但是在战后二十多年的时间里，不但“旧病”未去，而且“新病”又来。由于盲目扩大生产规模，产品积压严重，经济衰退难以挽回，而且还造成了非常严重的环境问题，资源日趋紧缺，公害事故频繁。梅多斯等人针对这些现实情况阐发了关于“经济增长的限度”理论。

梅多斯等人认为，人类正陷入由于无限追求经济增长所导致的困境之中，而这个困境可以通过人口增长、工业发展、环境污染、粮食生产和资源消耗这五种因素的联系和变动表现出来。如果人类一直依赖上述五方面要素的呈指数增长的态势来换得经济的增长，那么世界经济必然会达到一种增长的极限，陷入一种不可继的状态中。因为，影响经济增长的诸多要素都存在一个限度。比如粮食生产，粮食生产对经济增长的重要意义是不言而喻的，足够的粮食是满足人的生存发展的最基本的条件。但是要促进粮食增产，拥有足够的耕地是必要条件，然而地球的表土面积是有限的，因此可供开垦的荒地也是有限的，特别是随着对耕地的大量侵占和开垦费用的递增，必然导致粮食生产所需要的耕地面积得不到充分满足。而且，促进粮食生产还需要充足的淡水资源，而随着淡水资源的消耗也呈指数增长，就必然使得粮食的增产不是无限的。再比如资源问题，地球上资源的储量是有限的，而且大多属于不可再生资源，这样，资源的有限性也不可能支持经济无限增长。特别是，经济发展过程中还产生了大量的污染，环境污染是人口增长、工业发展、资源消耗等因素呈指数增长的综合体现，环境污染的愈益严重不仅直接威胁到人的身体健康，而且使地球变得越来越脆弱。所以，梅多斯等人得出了这样的结论：如果世界人口、工业化、污染、粮食生产以及资源消耗按现在的增长趋势持续不变，这个星球上的经济增长就会在今后一百年内的某一个时间达到极限。《增长的极限》实际上也是在阐明，人类经济的增长方式必须要发生转变，经济增长必须要计量环境成本。

三、建立绿色 GDP 核算体系

经济发展的生态化转向不仅体现在理论上而且还体现在实践上，它催生出了衡量经济发展全新的指标体系——绿色 GDP 核算体系。

绿色 GDP，在联合国《综合环境与经济核算手册》（SEEA）中，被定义为经环境调整后的国内生产总值，是从现行 GDP 中扣除自然资源耗减价值和环境污染损失后的国内生产总值。绿色 GDP 的概念同样也是在认真反思社会经济发展所造成的环境污染之后才出现的。

20 世纪 80 年代以后，西方部分发达国家开始推行绿色 GDP 核算的实践，这对于校正经济发展目标指向起到了一定的作用。其中，挪威则是最早开始进行自然资源核算的国家，它核算的重点是矿物资源、生物资源、流动性资源、环境资源，还有土地、空气污染以及两类水污染物（氮和磷）。其后，芬兰便仿照挪威的模式，也建立了自己的自然资源核算框架体系，其资源环境核算内容包括森林资源核算、环境保护支出费用统计和空气排放调查。

同样，一些发展中国家也进行了这方面的实践，20 世纪 90 年代，墨西哥也实行了绿色 GDP 核算，将石油、各种用地、水、空气、土壤和森林列入环境经济核算物量数据转化为货币数据。

2001 年，我国开始了由国家统计局主持的自然资源核算工作，编制了“全国自然资源实物表”。2004 年，国家统计局和国家环保总局成立了绿色 GDP 联合课题小组，并牵头完成了《中国资源环境经济核算体系框架》和

《基于环境的绿色国民经济核算体系框架》两份报告，构筑出了我国“绿色GDP”的基本理论框架，为绿色国民经济的发展提供了基础性的衡量标准。2005 年 2 月，国家环保总局和国家统计局在北京、天津、河北、辽宁、浙江、安徽、广东、海南、重庆和四川 10 个省（市）启动了以环境核算和污染经济损失调查为内容的绿色 GDP 试点工作，由此，开启了我国绿色 GDP 核算工作的序幕。

四、发展循环经济

20 世纪 90 年代以后，“循环经济”的概念开始频繁地出现在人们的视野中，相对于传统经济发展模式而言的，循环经济是一种建立在资源回收和循环再利用基础上的经济发展模式。按照自然生态系统中物质循环共生的原理来设计生产体系，将一个企业的废弃物或副产品，用作另一个企业的原料，通过废弃物交换和使用将不同企业联系在一起，形成“自然资源—产品—资源再生利用”物质循环过程，使生产和消费过程中投入的自然资源最少，将人类生产和生活活动对环境的危害或破坏降低到最小限度。循环经济是对物质闭环流动型经济的简称，是以物质、能量梯次使用为特征的，在环境方面表现为低排放，甚至零排放。

循环经济作为一种生态化的经济发展模式，它要求以“减量化、再使用、再生化”为经济活动的行业准则，被称为“3R 原则”，即减量原则（Reduce）、再使用原则（Reuse）和再生化原则（Recycle）。其中，减量原则要求用较少的原料和能源投入，达到既定的生产或消费目的，在经济活动源头就注意节约资源和减少污染物排放。而减量化原则则是常常体现在生产中，它要求产品体积小型化和产品重量轻型化，既小巧玲珑又经久耐用。此外，要求产品包装追求简单朴实而不是豪华浪费，既要充分又不过度，从而达到减少废弃物排放的目的。而再使用原则要求产品和包装容器能够以初始的形式被多次重复使用，而不是用过一次就废弃，以抵制当今世界一次性用品的泛滥。在产品设计开始，就研究零件的可拆除性和重复利用性，从而实现零件的再作用。再生化原则要求生产出来的物品在完成其使用功能后，能重新变成可以利用的资源而不是无用的垃圾。因此，一些国家要求在大型机械设备上标明原料成分，以便找到循环利用的途径或新的用途。

五、推进低碳经济

进入 21 世纪以后，“低碳经济”成为了人们热议的话题。

“低碳经济”的提出实际上是直接导源于人们对全球气候的忧虑。因为自 18 世纪以来，西方工业化的成就就是建立在石化能源的基础之上的。可以说，石化能源的广泛应用，为人类社会带来巨大的便利和巨量的物质财富，所以，工业革命的辉煌其实是奠基在石化能源大量使用基础之上的。不过，石化能源的消耗也就像打开了“潘多拉盒子”一样，带来了对人类和所有生命来说都意味着梦魇一样的排放，这种排放也给人们提供了一种深刻反思现代经济模式特点并逐渐形成共识的机会，“这种经济模式以一年的时间将历经百万年才得以形成大的地下能源载体通过燃烧的方式释放到宇宙空间，而根本不清楚这一过程可能产生的后果，更别说采取什么预防措施了。这一重大转折的根源在向烧煤时代的过渡中就已隐约可见”①。而我们这里所说的排放就是指的温室气体排放，简称碳排放，即二氧化碳的排放。任何燃烧都必然释放出来大量的碳，所以，毋庸置疑，建立在石化能源基础上的经济模式和生活模式必然就是一种高碳经济和高碳生活。

毫无疑问，工业文明的伟大成就就是通过碳的大量排放而取得的，但是地球对碳的接纳限度以及石化资源的有限性在客观上也就宣布了工业文明的不可持续性。因为高碳经济和高碳生活从根本上说威胁到了人类的生存，这在今天已经是可以通过经验直观的事实，而非仅仅是理论上的预言与危言耸听。

全球变暖即是高碳经济发展的一个直接性后果。这也引起了世界各国高度的关注，随之，人们开始行动起来，采取各种举措，力图消除全球变暖所引发的各种问题。

1988 年 11 月，世界气象组织（WMO）和联合国环境规划署（UNEP）联合成立了联合国政府间气候变化专门委员会（IPCC），其主要职责就是对全球气候变化做出监测和评估。到 2007 年，该委员会共发布了四次全球气候变化报告，这些报告用大量的客观数据来证明人类活动特别是经济活动对全球气候

---

① ［德］约阿希姆·拉德卡．自然与权力——世界环境史［M］．王国豫，付天海，译．保定：河北大学出版社，2004：286.

所造成的影响、地球日趋变暖的态势、人类的生存发展所受到的威胁、应对全球气候变暖的主要措施等。正是在这样一种背景下，发展低碳经济已是刻不容缓。

因此，相对于高碳经济而言，低碳经济实际上是指这样一种经济发展模式，由对石化能源的依赖转变为对低碳能源（太阳能、风能、水利能、海洋能、核能等）的依赖，从而形成以低能耗、低污染、低排放为基础的经济模式，改变工业文明时代的经济增长方式。低碳经济实质是能源高效利用、清洁能源开发、追求绿色 GDP 的问题，核心是能源技术和减排技术创新、产业结构和制度创新以及人类生存发展观念的根本性转变。

尽管低碳经济在很多方面还是一个设想或一种概念，要彻底改变传统的经济增长方式可谓任重道远，这其中不仅牵涉到观念层面、技术层面、管理层面、产业层面的问题，而且还牵涉到制度层面以及现实中的不同国家间的利益博弈层面等，但是趋势不可阻挡。实际上，许多国家包括国际组织已经在发展低碳经济方面做出了实际的探索和努力，欧盟、美国、日本、中国、韩国等都相继出台了应对气候变化、推动低碳经济发展的目标和战略。联合国在这个问题上，一直发挥着积极的推动作用。比如，联合国政府间气候变化专门委员会先后促成了《联合国气候变化框架公约》、《联合国气候变化框架公约的京都议定书》、《哥本哈根协议》等规制低碳经济发展的文件的出台，在全世界范围内形成了一种良好的倡导低碳经济氛围。同时，降低碳排放也催生出了巨大的经济利益。目前，国际上已经围绕着降低碳排放的目标形成了经济潜力巨大的交易市场，据联合国和世界银行预测，到 2012 年全球碳的市场交易额将达到 1500 亿美元，有望超过世界石油市场成为交易额第一大市场。

从“宇宙飞船地球经济学”到“增长有极限”，到“绿色 GDP”，再到“循环经济”、“低碳经济”，这种粗线条的勾勒，基本展示了经济发展生态化转向的过程。当然，这种转向并不仅仅体现为从理论到理论的范式转换，而且还体现为实际的实践操作。而实际上，从 20 世纪 70 年代以来，经济学领域的许多研究成果都转化成了现实的经济政策来指导和规范经济的生态化转向，如推行环境税收、环境收费、超标罚款、绿色金融、财政补贴和排污权交易等，这些政策的实施对于改变传统的经济增长方式，协调经济发展与环境保护之间的关系起到了积极的作用，也为生态文明建设做出了贡献。

第三节 生态政治运动的兴起

政治是人类文明体系的重要组成部分，自进入阶级社会以后，人类的许多活动都是在一定的政治框架之中进行的，这也造成了这样一种客观的情势：不同的文明形态总有与其相匹配的政治架构。工业文明在西方社会所经历的过程和所产生的结果与其政治架构是有着密切的关系的。而要超越工业文明，政治上的改革是必须要迈出的步伐。

一、生态政治运动的理念

20 世纪 70 年代以来，生态问题已经逐渐引起了社会的强烈关注，环境生态意识和绿色思想开始走出经济增长与环境变化的关系范围，逐渐向着更广、更深的领域拓展。民众的普遍关注促使生态问题日益转型为一个政治性问题。可以说，生态问题与政治问题的联姻，促成了生态政治运动的崛起。这一政治性运动大约经历了这样一个发展过程，即：自 20 世纪 70 年代开始，民众走上街头举行绿色抗议，生态意识开始从民间萌芽；80 年代，“国家政治”在广大民间声音的催促下，开始对环境问题做出回应，生态政治运动开始由民间登上国家的政治舞台；90 年代以来，生态政治运动开始逐渐形成一股力量，推动着国家政治决策的绿色化，比如，“议会政治”中的绿色较量以及全球“国际政治”的泛绿化就是较为典型的表现。

生态政治运动的思想基础是建立在对西方工业文明反思批判的基础上的，它要求按照一种新的发展观、新思维、新秩序来调整政治关系，建立一个没有暴力、和平、公正、民主、人与自然和谐发展的新社会。生态政治是对传统“增长”政治理论的反叛，它反对对自然资源的掠夺，否定剥削经济制度，反对破坏自然生态平衡，重视唤起民众的社会责任感，倡导基层民主以及非暴力的基本原则。生态政治运动在一定程度上把生态学的原理当成了一种可以广泛应用的政治原则，如它从全面的、整体的、动态的、相互联系的视角出发，把传统的经济增长模式、环境污染、高失业率、官僚政治等问题联系起来，强调保护生态环境平衡就必须取缔危害生态和大量消耗能源的行业，用生态财政来代替市场财政，用生态经济来代替市场经济。同时，生态政治应用现代生态学来研究人与自然的关系，改变传统的消费观念和生活方式，改造传统的经济发展和消费社会模式，大力发展小型劳动密集型产业，实现生产单位和财产分散化，将政治权力下放到基层，要求决策过程开放化、透明化等。

二、生态政治运动的实践

生态政治运动的实践者主要是西方各个国家所建立的绿党组织。以绿党为核心的生态政治一开始并没有受到政治家们的重视，许多西方媒体认为它仅仅是由生态问题所引发的“浪漫主义的和危险的简单渴望”。传统党派的一些政治家对绿色政治力量的政治寿命更是十分轻视，认为它不过是政治舞台上的昙花一现而已，绝不会赢得民众的青睐。然而，事情的实际进展让许多人大跌眼镜。随着绿党的崛起与发展，其崭新的绿色政治理念不断被更多的公众和党派所认同。一大批左翼政党纷纷吸纳绿党的绿色理念，由此出现了“从红到绿”、“红绿交融”的生态社会主义，并在主流政治中形成了“红绿联盟执政”的新政府。所以，绿色理念随之日益走进政治的中心视域，“绿化”了西方各大主要政治意识形态，整个政治领域呈现出全面绿化的新现象。

绿色政治运动的崛起，对推动生态文明的发展起到了积极的推动作用。它将批判的矛头指向了资本主义制度，认为生态危机有直接的政治根源，那就是资本主义制度是生态危机的罪魁祸首，所以主张要进行制度改革和创新；它将生态问题与社会问题联系起来，认为生态问题在本质上是社会问题，社会矛盾和社会关系得不到协调，那么生态问题就不可能得到根本解决。随着生态问题进入到了广泛的社会领域，也就进一步增强了社会民众对生态问题的关注，摆脱或改变了在抽象的层面上谈论人与自然关系的学究立场。也就是说，生态政治运动的崛起做出了这样的提示：“生态危机并不是自然本身的危机，而是人类生产生活方式和经济社会组织方式的危机。”“人与自然关系的生态化依赖于和要求人与人关系的生态化……只有社会制度的充分与广泛民主，人们才能够将经济生产及经济理性置于社会需要及社会规范的控制之下，现代社会的根本问题或者说环境问题的社会原因，正是经济利益特别是资本利益成为一种不被限制的力量并统治了整个社会，而广泛彻底的民主是扭转这一状况的基本手段。”①

当然，绿色政治运动的崛起在生态文明的调色板上增添了一抹新绿，但是

① 郇庆治．绿色乌托邦：生态社会主义的社会哲学［M］．济南：泰山出版社，1998：146.

很难说它的所有努力都产生了实质性的效果。它以政治改良主义的态度来与现行资本主义制度抗衡，难免落得下风；它的生态正义的诉求也并没有扭转生态殖民主义的发展蔓延势头，等等。但是它所强调的政治建构要与生态化趋向保持协调的思路是有启示性的。

第四节　科技领域的变化

生态文明是对工业文明的超越，而不是对工业文明的全盘否定。对此，我们必须秉持这样一种理性的认识。而作为工业文明重要支柱的科技在生态文明体系中仍然占据十分重要的地位，但是科技发展的目标和方向必须进行重新定位，需要脱离或更新既往我们对于科学技术的观念，或者说，科技发展也必须完成生态化转向，唯此，科学技术才能真正地造福于人类。

“人类有文字记载的历史已有五千年。五千年的文明史画卷里，战争与和平、王朝兴盛与危机最为引人注目，但构成其基本内容的却是物质生活的欣欣向荣和人类精神生活的奇异历险。科学和技术在文明史上始终占有一个非常重要的位置，它仿佛像承载激流的河床，流水消失了，河床却留存下来；昔日的城堡、宫殿化为灰烬，昔日的赫赫战功已随岁月而烟消云散，但是支撑着每一时代人类物质生活方式的技艺一代代传了下来，显示人类对自然知识增进的科学理论传了下来。”① 一部人类文明的发展史，也是一部科学技术的进步史。回顾漫长的历史，追溯生命的起源，人类从无到有，从野蛮到文明，从愚昧到科学，从落后到先进……在认识和改造世界中从低级的文明形态走向高级的文明形态，发展了、壮大了自己。在文明的发展进程中，科学技术扮演着重要的角色，它的每一个进展和突破都推动着人类文明的进步和发展。从茹毛饮血的氏族公社到高度发达的现代社会，从钻木取火到使用原子能、电子计算机，人类社会的每一个进步，都得益于科学技术的推动。所以，不言而喻，在人类社会的进化过程中，科学与技术发挥了不可替代的作用。尤其是在工业文明发展

---

① 吴国盛．科学的历程：第二版［M］．北京：北京大学出版社，2002：19.

的过程中，科学技术为人类创造出了巨大的物质财富，也给人们的生活带来了诸多便利，但是，任何一种事物都具有两面性。尤其是生态危机的出现，似乎使人们更多地看到了科学技术的局限性，认为科学技术就像高悬在人的头顶之上的一柄达摩克利斯利剑一样，时刻都会给人类带来伤害。然而，“历史是不会倒退的，技术如今已经成为世界不可分割的一部分，已经深深地介入、渗透于人类的一切活动之中，影响着人们的观念、意识、行为、态度和生活方式等。现代人类的生存是离不开一定的技术手段和条件的。人们不难设想，一旦抛弃了技术，人类将沦入何等境地……如今人们对技术发展过程进行反思，对技术的应用及其后果作批判性的评估，其归宿并不是要骂倒技术，取消技术，抛弃技术；恰恰相反，这样做正是为了还技术以本来的面目，消除人们对它的盲目性，把技术的发展限定在有利于人类，有利于改善人类与大自然相互关系的轨道上”。① 所以，科技发展的生态化趋向主要目的在于扭转科技发展利用的价值方向，更好地发挥科技在改善生态环境中的重要作用，使指导科技发展的价值原则由“能够做什么”转变为“应该做什么”。因此，我们就需要确立引导科学技术生态化的新原则，为科技发展提供正确导向，需要重新分析现实需求和科学技术的发展方向。推进科学技术的生态化，从根本上说是为了防范科技发展和应用中的各种负效应，从而真正实现科技与人、社会和生态环境的协调发展。因此，完整的科学技术的原则应该涵盖人文、生态、伦理、审美等价值在内，体现人文关怀和生态关怀。换言之，科学技术生态化的新的指导原则应为人文关怀原则和生态关怀原则二者的统一。所以，反思科学技术，并非针对的是科学技术本身，而是我们人类社会在使用科学技术上的价值观念与指导原则，反思的目标应该是让科学技术也披上绿色的外衣。

绿色科学技术，不仅是人类社会正确使用科学技术为人类自身造福的正确导向与目标，同时，它也是实现社会经济循环可持续性发展的重要技术保障。

在生态文明的视域之下，大力倡导和推进绿色科学技术是改变既往加剧人与自然紧张关系的重要生产方式，是实现人与自然、资源与环境、人与社会和谐共存式发展的重要探索，也是树立正确地利用科学与技术为人类自身服务的价值观念的革命。

---

① 陈敏豪．生态：文化与文明前景［M］．武汉：武汉出版社，1995：263.

建设生态文明社会离不开绿色科学技术的推广。

推广和运用绿色科学技术，可以实现自然资源、产品、废物的双向流动和循环利用，从而可以实现自然资源利用的最大效应。绿色科学技术的应用不仅可以降低原材料和能源的消耗，减少排放，减轻资源环境的压力，而且也提高了资源的利用效率。

推广和利用绿色科学技术不仅仅是从思想层面上改变既往我们对于科学技术的观念，而且需要进行一系列的技术创新和制度保障。因此，在夯实绿色科学技术为生态文明建设保驾护航的进程中，需要我们不断地革新技术发展观念、提供绿色科学技术理论支撑、激发绿色科学技术发展的动力和构建绿色科学技术发展的制度体系。

如今，绿色科学技术已经在人们的生活中逐渐凸显出其重大的影响效应。各项绿色技术也获得了快速的发展和巨大的进步。由此，也得到了政府层面的政策支持、国家法律的保障以及社会的广泛关注。如生态化农业技术、生物工程技术、循环经济技术、新材料新能源技术、3D 打印、大数据、物联网、智能化微制造技术、节能减排技术、污染处理技术、生态修复技术等。所以，绿色科学技术已经在人们的生活中凸显出积极的影响，也获得了社会的认同。

当然，面对日益严重的生态问题与危机，科学技术生态化的步伐还需要迅速加快，空间和领域还必须尽快得到拓展。只有这样，才能加强科学技术对生态文明发展的推动作用，科学技术真正造福于人类的本质功能才能更加充分地显现出来，真正实现科学技术为人类服务的宗旨与目标。

第五节　生活方式的改变

文明并不是一个与人类生活无关的空洞的思想体系或者坚硬的物质实体，文明既是人的生活方式，也是人的活动结果，而且文明发展的最终成果要为人所分享，因而人的生活方式的生态化转变也是文明转型的重要因素。

我们这里所说的生活方式就是指人们的日常生活选择，即为满足日常生活需要而从事的活动。实际上，人与自然的关系在一定程度上会直接决定人的生活方式的样态。在原始文明和农耕文明阶段，由于人与自然之间的物质变换相对来说只是维持在较低的水平上，生活资料较为匮乏，因而从总体上来说，生活方式保持着一种恬淡自适的格调。在工业文明时代，随着改造自然的力度的加大，主要资本主义工业化国家的物质积累得以迅速增长，也引起了整个社会生活方式的重大改变，主要体现为对物质主义和消费主义的遵循和推崇。物质主义即是主张无限度地追求经济的高速增长，追求物质财富的占有，并由此而形成一种相应的价值评价尺度。消费主义即是将高消费视为生活的价值目标和人生的意义体现。因此，物质主义和消费主义在日常生活所表达的生活价值理念就是“以个体对实物的占有量的多少和个体对实物的需求量的满足程度，评判生活质量的高低”，“以对别人劳动的占有来评判生活质量”，以对物的占有和消费而形成的“片面的个体的自主性、独立性的分离，衡量评价生活质量的高低”。① 物质主义和消费主义的生活逻辑的确产生了很大的支配作用，它不仅在资本主义工业化国家中俘获了人心，而且由此形成了一整套相应的复制、传播机制，并力求在全球产生示范性效应，它以自身为标准，将不同区域和文化传统之中形成的生活方式划分为文明与野蛮、进步与落后、“Fashion”与“Out”的对峙，试图以此完成对整个世界的意识形态统治。

一、批判物质主义与消费主义

尽管物质主义和消费主义统治下的生活方式的确创造出了许多流行性的内容与风格，但是对它的反思和批判长期以来都未曾停歇，而这些反思和批判从不同层面提示人们，要警惕物质主义和消费主义的陷阱，理性地选择自己的生活方式，更加重视生活的质量和对人生幸福的体验。

弗洛姆指出，工业技术时代创造了一个游荡在人们生活周围的“幽灵”，而这个幽灵就是一个致力于最大规模的物质生产和消费的，并为计算机所控制的完全机械化的社会。弗洛姆之所以称其为“幽灵”，就在于它对人所造成的非人道化的塑形。因为这个社会片面地强调物质消费，人们沉溺其中无法自拔，因而也丧失了生命的丰富性，失去了种种人道主义价值和丰富的心理体验。生活完全是建立在最大消费原则基础上的，社会建立起了功能健全的消费

① 齐振海．未竟的浪潮——现代科学技术革命与社会发展［M］．北京：北京师范大学出版社，1996：163.

机构和体制，从而把一个个鲜活的生命变成了追逐物欲的行尸走肉，变成了被动的消费者，人们已经在消费主义面前失去了抵御和选择能力。由此，弗洛姆提出了实现人道化的消费的生活理念。所谓“人道化的消费”，就是要维护人所具有的而不可剥夺的生活权利的原则是绝对的，不能附加任何条件的。换句话说，任何人都有权得到生活的必需品而不是生活中的奢侈品。对生活必需品和基本的受教育机会以及医疗上的保健的需要是天经地义的，社会应当尽量为此创造条件，而不是为了资本的积累和利润的丰厚而一味引导人们去追求贪婪的生活。因此，把人从非人道化的世界中拯救出来是非常重要的任务，只有这样才能超越“他的贪婪、他的自私、他与同胞的分离，从而他的根本性的孤独的狭隘藩篱”，“这种超越是他向世界敞开并与之相连，是他易受伤害但却拥有一种认同与完整的体验的条件，也是使人有能力享受一切活生生的东西，并把自己的能力倾注到他‘感兴趣’的周围世界。总之，对生命的新态度，就是一种重生存（to be）而不是占有（to have）和利用（to use）的生活方式”。[1]

丹尼尔·贝尔也认为，后工业社会的人类生活方式虽然会更加追求个性化，但是个人将以成就感，以自主、自助、自立和多才多艺发展的伦理观代替个人成功和贪得无厌的生活经济伦理观；阿尔文·托夫勒则认为，未来的社会生活应当宣布技术统治的死亡，生产与消费在很大程度上重新合一；罗马俱乐部的总裁雷利奥·佩西指出，未来的生活方式应当是一种“低熵”的生活方式，即把能量降低到最低程度，人们的道德观和人生观也将要发生调整，不再仅仅去为占有物质财富而争斗。

如果说弗洛姆等人是在哲学理论的层面来关注人的生活的非人道化现象，而艾伦·杜宁则是从非常现实的角度来呼吁人们遏制对消费主义的追逐。他以美国社会为背景，客观地指出，在今天这个世界上，所谓幸运者与不幸者的差别完全体现在物质消费上，因而也完全体现在他们对自然界影响的差别上。在消费社会中，不断上扬的消费指示线也是环境危害上涨的指示线，因而高消费的社会绝非是人类生活的福音。“生活在 90 年代的人们比生活在上一个世纪之交的他们的祖父们平均富裕四倍半，但是他们并没有比祖父们幸福四倍半。……这样在消费者社会中的许多人感觉到我们充足的社会莫名其妙地空虚——由于被

① 高亮华. 人文视野中的技术［M］. 北京：中国社会科学出版社，1997：119.

消费主义文化所蒙蔽，我们一直在徒劳地企图用物质的东西来满足不可缺少的社会、精神和心理的需要。”特别是当消费问题与环境保护发生密切关联后，人们就必须做出这样认真的思考：对于人的消费欲望来说，多少算够呢？地球能够支持一个什么样的消费水平呢？拥有多少的时候才能停止增长而达到人类的满足呢？人们在不使这个星球的自然健康状况受损的情况下，是否可能过一种舒适的生活呢？从地球的承载力而不是从购买力的角度来看，全世界的人是否都能拥有诸如冰箱、烘干机、汽车、空调、恒温游泳池、飞机和别墅呢？结论显而易见，人们必须承认，全球环境不可能维持所有人都过一种像今天发达国家人的生活。因此，“通过道德的接纳来降低消费者社会的消费水平、减少其他方面的物质欲望，是一个理想主义的建议。尽管它与几百年的潮流相抵触，然而他可能又是唯一选择”。① 只有做出这样的选择后，人们才能够“回归于古老的家庭、社会、良好的工作和悠闲的生活秩序；回归于对技艺、创造力和创造的尊崇；回归于一种悠闲的足以让我们观看日出日落和在水边漫步的日常节奏；回归于值得在其中度过一生的社会；还有，回归于孕育着几代人记忆的场所”。②

实际上，选择一种更加符合人的本质的、注重生命质量的生活方式也不仅仅是理论上的呼吁或概念上的诠释，而已经变成了许多人实际的行动。比如，素食主义、绿色消费、低碳生活等都已经成为这种新生活方式的体现。

二、素食主义的生活理念

素食主义，从起源来看与宗教关系密切，1908 年国际素食联盟（International Vegetarian Union）在北爱尔兰成立。它是一个支持素食主义的非盈利性组织。其主要行动纲领是：建立地区和国家性的组织，增进互相合作；举办国家和地区性的会议，传播素食观念，为素食者互相交往搭建平台；为必需的组织活动筹集资金和促进与素食相关的各方面的研究、书籍以及其他一切形式的出版物的出版等。联盟规定，其领导必须由素食者担任。而加入联盟的门槛很

---

① ［美］艾伦·杜宁．多少算够——消费社会与地球的未来［M］．毕聿，译．刘晓君，校．长春：吉林人民出版社，1997：8.

② ［美］艾伦·杜宁．多少算够——消费社会与地球的未来［M］．毕聿，译．刘晓君，校．长春：吉林人民出版社，1997：113.

低，即每一个个人、家庭或组织，只要赞同国际素食联盟的态度和观点，都可以是国际素食联盟的成员，不管他是否是素食者。国际素食联盟的目标是，促进全世界的素食主义。而后来，素食主义在大众生活层面上则往往被看成是一种饮食文化，实践这种饮食文化的人就被称为素食主义者，而选择素食的人很多是基于非宗教因素的考量，如保护环境、敬畏生命、提高修养或祛病强身等。如果只是从生活方式选择的角度来看，素食主义的确表达了一种超越工业化时代的生活选择，即不以占有锦衣华食为目标，而以回归自然、回归健康、回归人生纯朴的幸福体验为目标。目前，选择素食的人越来越多，据说美国有 1/10 的人口、英国有 1/6 的人口已经或正在考虑成为素食者。“素食旨在倡导一种心境和一种人文理念，使人类理智地克制自己的享受欲和占有欲。素食也不可能立竿见影地解决一切相关问题，但至少有助于人类与自然的和谐发展，引导人们亲近自然、敬畏自然。”①

三、倡导绿色消费

绿色消费的兴起直接针对的是工业化时代人的奢侈性或炫耀性消费行为对自然环境所造成的巨大破坏和压力。消费本来是一种本然的生命现象，即只要生命存在，为了维持生存需要就必然要从自然界获得生活资料。长期以来，人们始终把消费活动看成是一种事实性存在，认为它不存在一种价值性指涉。但是，20 世纪 60 年代以后，在环境保护运动迅速发展的背景下，对人的消费行为予以价值规制，推行理性化的消费得到了越来越多的人的认同，绿色消费就是社会共识的体现。在《绿色消费者指南》中，作者将绿色消费确定为避免使用如下产品的消费：第一，危及消费者和他人健康的产品；第二，在生产、使用或废弃中明显伤害环境的产品；第三，在生产、使用或丢弃期间不相称地消耗大量资源的产品；第四，带有过分包装、多余特征的产品或由于产品寿命过短等原因引起不必要浪费的产品；第五，从濒临灭绝的物种或者环境资源中获得材料，用以制成的产品；第六，包括了虐待动物，不必要的乱捕滥猎行为的产品；第七，对别国特别是发展中国家造成不利影响的产品。一般而论，所谓绿色消费主要是要求人们所消费的产品是绿色的，那么，绿色产品又该如何定义

① 安素霞. 素食文化中的可持续发展思想［J］. 生态经济，2005（6）.

呢？现在，一般都认为，绿色产品应该是具有“5R”特征的产品，即节约资源、减少污染（Reduce），绿色生活、环保选购（Reevaluate），重复使用、多次利用（Reuse），分类回收、循环再生（Recycle）与保护自然、万物共存（Rescue）。

绿色产品，其实一直都受到了人们的关注。20世纪80年代后，带有环境标志的产品便开始大量出现在市场中，也得到了消费者的广泛青睐，到20世纪90年代，追求绿色消费已经成为引导消费的重要理念。1990年，欧共体的一项调查就表明，82%的德国人和67%的荷兰人在超级市场购物时，会考虑购买与环境保护密切相关的绿色产品。瑞典的一次民调也显示，85%的消费者愿意为选择绿色产品而承受较高的商品价格。80%的加拿大消费者也表示愿意多支付10%的钱购买有机农业生产方式生产的蔬菜和水果。77%的美国人表示，企业和产品的绿色形象会影响他们的购买欲望，尽管购买绿色产品要多付5%～15%的钱，也愿意付出。

人们对绿色消费的重视，不可否认的是培育了飞速发展的绿色消费市场，所以，全球绿色产品的交易额直线上升。据国际经济合作发展组织的统计结果显示，1998年绿色消费已经达到了2000亿美元；而联合国统计署提供的数据也表明，1999年，全球绿色消费总量已达到3000亿美元，到2004年世界绿色消费已达到6000亿美元。

目前，许多消费品的开发都以获得环境标志为目标，这就大大地推动了绿色产品的社会认同度。当然，政府的宏观指导是不可或缺的一环。为了顺应这一社会发展的趋势，一些国家也推出了政府绿色采购制度，加强政府对市场的宏观调控和引导。所以，在绿色消费的催生下，绿色产品已经深入到了我们日常生活的方方面面。可以说，今天无论在城市街头树立的广告牌上还是人们所穿着的T恤衫上，无论是在超市还是在田间，无论是在家庭餐桌还是野外露营的帐篷中，你都能够看到代表绿色消费意蕴的各种标识和实物。许多人真切地感受到：选择绿色消费，就是选择健康的人生。故此，绿色消费已经深入我们的日常生活。

综上所述，尽管我们今天依然生活在工业文明所创造的各种体制、范式或框架中，但是已经能够明显地感触到工业文明正在面临着巨大的转折和调整，可以说，生态文明已经在工业文明的母体中悄悄孕育了很长时间，它的降生与成长是不可阻抑的。

第4章

生态文明的核心价值及其实现模式

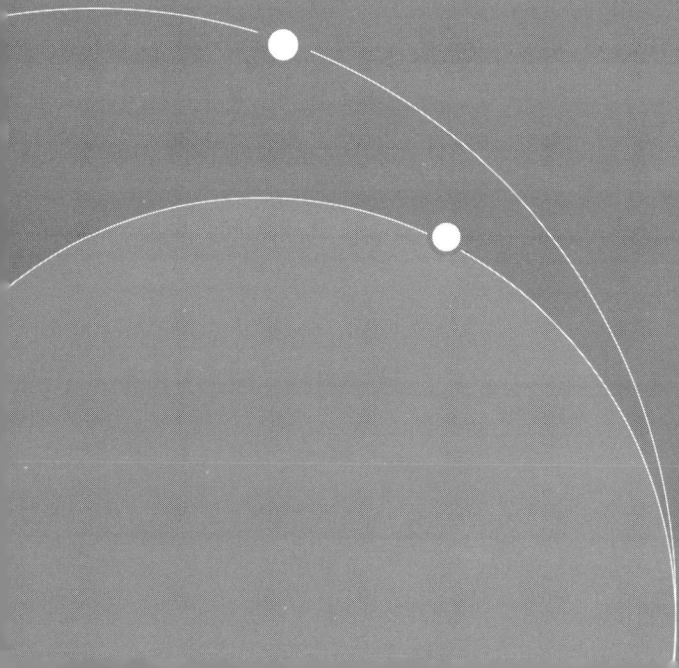

通过前文对原始文明、农业文明及工业文明基本特质的阐明，我们会获得这样一种基本认识：生态文明作为人类文明发展进程中的一种文明形态，它已经不是一个空洞的概念和符号了，而是现实的生活元素、客观的历史活动或过程。因为生态文明是在工业文明的基础上所形成的一种新的文明形态，它并不是要脱离人类文明的大道而独辟蹊径，它要继承和保留工业文明的优秀成果，克服工业文明的缺失和不足。但是，相对于其他文明类型特别是工业文明而言，生态文明在核心价值方面有其独特的内涵，在实现模式上既有普遍性要求也有特殊性路径。

第一节　和谐是生态文明的核心价值

和谐作为生态文明的核心价值理念不是人为的主观臆造，而是超越工业文明的客观需要，也是生态文明在发展过程中所逐渐显露出的品格。但是对于和谐这一范畴的把握则不能停留在朴素的经验层面，必须从以下这样几个层面展开。

一、要对和谐的本质有确当的把握

和谐在当今是使用频率较高的一个概念，但是在日常生活中，有人对和谐的把握或认识常会遁入一些误区之中，主要体现在：

一是把和谐看成是“原初”之和。所谓原初之和即是混沌之和，是未经分化的统一性和整体性，其间不凸显个性、不呈现矛盾、不包容差别。体现在看待问题和对待事务的态度上就是常怀思古泥古情结，认为素朴性、齐一性、均平性、稳定性才是和谐最根本的元素，故而害怕矛盾、回避矛盾、掩饰矛盾；安于现状、维持现状、力保现状；不求有功，但求无过，明哲保身。如此等等，不一而足。

二是把和谐看成是“乡愿”之和。孔子曰：“乡原，德之贼也。”[①] 孟子曰：“阉然媚于世也者，是乡原也。”[②] 徐干曰：“乡愿亦无杀人之罪也，而仲尼恶之，何也？以其乱德也。”[③] 总体看来，所谓“乡愿”是指那些看似忠厚却无德性，只知道媚俗趋时、言行不一，四方讨好、随波逐流、趋炎媚俗的小人。这里所说的“乡愿”之和，就是指在对待人和事时，以失去自我、躲避竞争、丧失原则、不辨是非、骑墙摇摆的方式换得人际间一团和气或事物间暂时均衡静滞的格局。

三是把和谐看成是“服膺”之和。所谓“服膺”之和即是把和谐理解为在臣服、控制、主宰的基础上所获得的一种众口一词、完全共识的局面。所以崇尚服膺之和者通常总是反对多元参与、反对双向沟通交流、反对民主决策，习惯于诋毁个性、压抑个性、埋没个性，把增强自己的支配力和控制力看成是实现和谐的最重要的机制和途径。

凡以上种种认识，都造成了对和谐本质的曲解。

和谐的本质不在于原初的混沌，不在于缺乏竞争意识，不在于失去个性与特则，也不在于失去底线的宽厚，更不在于骄横的飞扬跋扈。那么究竟如何来理解和谐的本质要求呢？

和谐是人类始终追求的一种价值目标，不同的文化系统中都有对和谐的诠释。

中国传统文化非常崇尚和追求“和谐”之境，中华民族素以“贵和”而著称，既有“与天地合其德，与日月合其明，与四时合其序，与鬼神合其吉凶”的宏观指涉，也有“兄弟敦和睦，朋友笃诚信”的细致训导。但是在中国传统文化中，最能体现对“和谐”内涵的精当把握且延续不绝的则无非是“和而不同”、“和而不流”等命题。“和而不同”的内蕴即是，不同的事物经相互协调、配合才能够形成和谐的状态，因而，和谐不是同类事物的简单累计，而是不同事物相互弥合、形成合力所产生的一种状态或境界；“和而不流”的意思则是，追求人际和谐是君子风范，但是绝不能以随波逐流、任意

① 论语·阳货.

② 孟子·尽心下.

③ 中论·考伪.

附和、同流合污的方式来获得。也就是说，在重视多元性、正视差异性的基础上，强调通过不同事物之间的动态整合来达到和谐的境界，是中国文化精神的重要体现。而实际上，这种对和谐的把握和理解渗透体现在中国文化的方方面面："五味相和，乃成美味"，"五色相和，方成文采"，"五音相和，音律优美"；反之，"声一无听"，"物一无文"，"果一无味"。仔细体味中国文化的基本价值指向，是我们今天把握"和谐"本质内涵的重要思想前提。

"和谐"并不是中国文化所独有的概念，在西方文化中也有非常丰富的揭示"和谐"底蕴的思想观点。早在古希腊时期，毕达哥拉斯就从多个方面阐述了和谐的内涵。他将数视为万物的本源，认为自然界的一切现象和规律都是由数决定的，所以，和谐首先即是服从数的关系；和谐的第二种含义当属音乐中不同音符之间的合成与流动，当音节之间的音程具有同样的（数的）比例关系时就会产生音乐的和谐之美。社会和谐则是上述两种含义向社会事务的延伸，社会和谐的根本在于社会的公正，让生活于其中的社会成员在享受到必要的物质生活保障的同时，感觉心情舒畅，没有太多顾虑和担忧。毕达哥拉斯的名言就是："一定要公正。不公正，就破坏了秩序，破坏了和谐，这是最大的恶。"把社会和谐与公平正义相结合，这是西方许多思想家思考问题的不变理路。亚里士多德从目的论出发，认为和谐就是不同事物都实现了各自的目的。柏拉图提出，一个实现了社会公平的理想国度，就是要做到让社会中的不同阶层各守其分、各尽其职，即在自己所担当的职业中做到最好。西方近代以来，思想家们无论在自由主义的思路上还是在社群主义的思路上，无论在功利主义的思路上还是在理性主义的思路上来思考社会和谐的问题，都会把个体的自由和权利的保障作为首先需要考量的因素；同时就思想观念而言也十分重视，社会的和谐意味着不同观点、意见和主张的共存与融合。由此看来，在"和谐"内涵的理解和把握上，东西方文化还是有着展开对话沟通的广阔空间的。

在马克思主义的哲学体系中，"和谐"这一范畴表现为多样统一的规定，但是这种多样统一既包含量的差异统一，也包含质的差异统一，却又超出了量和质的差异统一，而表现为度的关系，也就是说，"和谐"反映了质、量统一的度的关系，具有非常丰富的内涵和辩证意蕴。"和谐"与我们平常所理解的对立统一是有共同之处的，都包含了差异、矛盾和对立，但是二者又有很大的不同，因为"和谐"消除了差异、矛盾、对立等方面因素的纯粹性和独立性，而使得差异、矛盾、对立都服从于协调一致。也就是说，“和谐”中的差异要指向统一，多样要被统一所统摄，差异不能以自身的资格片面地体现出来，否则就破坏了和谐。“和谐”作为形式规律，包含了整齐一律、平衡对称、对立（差异）统一等形式规律，它是最高级的形式规律。以此种观点来考察事物，虽然事物本身的形有大小、方圆、高低、长短、曲直、正斜等，质有刚柔、强弱、润燥、轻重等，势有缓急、动静、聚散、抑扬、进退、升沉等，但是这些彼此不同的要素统一在一个具体的事物身上却衬托出了它的完整和谐之态。社会如此：每个人的自由而全面的发展促进了社会的和谐与进步；自然界如此：多样性导致稳定性；个人也如此：身心理欲、知情意行的平衡才能塑成了一个个健康的生命个体。

通过对以上问题的剖析，我们认为对于作为生态文明核心价值理念的“和谐”本质的把握和理解要注意这样三个方面：首先，和谐中内蕴着矛盾、差异、对抗等，正是由于事物之间存在着角逐和竞争，才形成了“和谐”的局面，无竞争之和是没有生命力的，不能长久的；“竞争”是实现和谐的动力机制。其次，“竞争”是有限度的，也就是说“竞争”是要服从于和谐、统一于和谐，竞争不能无序化；竞争是手段，和谐才是目的。最后，“和谐”是动态的、发展的、逐渐提升的；实现和谐，既是现实的承诺，也是理想的期盼。

二、要明确和谐的指涉范围

在生态文明的框架体系中，和谐所指涉的层面非常广泛，或者说和谐指的是多层面、多方面的和谐。

第一，人与自然之间的和谐，即人自身的生存发展需要不能超出生态系统所能够承受的阈限，要在尊重生态规律、不破坏自然生态系统可持续性的前提下来组织安排人类的各种活动，并且要努力通过人自身的实践活动来修复破损的自然，真正实现生态良好和生活良好并存的格局。

第二，世界和谐。人与自然的关系是全人类面对的共同问题，或者说是全世界的普遍问题。要改变人与自然的敌对状态，扭转全球生态危机的局面，需要全世界人民的共同努力。即当今世界不同国家在利用自然资源和分担生态责任的问题上要体现机会平等、责任共担、合理补偿，即强调公平地享有地球，把大自然看成当代人共有的家园，共同地承担起保护它的责任和义务。而生态危机是单个人、单个国家或民族都无法应对的，所以要共同地应对生态危机就必须反对各种形式的利己主义。当前，阻碍世界实现和谐的主要问题是贫富差距问题，如果贫富差距不能消除并且愈演愈烈，那么人类在解决生态问题上就很难形成合力。

贫富差距问题在国际上主要是指发达国家与发展中国家之间的经济差距。发达国家常常把贫富差距问题归结为自然环境上的差距，或者把这看成是广大发展中国家自身造成的，即归结为诸如人口膨胀、技术落后、民族惰性等方面的原因。其实，自 20 世纪 70 年代以后，发达的资本主义国家为了保持经济上的领先地位，利用发展中国家对发展经济的急迫心理，大规模地进行一些劳动密集型和能耗严重的工业门类和技术的转移，这使得广大发展中国家在世界经济结构中的角色并没有得到根本的改变，除了继续承担原料供应、产品集散的任务工作外，还成为转嫁生态危机的窗口，因而，广大发展中国家在生态危机中所受到的伤害尤为严重。贫穷与环境恶化已成为一对孪生姐妹，贫穷与环境恶化之间形成了恶性循环。所以要治理环境恶化就必须根治贫穷，而根治贫穷就必须缩小贫富差距。这就要求发达国家在消除贫富差距、挽救生态危机上承担主要的责任，发挥主导作用，这种要求既可以看成是对广大发展中国家的一种补偿行为，还可以看成是对他们自身过度消耗资源导致环境恶化的一种补偿；要求发达国家要转变价值观念，特别是要减少消费文化对整个世界的侵蚀。当然，发展中国家也必须在协调人与自然的关系问题上做出自己的努力，要努力克服生存与发展的双重压力，控制人口的增长，避免走上一条“先污染，后治理”的黑色发展老路。

问题是共同的，道路可以是多元的。消除单边主义，确立多元共存、彼此尊重支持的发展格局是形成和谐世界的必要路径。“和谐而又不千篇一律，不同而又不相互冲突。和谐以共生共长，不同以相辅相成。和而不同，是社会事物和社会关系发展的一条重要规律，也是人们处世行事应该遵循的准则，是人类各种文明协调发展的真谛。”①

第三，社会和谐，即社会层面的各种关系的和谐。从社会关系的层面来看，生态问题归根结底是利益问题。可以说任何保护生态环境行为都牵涉一定的利益问题，任何破坏生态环境的行为也都与一定的利益问题有关，所以协调

---

① 江泽民．在乔治·布什总统图书馆的演讲［N］．光明日报，2002－10－25.

和理顺各种社会利益关系是构建和谐社会的重要条件。目前，生态危机实际上也反映出社会内部所存在的利益矛盾，如在利用自然资源和分担生态负担问题上所存在的阶层不公平、城乡不公平、区域不公平等，利益补偿的长效机制没有建立起来，谁受益谁补偿、谁破坏谁治理的基本原则没有得到很好的贯彻。社会和谐还包括构成一个社会的各种要素要合理搭配、密切配合、相互促进，要使得社会的经济建设、政治建设、文化建设、社会建设都能够得到协调发展。

第四，个人自我身心和谐。工业文明时代空前放大和张扬了物质因素的力量与作用，人与人之间常常被物质力量和利益因素相隔离，人自身丰富的社会生活内涵被剥离掉了，人成为了一个个只为物质利益而拼争的封闭的个体，对社会和他人的依赖，对生命意义的省察和沉思往往让位于对物质利益的疯狂追逐，从而导致人与人之间的矛盾和冲突，而人为了利益的拼争又必然加剧对自然的伤害。所以，人自身的失衡也是造成生态危机的重要原因。这就如世界著名学者欧文·拉兹洛所说，人类生存的极限并不在于地球的自然资源的限度，而在于人的内心，在于人类对于自己的生活态度、生存方式的选择。他说："我们越来越清楚地看到，人类的最大局限不在外部，而在内部。不是地球的有限，而是人类意志和悟性的局限，阻碍着我们向更好的未来进化。……如果我们挤破了城市，种薄了土地，耗尽了牧场，捞尽了湖海里的鱼，污染了空气、陆地和水域，别说地球的资源不够丰富，是我们没有用好她的财富。如果我们不去建造那些对人类系统和自然环境都是负担的庞大都市，而是因势而居，那么所有人都会有足够的安家之地。如果我们种植适当的庄稼，分配产品时稍讲点公平和人道，而不是只种赚钱的作物，用上好的粮食喂牛，再拼命靠化肥和机械化提高土地产量，那么所有人都会有足够的食物。"① 内心的贪婪决定了我们对自然的贪婪，精神世界的萎缩堆积起畸形化的人格。而生态文明的发展急需人自身的和谐，通过克服"精神污染"② 来建造起一个健康的精神生态系统。

---

① ［美］欧文·拉兹洛．人类的内在限度：对当今价值、文化和政治的异端的反思［M］．黄觉，等，译．北京：社会科学文献出版社，2004：3－5.

② 这里所说的"精神污染"是指比利时生态学家P. 迪维诺在《生态学概论》一书中所阐发的概念。他不是在政治或意识形态的意义上来指称精神污染，而把它说成是一个具有生态学意义的概念，针对的主要是在工业文明时代，科技的发展对人的健康心态的侵扰，物欲膨胀对人的心灵渠道的壅塞，商品经济对人的情感世界的腐蚀，等等。

三、要对和谐的功能性特征有正确的认识

作为生态文明核心价值范畴的和谐，不是一个空洞的符号，也不是形而上意义上的抽象的道理。就像人类文明的发展在最根本的意义上是要让文明的成果为所有人占有、分享一样，和谐也必须给人们带来实惠，这就是，创造和谐是为了提高人的幸福生活指数，让更多的人能够过上幸福生活——共同栖居于地球这个人类共有的家园，共同分享社会资源，共同体验广泛的交往和沟通所带来的乐趣，并且拥有丰富而健康的精神生活。

总而言之，生态文明所追求的价值目标是在发展中求得人与人之间、人与社会之间、人与自然之间、自我身心之间的全面和谐，并不主张在完全否定人类已有的文明成果的基础上走向原始和荒蛮，反对人对自然的主宰意识以及各种形式的殖民主义，强调在普遍平等的基础上实现人与自然的共存共生、人类不同族群之间的和谐相处。

和谐作为生态文明的核心价值理念，也就决定了生态文明的基本内涵是指人类遵循人、自然、社会和谐发展这一客观规律而取得的物质与精神成果的总和，是指人与自然、人与人、人与社会和谐共生、良性循环、全面发展、持续繁荣为基本宗旨的文化伦理形态。生态文明的实现将使人类社会形态发生根本转变。生态文明涵盖了全部人与人的社会关系和人与自然的关系，涵盖了社会和谐和人与自然和谐的全部内容，是实现人类社会可持续发展所必然要求的社会进步状态。

第二节　生态文明建设的普遍性和特殊性

在当今，生态文明建设已经发展成一场声势浩大的社会运动，不同国家都在思考生态文明的现实内涵和实现模式。然而，当今任何普遍性或全球性问题都需要通过特殊性或区域性的转化才能够落实，因此，生态文明建设就必然体现出普遍性和特殊性两种向度。

一、生态文明建设的普遍性要求

从人类文明的整体性来看，其基本内涵主要体现在如下几个方面，这也是生态文明建设所必须落实的普遍性要求。

1. 人与自然和谐共处

生态文明建设就是要把协调人与自然的关系、实现人与自然的和谐作为基本的立足点。从显性的层面来看，工业文明发展所带来的最大缺憾就是造成了人与自然之间关系的紧张，文明的成果的积累是建立在过度消耗自然资源的基础之上的，这种状况使得人类文明的持续性面临威胁，也使得人类自身的生存受到威胁。所以，修复人与自然的关系，也就是修补工业文明的缺损，而这是生态文明建设所必须予以突出和坚持的价值诉求。

实际上，人类一直生活在两个世界之中：一个是由客观要素组成的世界，即由土地、空气和各种动植物所组成的自然世界，这个自然世界先于人类社会自身而存在，而且人类社会自身也是其中的重要组成部分；另一个世界则是人类运用自身的双手通过实践而建立起来的，它包含了人的社会结构与人化的物质世界，是人类发挥自身聪明才智产生的结果，但归根到底人类自己缔造的世界仍然来源于前一个世界，因此，人类属于自然界这是不可改变的客观事实。所以，如何实现人与自然的和谐共处，始终是人类在自身的进化历程中不可回避的重要生存问题，对这一问题的思考及其践行的过程和结果，也是不同文明类型的重要内涵。

英国历史学家克莱夫·庞廷在《绿色世界》一书中，从地球上的自然环境与人类历史之间的辩证关系的角度对人类文明史进行了阐述，旨在揭示自然变迁与历史发展是如何相互影响和促进的。具体探讨自然环境对人类历史的发展究竟产生了何种影响，其影响的深度与广度到底有多大；反过来人类的社会活动又是如何影响了自然环境，并由此书写出人类改造自然的伟大历史。庞廷用大量历史事实说明了，人类与自然之间的交往始终没有断绝过，如果用自然与历史相互交往的视角而不是以人类单方面影响自然、掠夺自然的视角来看待历史，许多历史事件和历史人物的影响力和贡献都可以重新来评价。因为人类历史也是在广阔的自然世界中展开的。而在自然界中没有孤立发生的东西，事物都是相互作用着的。换句话说，在自然界中，一切生物都能够通过它们的活动来改变外部自然环境，而被改变的自然环境反过来又作用于改变的生物，使它们发生改变。在这一历史进程中，动物只是仅仅简单地利用外部自然界，单纯地以自己的存在来使自然界改变，而人类则是通过他们所做出的改变来使自然界为自己预定的目的服务，来支配自然界，这就是人与其他动物之间的根本区别之所在。很显然，从应然的意义上看，人与自然之间的相互影响和模塑是最为频繁也是最为深刻的。

人类社会发展至工业文明时代，人类改变自然世界的能力有了很大提高，在较短的时间内，就创造出了以往所有文明形态下所创造的物质财富之总和。这种状况就使得人与自然之间的相互影响、相互依赖、相互敞开的关系畸变为人类单向度地作用于自然界的关系，自然界对人的影响和塑造作用被忽视、被遮蔽了。从工业文明的历史发展过程来看，其主要缺失，就在于自身的扩张性品格导致了各种矛盾和冲突频繁发生，无论是人与自然之间的关系还是人与人的关系都趋向紧张和恶化。具体来说，一方面生态环境不断恶化，敲响了人类生存危机的警钟；另一方面，人与人之间关系紧张，相互之间的利益博弈、争斗频繁发生。这也充分说明了，当自然界被祛除了魅力后，人自身也就变得空虚孤立了，人类文明也就难以为继了。

因而生态文明建设的首要任务就是要修复已经遭到严重破坏的人与自然的关系，进而改变人与人之间的紧张关系样态。之所以要将改变人与自然之间的紧张关系放在首要位置，除了要尽快恢复人与自然的和谐关系外，还因为人与自然关系的内涵与性质深刻地影响着人类社会中人与人之间的关系样态与性质。只有人与自然关系实现了和谐，才能为人类社会的发展提供必要的物质基础和生存空间，也才能为人类社会的发展重新定位，使人类与自然界之间形成一种良性的互动状态，使人类文明的轨道得以矫正。所以，实现人与自然和谐共处，是生态文明建设所要体现的一个核心价值层面，这也是生态文明不同于其他三种文明形态的根本标识。

生态文明的这一基本特质并不是一种纯粹理论上的描述与预设，而是建立在对既往文明形态，尤其是对工业文明所造成的人与自然以及人与人之间紧张关系的深刻反思，所以生态文明所主要解决的问题就是要调整人类文明的发展方向，减损文明的扩张性和对抗性因素，实现人与自然和人与人（社会）的和谐。这也就在客观上规定了人与自然和谐共处应当是生态文明的本质之所在，是生态文明的鲜明品格。生态文明建设必须给人类这样一种醒目的提示：自然环境始终是我们赖以栖身的家园，必须细心地呵护。

2. 经济与生态协调发展

人与自然和谐共处是生态文明建设的本质之所在，这既体现了人类文明发展的新的目标定向，也体现了人类对自身在世界中的重新定位。从普遍性上看，生态文明建设要实现人与自然的和谐共处，首先就要处理好经济发展与生态保护的关系，即要努力实现经济与生态的协调发展。

在通常意义上而言，经济，其内涵指涉的是人类社会的物质资料的生产和再生产的某种状态或方式，表达的是人类社会物质生产、流通、交换等活动。它是人类社会的物质基础的代名词，往往与上层建筑相对应，也是人类社会得以正常运转和发展的物质条件。从外延上而言，它可以指称一个国家的经济类型，可以用来表征国家的财政收支状态，也可以用来代表某个社会的生产方式与状态，还可以指一个家庭的生活性收入与支出状态，等等。

上述这种关于经济的内涵和外延的描述只是从静态的、孤立的层面进行的。若从动态和联系的视角来看，经济这一概念在本质上所表征的是，在一定的历史条件下，人类在向自然界获取生产与生活性物质资料过程中所形成的一种人与人和人与自然的关系状态，简而言之，即是指一定历史时期的社会生产关系的总和。从人类社会发展的历程来看，按照人类社会获取物质生产资料的方式来划分，大致经历了游牧社会、农业社会、工业社会等阶段；按照经济活动中的生产关系类型来划分，则出现了原始社会、奴隶社会、封建社会、资本主义社会、社会主义生产关系；按照经济形态与文明类型的关联性来看，原始文明、农耕文明和工业文明都有不同的经济结构和发展模式。

通过梳理不同文明体系中的经济结构和发展模式不难看出，以往的经济发展与生态环境之间总是存在着一些不和谐的现象，也就是说人与人之间及其人与自然之间总是或多或少地存在着某种紧张。比如，在原始文明阶段，人类囿于获取生活生产资料能力的弱小，虽然可以保持相对简单而稳定的人际互动，但是在人与自然界的关系上，自然力却成为了决定人类存在状态的绝对主宰力量。但是，这种关系状态，随着人类社会由农业文明向工业文明发展与转向，已经彻底地被颠覆了。人与之间的关系已经被利益侵蚀，甚至是支配，人与自然之间的关系，人类成为了欲望无知无尽的索取者，而且人类的活动能力已经强大到可以影响甚至改变自然规律的程度。由此，造成了人与自然界的关系日趋紧张和矛盾起来，从而为人类社会的整体性存在与发展带来了一种强烈的危机感。毋庸置疑，经济是人类社会整体得以存在并能正常运转的最为重要的基础，因此，如何实现经济的发展具有持续性和稳定性，改变既往尤其是工业文明的经济发展方式，成为了世界各国必须进行深刻反思的重要问题。如果任凭借助于科技力量全方位武装的人类肆无忌惮地向自然界索取，那么，不久的将来，自然资源将枯竭，地球将变得一贫如洗，地球将没有人类的栖身之地！至此，如何改变此种现状，已经逐渐成了一种全球性的共识。但是，工业文明的经济发展方式已经昭示着实现经济与生态的协调发展模式已变得举步维艰，因此，需要一种新型的文明来引导经济与生态的协调发展，这就是生态文明的发展理念。只有在此种文明形态之下，方可实现这一目标；只有在此种经济发展模式之下，方可让人类社会具备持续发展的信心与动力；也只有在此种人与自然界的关系中，方可实现双赢。

二、人口、资源与环境的良性互动

解决好人口、资源与环境的协调问题，长期以来就是人类社会面临的重大问题，更是当今的全球性问题，也是生态文明建设亟须解决应对的带有根本意义的问题。具体来说，生态文明建设必须要解决好人口增长、资源消耗与环境良好之间的关系，达到人口适度、资源节约和生态良好的目标，使得三者之间呈现出一种良性循环关系。

人来自于自然界这样一个客观事实决定了人与自然之间具有统一性，当然这种统一性并不意味着人完全为自然界所制约，而是说明人对自然具有很强的依赖性。无论是直接地依赖自然来生活，还是以人化自然的方式来生活，人所需要的一切最终都要依靠自然界来提供。因而，在归根结底的意义上，人类的生活、生产、文化的创造、文明的积累等，都会转化为自然界的压力。很显然，如果人口适度，资源消耗适度，自然界受到的压力也会适当，生态系统就不会崩溃，人口、资源与环境的关系就会保持良性循环，否则就会导致失衡，从而引发生态危机。在这三个因素中，人口因素是基础性或是前提性的。对此，许多思想家都给予了关注。

1968 年，美国生物学家保罗·埃里希出版了《人口炸弹》一书。在书中，他把环境问题产生的原因归结为人口过剩。美国生物学家吉勒特·哈丁的立场则更加明确，他用那著名的“公有地的悲剧”为人们呈现出人口、资源与环境（公用地）的关系。1972 年，罗马俱乐部和麻省理工学院研究小组在《增长的极限》一书中，深刻地揭示了环境的重要意义以及资源、环境与人口之间的密切联系。

对人口、资源、环境等要素之间紧张关系的分析，并不是危言耸听，而是对一种客观事实状态的描述。因此，如何实现人口、资源与环境之间的协调是生态文明建设过程中应该落实的目标。而这一目标的实现实际上就是要着力于建设资源节约型社会和环境友好型社会。

首先，建设资源节约型社会不仅是对自然资源的使用提出了要求，也是对目前世界各国的经济发展模式以及发展理念的反思与纠偏。资源节约型社会的建设彰显了生态文明的基本内涵，表明了人类在经济社会发展进程中物质资料生产的一种价值定向，是对自然资源有限性的一种深刻认识，也是对以高度节约的方式进行生产和消费的倡导和重视。具体而言，建设资源节约型社会，需要世界各国在生产、流通、消费等各个环节，在经济社会发展的各个方面，始终秉持一种“以节约使用能源资源和提高能源资源的利用效率为核心，以节能、节水、节材、节地、资源综合利用为重点”的理念，全面转变在工业文明时代对自然资源与能源的利用态度，大幅度降低资源和能源的消耗量。在社会生产、流通、生活消费的每一个环节上，力求以最小的资源消耗获得最大的效益（物质利益和幸福感），突破工业文明时代所构造出的能源“瓶颈”。

其次，环境友好型社会这个包含着人文热度的概念的提出实际上就是针对人与自然长期“交恶”而形成的一种紧张关系，这个概念与资源节约型社会一样都包含了批判与建构双重意蕴。

1992 年 6 月，在巴西里约热内卢召开的联合国环境与发展大会上通过的《21 世纪议程》中，曾有两百多处提及包含环境友好涵义的“无害环境的”（Environmentally Sound）概念，并且正式提出了“环境友好的”（Environmentally Friendly）理念。随后，环境友好技术、环境友好产品得到大力提倡和开发。20 世纪 90 年代中后期，国际社会又提出了实行环境友好土地利用和环境友好流域管理，建设环境友好城市，发展环境友好农业、环境友好建筑业等概念、命题和发展计划。2002 年，在世界可持续发展首脑会议所通过的“约翰内斯堡实施计划”中，也多次提及了环境友好材料、产品与服务等概念。

从实践层面来看，环境友好型社会这一概念主要有两个层面相辅相成、互为因果的要求：一是指全球范围都要采取有利于环境保护的生产方式、生活方式和消费方式，建立人与环境良性互动的关系；二是指良好的环境也会促进生产、改善生活，实现人与自然和谐。总体上来讲，建设环境友好型社会对生产、消费提出了更新、更高的要求，就是要以环境承载力为基础，以遵循自然规律为准则，以绿色科技为动力，倡导环境文化和生态文明，构建经济社会环境协调发展的社会体系，实现可持续发展。建设环境友好型社会，是着力解决世界各国经济发展与资源环境矛盾的一项重大战略决策。

总之，建设资源节约型与环境友好型社会是实现生态文明宏伟目标的重要任务，所昭示的是一种人与自然和谐共生的社会形态与关系状态，旨在通过人与自然的和谐来促进人与人、人与社会的和谐共处。

三、可持续发展和绿色发展

生态文明建设旨在实现人类社会的可持续发展。可持续发展目标的提出有客观的社会背景，它是工业文明向生态文明转向的思想引领和价值宣示。

第二次世界大战之后，随着战争的创伤慢慢愈合，全球人口规模开始急剧膨胀，工业化建设的步伐明显加快，以追求利润最大化的经济社会发展模式被无限地扩大和推广，物质财富也得以迅速积累。但是，这种表面的繁华却无法掩盖另外的景象：资源过度消耗，生态环境遭到破坏，各种污染物充斥着每一个角落，因环境污染导致的各种疾病夺去了越来越多的人的生命，也让许多人在病痛中挣扎。这种局面也使得许多人深刻地认识到：生态危机在本质上就是人的生存危机。

为了应对日益严峻的环境问题，联合国于 1972 年 6 月 5 日在饱受酸雨之苦的国家——瑞典召开了第一次世界性的人类环境会议，本次会议有 113 个国家派代表参加。这次大会通过了著名的《人类环境宣言》，将“为了这一代和将来的世世代代的利益”作为人类共同的信念和原则。这一信念和原则成为了日后可持续发展战略的重要思想依据，也开启了世界许多国家开展环境保护和国际环境保护合作的新时代。自此以后，每年 6 月 5 日这一天被联合国确定为“世界环境日”。

1980 年，联合国向全世界发出呼吁：必须全方位地研究自然的、社会的、生态的、经济的以及利用自然过程中的基本关系，确保可持续发展。1983 年，联合国组建了世界环境和发展委员会，委托挪威前首相布伦特兰组织世界范围内的专家全面深入研究环境和发展的关系问题。1987 年世界环境和发展委员会发表了题为《我们共同的未来》的研究报告，正式提出了可持续发展的概念，即既满足当代人的需求，又不对后代人满足其需要的能力构成危害的发展。它表达了两个基本观点：一是人类要发展；二是发展要有限度，不能危及后代人的发展。可持续发展概念的提出，从理论上终结了长期以来把发展经济同环境保护对立起来的观点，明确指出了它们是相互联系和互为因果的内在规律。①

虽然说可持续发展的战略是在对环境问题的全面反思之后提出的，但是环境问题却并没有因为这一战略的问世而有所缓解，相反，在以追求利润最大化为目的的市场经济和资本产权制度的推动下，将经济社会发展所依靠的环境承载能力几乎拉扯到了极限状态，将人类对自然索取的能力也几乎发挥到了极致。因而，尽快将可持续发展战略落实到实处而不是仅仅停留在一个概念的水平上，是生态文明建设的重要任务。

因为客观上毋庸置疑的一个基本事实就是，自 20 世纪末以来，人类历史上第一次出现了这样的情形：人类资源使用的总量多于对地球资源恢复的总量。这就意味着，地球的资源在逐步枯竭，而且我们并没有给地球留下足够的时间进行自我修复。所以，生态危机已经发展成了一个全球性的问题。面对这一问题，在理论上提供合理的指导，实现可持续发展，在行动中践行可持续发展的信念与原则，就成为了世界各国不可推卸的现实责任。

当然，实施可持续发展战略无意于全部否定人类社会此前所有的生产发展方式，也无意于颠覆人类社会此前所坚执的生活价值观念，而主要是针对以人口膨胀、森林资源锐减、沙漠面积扩张、生物多样性减少、土地退化、温室效应产生、臭氧层空洞形成等为表征的全球生态环境危机，改变不可持续的生存发展模式，走可持续发展之路，把已经在工业文明时代搁浅了的人类文明航船从泥沼中拖拽出来，踏上新的、可以顺利通达未来的航程。

在工业文明时代，不可持续的发展道路可以称之为“黑色”发展之路；

---

① 全国干部培训教材编审指导委员会组织编写．生态文明建设与可持续发展［M］．北京：人民出版社，党建读物出版社，2011：2－3.

而在生态文明时代，可持续的发展道路可以称之为“绿色”发展之路。坚持可持续发展就是要实施绿色发展。

从内涵看，绿色发展是在传统发展基础上的一种模式创新，是建立在生态环境容量和资源承载力的约束条件下，将环境保护作为实现可持续发展重要支柱的一种新型发展模式。具体来说包括这样三个方面：一是将环境资源作为社会经济发展的内在要素，摒弃把环境资源与社会经济发展割裂开来或对立起来的传统思维模式；二是要把实现经济、社会和环境的可持续发展作为绿色发展的目标；三是要把经济活动过程和结果的“绿色化”、“生态化”作为绿色发展的主要内容和途径。总之，绿色发展追求经济、社会和环境各种要素的共融，追求结果上的共荣，但是更加注意发挥经济发展绿色化的带动作用和示范作用。

四、生态和谐与世界和谐

实现人与自然的和谐，即生态和谐，这是生态文明建设的重要目标，也是生态文明这种文明类型或文明范式最醒目的标识和根本特质。但是人与自然的关系并不是抽象的，因而生态和谐也不是孤立的。

因为，任何一种文明类型实际上都是以人的实践为中介而建立起来的人—自然—社会的三维结构。换言之，是人与社会、人与自然、人与社会同人与自然三对矛盾错综运动的表达。正如离开了人与社会之间的矛盾运动便无法正确说明人与自然之间的矛盾运动一样，离开了人与自然之间的矛盾运动也无法说明人与社会之间的矛盾运动。我们只有在这些矛盾的相互联结上方可求得对不同文明类型的内涵及其价值指向的合理解答。因此，人与自然和谐同人与社会的和谐是密切相关的。换句话来说就是，生态和谐与世界和谐无论在正向还是反向上都是相互联动的，这一点从历史和现实中也都可以得到印证。

自古以来，和谐和平的最大敌人就是战争，无数生灵遭受灭顶之灾。但是战争的起因与后果又常常与生态因素联系在一起。一方面，在战争过程中，生态破坏在所难免，无数山林毁于兵火，无数良田被破坏，无数水源被侵蚀毒化，无数动植物遭到伤害……而且战争所造成的资源消耗和浪费是人类任何生产和生活消耗和浪费都难以达到的。另一方面，更为重要的是，对自然资源和生态空间的掠夺侵占正在成为引发战争、破坏和谐和平的主要诱因。德国历史学家弗里茨·费希尔就指出，德国发动第一次世界大战的一个非常明显的动机就是掠夺原料，就是要占领位于德法交界处的属于法国的洛林富铁矿，乌克兰的铁矿、煤矿、锰矿以及比利时、土耳其和非洲殖民地的其他资源。第二次世界大战的爆发实质上也是为了掠夺资源，因为资源紧张以及资本主义国家在资源占有上的不均衡是德、日、意铤而走险的重要原因。20 世纪 50 年代以后，随着环境污染以及能源枯竭的进一步加剧，资源的重要性对任何一个民族和国家来说都不同昔日了，因而生态、资源和能源等更容易成为冲突甚至战争的导火索。如 1954—1964 年的 10 年间，法国在阿尔及利亚发动的战争就是为了掠夺那里的石油资源；1967 年爆发的第三次阿以战争与共同管理约旦河流的水资源和土地资资源密切相关；1967—1970 年，尼日利亚为争夺 Biatra 地区而进行的战争也与那里的石油资源有关；1969 年的洪都拉斯战争以及后来发生在萨尔瓦多的争端都与人口快速增长对土地需求量的增大有关；1960—1964 年的刚果内战，主要是为了争夺加丹省的各种贵金属矿藏；1985 年，以色列入侵黎巴嫩也是为了夺取 Iiluni 河的水资源和该河流域的肥美良田。而当今中东地区之所以不断弥漫起战火硝烟更是由于各派势力觊觎那里丰富的石油资源。这一切都充分说明，在现代社会中，战争的实质更加凸显为“一个国家或一些国家和地区为了争夺某些自然资源所采取的一种剧烈手段”①。所以，生态和谐需要社会和谐的保障，生态和谐与社会和谐是统一的。社会不和谐就无法实现生态和谐，生态和谐也会印证和引导社会走向和谐。

总之，走向生态文明，对于整个世界来说是一段必经的航程，这也是人类作为一个整体最终要抵达的目标。无论是从纠正工业文明的偏失，还是从生态文明的内在要求来看，生态文明的建设所涵盖的内容是非常丰富的，世界上无论哪个国家和民族要建设生态文明都必须从这样一些具体实践方面做出努力：

在人类的文明体系中，人与自然的关系并不是孤立的一维，它与其他各种因素也都存在着千丝万缕的联系。所以生态文明的建设还需要一个整体的支持系统，这个支持系统概括来说就是要有生态化的物质基础、生态化的动力支柱、生态化的能量转换平台、生态化的规制机制和生态化的价值导向目标等。

（1）生态化的物质基础所强调的就是要建立生态化的产业体系。这里主要是指经济发展的方式、产业的基本布局、经济发展的计量标准等方面都要符

---

① 吴彤，张锡梅等．人与自然：生态、科技、文化和社会［M］．呼和浩特：内蒙古大学出版社，1995：262.

合环境保护的基本要求。

（2）生态化的动力支柱所强调的就是要建立生态化的科技体系。尽管在工业文明时代，科学技术的发展和应用对于增强人类改造自然的能力起到了巨大作用，但是生态文明建设不能因噎废食，仍然要依赖科学技术的进步来修补已经破坏了的人与自然关系，只是科学技术的发展要受到正确的导引，使其成为生态文明建设的重要保障。

（3）生态化的能量转换平台所强调的就是要建立生态化的消费体系。人类的消费活动涵盖面非常广泛，衣食住行都是消费行为，生老病死都牵涉消费问题，而所有的消费活动的完成在最终意义上都会指向自然界，即要通过与自然界的能量转换来完成整个消费活动。要保护生态环境、协调人与自然的关系，必须使人们的整体的消费水平和消费方式保持一种合理的层级结构和水准，使消费活动成为促进人与自然协调发展的中介。

（4）生态化的规制机制所强调的就是要建立生态化的管理体系。生态文明建设不是自发的个人行为，而是有计划、有步骤实施的社会实践活动，因此必须纳入整个社会的管理体制之中。而且，在工业文明延续发展的过程中，已经形成了一种与其相适应的管理控制方式，如：在经济人假设的前提下，对人的管理如同对物的处置；在强调人的独立性、个体性的前提下，形成了科层制的约束形式，注重了界限明细，但却忽视了整体协调或人与人的交互性沟通；在推崇或追求效率的前提下，一切都要在所谓的规范化、数量化、范式化的审视下才能获得合法性的认同，等等。这种深深地契入工业文明时代且对传统工业化过程产生了巨大助推作用的管理体系，必须予以调整甚至遭到颠覆，而要建立适应生态文明发展需要的管理体系，即要重视人与自然的共同成长，重视人与人的共存共处；重视整体，强调沟通；正视差异，强调包容；重视个体在整体中的适应性和个性的发挥；等等。

（5）生态化的价值导向目标所强调的是要建立生态化的文教体系。马克思曾经说过，历史的发展是为了人并通过人而完成对人的本质的真正占有，那么生态文明的建设也要通过人来实现并且也要以人的发展完善为目标，而要完成这样一个过程就必须形成相应的文化教育体系，以完成对人的教化和价值引导。人是历史的创造者也是历史的剧中人，人是文明的建设者也是文明的产物，每一种文明形态都会通过教化塑造出相应的人格模式，以获得文明发展的主体条件。而生态文明建设必然就要把人的教化问题凸显出来，所以建设相应的文化价值系统，引导人们形成新的与生态文明相匹配的价值观念、行为模式、意志品质是十分重要的任务。

以上所述旨在从宏观层面阐明生态文明建设的总体模式，这一总体模式也是一种基本的路径。正是因为这种模式是总体的或基本的，所以也必然带有形式上的普遍性。在生态文明建设的问题上，把握和认识这种普遍性是必要的，但并不是唯一的，生态文明建设要落到实处，还必须认识其特殊性要求。

五、生态文明建设的特殊性要求

诚如“条条大路通罗马”这句格言所蕴涵的意义指涉，生态文明的目标或方向是确定的，但是走向这一目标的道路却并不是唯一的，而这也就昭示了生态文明建设的特殊性要求。

从总体来看，生态文明建设存在着特殊性要求的主要原因就在于，当今世界仍然是民族国家的时代，在国际交往过程中，国家主权和根本利益都是不可超越的，因而任何全球化的吁求或人类整体的需要都要经过民族国家落实才能付诸实现。所以，生态文明建设最终也需要每个国家的努力推进才能够产生实效。

然而，每一个国家都有其历史传统和现实国情，因而在建设生态文明的过程中必须寻求自己特殊的模式，这也就是我们所说的特殊性要求的内涵所在。而从这种特殊性要求来看，每一个国家在建设生态文明的过程中都可以而且也应该探索出自己的道路来，体现出自己合理的、独特的模式来。

当今世界的每一个国家都有自己的历史发展过程，独特的自然条件和人文传统，一定的经济发展模式、社会组织管理机制、文化价值体系，工业化的深度和水准等，这些问题在每一个国家中都是十分具体的，而且国与国之间也不可能完全一样，因而建设生态文明的模式也必然有所不同。

然而，在这一问题上我们应当注意到，环境问题的凸显本身应当增强人的整体意识，因为生态问题不是任何一个国家和民族可以单独应对的问题，因而调整利益冲突和矛盾，在解决环境问题上共同行动、共同负责是决定人类是否有未来、文明是否能够持续永存、所有生命能否和谐共处的关键之举。但是，这种普遍性的责任要求绝不能取代每一个国家和民族独特的生存条件和有差异的发展道路，否则，普遍性的责任就会失去现实的内涵。

今天世界经济、文化的发展以及共同面对的重大问题的确产生了许多超越民族或国家界限的物质因素和文化理念，如商品已经成为一种超越国界的力量，资本的流动也呈现出超越国界的态势，信息的传递与共享，大众文化的普及等都表征了人类生活在一定程度上被纳入到了统一的运行模式之中。因而就有人提出，要融入世界经济文化体系和重大问题决策机制中就必须放弃民族主义情结，放弃民族国家的思维方式，放弃特殊性的价值取向，甚至放弃民族国家的主权观念等，统一接受全球化进程的“格式化”处理。

诸如生态问题等全球性问题的凸显的确将人类的共同利益推向了现实舞台，但是这并不成为剥夺民族国家利益主体资格或独特发展模式的充分条件。实际上全球化进程中所暴露的问题并非民族主义与现代化的冲突，而是狭隘的经济视角、封闭或傲慢的文化心态、孤立保守的经济运行机制同全球化进程中所要求的合理分工、彼此尊重、包容差异的秩序之间的矛盾，也就是说，世界新格局的形成和文明新形态的产生绝不是要否定民族国家追求自己的发展道路。相反，保持自身的特色和优势是更好地参与全球化进程的重要举措。

在建设生态文明的过程中，今天世界各国人民面临着各自不同的生存发展境遇，因而有着不同的起点。有的国家人多地少，有的国家则人少地多；有的国家已经有几百年的工业化过程，有的国家还以农业立国；有的国家的人均 GDP 已经达到很高水平，有的国家的人民尚未解决温饱问题。生态文明建设在强调全球合作的前提下，更要强调各国要基于自身的现状和特点选择适合自己的发展模式。不顾客观实际，完全照搬他国模式是有百害而无一益的。

长期以来，在谋求全球合作的问题上，发达国家与发展中国家的利益摩擦是世人皆知的，其主要原因就在于发达国家硬要将广大发展中国家纳入由其定制的发展框架中，硬要发展中国家承担他们不应当承担而且也无力承担的责任，结果造成许多国际性协议只具有形式上的意义，并不具备实际的内容。

本来不同的民族和国家选择自己的生存模式完全是自由的或自然的事情，因为每一个民族和国家所处的环境不同，文化传统和民族精神也各具特色。但是，一些率先走上工业化道路的国家依仗其在经济和技术方面的先发优势强制干预其他国家和民族的发展模式，并按照他们的思维逻辑和价值标准来划分所谓的优等民族与劣等民族、先进国家与落后国家、文明社会与野蛮社会，然而对他们所认为的劣等的、落后的、野蛮的予以武力压制和各种歧视，试图将整个世界操控于自己手中。经过几百年的历史发展，这些国家努力通过制造市场神话和发挥所谓的文明示范效应以领袖群伦，使人们在生产方式和生活方式上亦步亦趋地追随它的轨迹。因而，我们必须清醒地认识到，取消或漠视民族国家的生存发展选择权的全球化是一个可怕的陷阱，因为“在强者宰制的世界里谋求全球一体化，不可能有真正的平等、民主和公正”。①

在生态文明建设的问题上，广大发展国家选择自己的道路和模式尤为重要，正如印度学者 Ramachandra Guha 在《激进的美国环境保护主义和荒野保护——来自第三世界的评论》一文中所指出的，把美国所奉行的深层生态学背景下的荒野保护策略强行在印度推行是有害的，因为“印度是个长期定居高密度人口的国家，农业人口与自然之间有着良好的平衡关系，而保留荒野地区就会导致自然资源从穷人直接转移到富人手里。如被国际保护团体欢呼的老虎项目的公园网是一个成功的典范，老虎项目明确地假设老虎的利益和住在保护区及四周的贫穷农民的利益是冲突的。老虎保护区的设计要求村庄和他们的居民搬迁，保护区的管理要求长期地把农民和家畜排除在外。为老虎和其他大型哺乳动物如大象和犀牛建立公园的初始动力，来自两个社会群体，首先是以前的猎人转变为保护主义者，他们属于大部分印度联邦衰落中的上层人士，其次是国际机构的代表，如野生动物基金会（WWF）和国际自然和自然资源保护联盟（IUCN），他们试图把美国自然公园的系统植入印度土壤中，而不考虑当地人口的需要，就像在非洲的许多地方，标明的荒野地首先用来满足富人的旅游利益。直到最近几年，荒野地的保护才被国家和保护精英认同为环境保护主义。那些更能直接打击穷人生存的环境问题——如燃料、饲料、水资源短缺、土壤侵蚀、空气和水污染——还没有恰当地处理。可能出自无意，在一种新获得的极端伪装下，深层生态学为这种有限和不平等的保护实践找到了一个借口。国际保护精英正在日益增加使用深层生态学的哲学、伦理和科学证据，推进他们的荒野十字军”。②

印度学者对印度环境保护的这种看法对于我国生态文明的建设也是有启发意义的，即我们必须走出一条符合中国国情的，具有中国特色的生态文明建设之路。

---

① 万俊人．全球化的另一面［J］．读书，2000（1）．

② Ramachandra Guha. Radical Environmentalism and Wilderness Preservation：A Third World Critique// Craig Hanks ed. Environmental Ethics. Wiley-Blackwell，2010.

第5章

走中国特色的生态文明建设之路

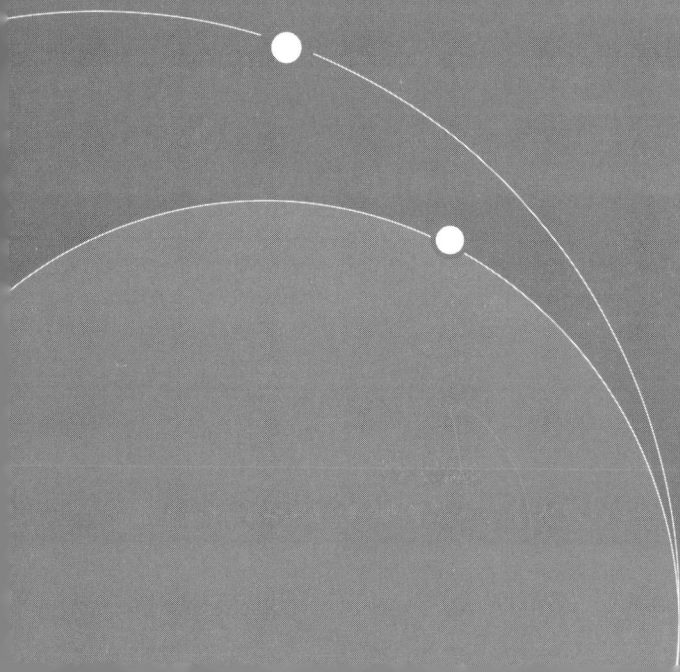

走出一条有中国特色的生态文明建设之路是彰显中国特色社会主义事业的重要内容，它不仅关系人民福祉，关乎民族未来，而且事关“两个一百年”奋斗目标和中华民族伟大复兴中国梦的实现。

第一节　历史回顾

自新中国成立之日起，我国探索生态文明建设之路的步伐一直就未曾停留过。在探索这条道路的历史进程中，有过成功的经验，也有过失败的教训；有过喜悦，也有过忧虑。回顾这段历史，我们会对中国特色的生态文明建设的历史进程有较为清晰的把握，也会更加坚定。

一、起步阶段

起步阶段大致是自新中国成立至 20 世纪 70 年代初。在此时期内，把中国尽快建设成为强大的社会主义工业化国家成为了举国上下的中心工作。为此，全国形成了强大的工业化建设浪潮，“人定胜天、战天斗地”也成为了当时极具号召力的口号。在坚持优先推进工业化的思想指导下，环境保护工作在相当长时间内并没有提到国家的议事日程中来，因而新中国成立初期我国生态环境破坏较为严重，环境污染现象也开始出现。尤其是在“大跃进时期”，从城市到农村，环境问题变得严重起来，其中森林资源的破坏程度尤其令人揪心。这种长期无视环境保护的经济发展方式，造成了较为严重的后果，比如“大连湾近岸海域污染、北京官厅水库污染与松花江水系甲基汞污染”等事件的出现。全国城乡环境污染随处可见，生态系统伤痕累累，水系黑臭不堪入目，特别是城市工业污染日益加剧，自然资源遭到掠夺性开发，环境恶化之势加剧，被污染的水源、空气、土壤、生物已经开始威胁国民的健康水平。[①]

中华人民共和国成立后的相当长的一段时期，环境保护之所以没有提到国家的议事日程中来，主要是与当时所要解决的主要问题密切相关。为了保卫新生的人民政权，迅速改变新中国“一穷二白”的面貌，在极“左”冒进思想的影响下，国家在经济建设方面出现了许多问题，全国各地条件简单、效益低下、能耗严重的工业项目纷纷上马，掀起了大炼钢铁、赶英超美的热潮，使森林和各种矿产资源遭到了严重破坏。而且，鼓励生育的政策也造成了人口的快速增长，而迫于人口增长的压力，不得不采取“以粮为纲”的基本方针，由毁林开荒和毁草开荒所带来的生态破坏十分严重。

“文化大革命”期间，我国生态环境恶化的状态又进一步加剧。一方面，在“以阶级斗争为纲”思想的指导下，环境问题也被政治化或形态化，否认生态问题存在的普遍性及其蕴含的严肃的科学规律。“至少在70年代以前，普通公民对国外和国内的生态环境问题既没有明晰的感性印象，更没有正确的理论认识。在许多人看来，环境污染等脏乱差现象是资本主义国家的专利，是这种病态社会制度的病态表现。而当我们评说西方工业化国家50年代的‘黑烟滚滚，污水横流’现象时，其中很少有理智的态度，更不会是一种自我反省精神。”[②]“60年代末、70年代初，在我们颇有些自负地评论西方世界环境公害是‘不治之症’的时候，环境污染和破坏正在我国急剧地发展和蔓延着，但我们并无察觉，即或有点觉察也认为是微不足道的，是与西方的公害完全不同的。因为，按照当时极‘左’路线的理论，社会主义制度是不可能产生污染的，谁要说有污染、有公害，谁就‘给社会主义抹黑’。在只准颂扬、不准批评的气候下，环境清洁优美的颂歌，吹得人们醺醺欲醉。”[③] 另一方面，在工业化发展过程中，只重数量和产值，无视效益和科学布局；在城市化建设过程中主张按照“变消费城市为生产城市”来推进城市建设，极力扩大城市的工业容量和发挥其生产性职能；在农业生产上继续推行以粮为纲，围湖造田的

---

① 周建：改革开放中的中国环境保护事业30年［M］．北京：中国环境科学出版社，2010：11.

② 郇庆治．绿色乌托邦——生态主义的社会哲学［M］．济南：泰山出版社，1998：47.

③ 曲格平．我们需要一场变革［M］．长春：吉林人民出版社，1997：12.

规模进一步扩大。截至 1978 年，全国因围湖造田造田而损失的湖泊面积就达到了 2000 万亩以上。江汉平原上 1056 个面积在千亩以上的湖泊，到 1977 年只剩下 320 个，损失了 30 亿立方米的蓄水容积。赣北的鄱阳湖由 56.5 万公顷减至 26 万公顷，蓄水容积损失近 1/2，江苏省太湖的面积也减少了 10%以上。①

尽管这一时期从主要方面来看，国家对环境保护没有给予高度重视，但是也不能说是一片空白，在很多方面还是有所察觉、有所行动的。比如国务院于 1963 年 5 月 27 日便发布了《森林保护条例》，以及在其后生效实施的《矿产资源保护试行条例》，开始了构建环境保护的法律制度体系。全国各地也十分重视修建水利设施，倡导节约利用资源和保护森林植被等。但总体上看，力度不大，收效也不大。

二、觉醒时期

这一时期大致为 20 世纪 70 年代初至 80 年代改革开放初期。从现实情况来看，这不到 20 年的时间里却是我国生态环境破坏的一个高峰时期。这主要是因为，20 世纪 70—80 年代以来，随着世界经济工业化和城市化急剧发展以及强大技术手段的运用，各个国家或地区的经济结构和环境结构都发生了迅速的改变，也导致了全球资源的迅速消耗，气候变化明显并引发了土地利用、土地覆盖、水环境、水资源等一系列生态要素的变化，生态危机更加迫人。在这样一种宏观背景下，中国的生态环问题也愈发突出，经济发展与环境保护的矛盾日趋尖锐化。中国走向现代化的基础差、起点低，主要就表现为人口众多、经济发展水平低、人均收入不高。因此，要迅速改变落后面貌，就必须追求经济的快速发展。而在经济快速增长和人口大量增加的情况下，资源、环境的消耗就更为严重，其结果就是我国在实现现代化的过程中面临着发展和环境的双重压力。

通过对前期经济社会发展道路与方式的反思，党和政府逐渐认识到了环境保护需要得到重视，我国的环境保护工作得到了高度重视，国家层面的“环境意识”开始进入觉醒时期。在该时期内，以第一次环境保护会议召开为标

① 平淮学刊：第 4 辑（上册）［M］. 北京：光明日报出版社，1989：137－138.

志，针对经济社会发展过程中的环境保护问题颁布实施了一大批政策与法律法规，组建了相关的国家环境保护职能部门与机构，开始对国家的环境保护工作进行有步骤的规划安排。

在 20 世纪 70 年代，周恩来同志曾多次指示国家有关部门和地区切实采取措施防治环境污染。1972 年 6 月，国务院批转了国家计划委员会、国家基本建设委员会关于官厅水库污染情况和解决意见的报告，建立了官厅水库水源保护领导小组，开始了中国第一个水域污染的治理。

正是在环境保护工作日益受到普遍重视的情况下，1973 年 8 月 5 日—20 日，党中央在北京召开了第一次全国环境保护会议。会议提出要把环境保护作为一件大事来抓，大会的重要成果就是通过了“全面规划，合理布局，综合利用，化害为利，依靠群众，大家动手，保护环境，造福人民”的环境保护工作方针。

通过本次会议，党中央明确了这样几个问题：第一，全球性环境问题十分复杂，社会主义中国也不可避免地将面临着较为棘手的环境保护难题；第二，在社会主义建设过程中，环境保护乃国家的基本职能之一；第三，“全面规划，合理布局，综合利用，化害为利，依靠群众，大家动手，保护环境，造福人民”的“32 字方针”是国家环境保护事业必须贯彻落实的战略任务。

在本次环境保护会议之后，为进一步落实国家环境保护的相关法律法规以及政策，相应的环境保护国家机构相继成立，从而为国家的环保事业提供了坚强的组织保障。1974 年 10 月 25 日国务院环境保护领导小组成立，这标志着我国第一个环境保护机构诞生。领导小组开始着手制定国家环境保护长远规划和年度规划。

为了加强国家机关在环境保护事宜上的沟通与协调，1984 年 5 月，成立了国务院环境保护委员会。其后，城乡建设环境保护部下属的环境保护局改为国家环境保护局，作为国务院环境保护委员会的办事机构，负责全国环保的规划、协调、监督。

至此，国家环境保护事业不仅有了明确的政策导向，而且负责国家环境保护的规划、协调、监督职能的组织机构体系已基本组建完毕。这标志着环境保护意识在国家层面已经觉醒。

三、决策时期

这一时期大致自第二次全国环境保护会议起至 20 世纪 90 年代初。在此期间，以两次全国环保会议的召开为契机，环境保护被确定为国家的基本国策。

1983 年 12 月 31 日至 1984 年 1 月 7 日，第二次全国环境保护会议在北京召开。这次全国环境保护会议旨在总结第一次全国环境保护会议召开 10 年来的城市环境综合整治的经验，提出“八五”期间和 20 世纪 90 年代我国城市环境保护的目标，部署“八五”期间城市环境保护工作。本次会议制定了经济建设、城乡建设和环境建设同步规划、同步实施、同步发展，实现经济效益、社会效益、环境效益相统一的指导方针，实行“预防为主，防治结合”、“谁污染谁治理”和“强化环境管理”三大政策。

具有里程碑意义的是，在本次会议上将环境保护确立为基本国策。这不仅标志着对我国环境问题及其产生的根源已经有了一个较为清晰的认识，更为重要的是凸显了国家对于生产力发展深层次矛盾的准确把握。因为国家近 10 年的经济社会发展所产生的生态环境问题不单单只是一个环境保护问题，这只不过是一个表面的现象，而更为深层的原因则是生产力与生产关系之间的不相适应。

将环境保护作为一项基本国策，也在全社会树立了一种全新的环境保护意识，这也是中华人民共和国成立后第一次从国家的层面来大力推进环境保护事业，这必然对决策者的思想观念、思维方式、价值取向产生全方位的影响，事实证明也的确如此。基本国策是立国之准则，治国之方略，不仅清晰地回答了环境保护的性质、目的与宗旨，最为重要的是在国家经济社会发展进程中，为协调各种矛盾划定了一个基本尺度，确立了一个行为的基本坐标。

为了进一步协调环境保护中的各项工作，1984 年，国务院撤销了国务院环境保护领导小组及其办公室，成立了国务院环境保护委员会，作为国家环境保护工作的统筹组织机构和协调机构。主要任务是，研究、审定、组织贯彻国家环境保护的方针、政策和措施，组织协调、检查和推动我国的环境保护工作。

第二次国家环境保护会议之后，中国的环境保护逐步走向了成熟，在生态保护的道路上不断取得了成效。作为基本国策的环境保护不仅为国家的绿色发展之路指明了路标与方向，而且为逐步建立和完善环境保护的管理制度体系奠定了重要的原则基础。

1989 年 4 月 28 日至 5 月 1 日，第三次全国环境保护会议在北京召开。第三次全国环境保护会议的主旨是为国家的环境保护事业构建完善的制度保障体系。此次会议通过了两份重要文件和两个指导性的工作目标。两份文件是：《1989—1992 年环境保护目标和任务》和《全国 2000 年环境保护规划纲要》。两个指导性的工作目标是：在治理整顿中建立环境保护工作新秩序，努力开拓有中国特色的环境保护道路。会议形成了“三大环境政策”，即环境管理要坚持预防为主、谁污染谁治理、强化环境管理三项政策。“预防为主”的指导思想是指在国家的环境管理中，通过计划、规划及各种管理手段，采取防范性措施，防止环境问题的发生；“谁污染谁治理”原则是指对环境造成污染危害的单位或者个人有责任对其污染源和被污染的环境进行治理，并承担治理费用；“强化环境管理”的主要措施包括：制定法规，使各行各业有所遵循，建立环境管理机构，加强监督管理。

此外，会议认真总结了实施建设项目环境影响评价、“三同时”、排污收费三项环境管理制度的成功经验，同时提出了五项新的制度和措施，形成了我国环境管理的“八项制度”。

至此，国家环境保护的基本政策、工作规划与任务及其基本的工作制度正式确立。这也进一步加强了国家环境保护的立法进度和力度。如经修订的《中华人民共和国环境保护法》正式颁布实施。此后，《水污染防治法》、《大气污染防治法》、《固体废物污染环境防治法》等一大批环境保护的法律正式实施，从而为环境保护工作提供了强有力的法律保障。另外，我国也积极开展环境保护领域的国际合作。1991 年，中国发起召开了“发展中国家环境与发展部长会议”，发表了《北京宣言》。1992 年 6 月，在里约热内卢世界首脑会议上，中国政府庄严签署了环境与发展宣言。1994 年 3 月 25 日，国务院通过了《中国 21 世纪议程》（简称《议程》）。为了支持《议程》的实施，同时还制订了《中国 21 世纪议程优先项目计划》。1995 年，党中央、国务院把可持续发展作为国家的基本战略，号召全国人民积极参与这一伟大实践。我国还主动加入国家环境公约，先后签署了《保护臭氧层维也纳公约》、《控制危险废物越境转移及其处置巴塞尔公约》、《生物多样性公约》、《气候变化框架公约》

等国际环境保护公约。

四、目标确定期

这一时期是指第四、五次全国环境保护会议召开期间。在这一时期内，国家的环境保护事业得到了较大的发展，从可持续发展战略的确立以及国家环境保护“十五”计划的确定，无不体现出国家对生态文明建设的长远规划，国家的环境保护事业始终有条不紊地在推进。

20 世纪 90 年代开始，国家又陆续出台了一些政策法规，继续加大环境保护的力度。如《全国环境保护工作纲要（1993—1998）》（1994 年）、《关于环境保护工作若干问题的决定》（1996 年）以及《国家环境保护“九五”计划和 2010 年远景目标》（1996 年），为国家的环境保护工作提供了坚实的制度和政策保障。

为了具体落实可持续发展战略，1996 年 7 月 15 日—17 日，第四次全国环境保护会议在北京召开，会议明确提出保护环境是实施可持续发展战略的关键，保护环境就是保护生产力。在本次会议上，国务院做出了《关于加强环境保护若干问题的决定》，明确了跨世纪环境保护工作的目标、任务和措施。确定了坚持污染防治和生态保护并重的方针，实施《污染物排放总量控制计划》和《跨世纪绿色工程规划》两大举措，并在全国开始展开了大规模的重点城市、流域、区域、海域的污染防治及生态建设和保护工程。

通过本次全国环境会议，实现了国家环境保护战略思想的重大提升，把中国的环境保护事业推向了一个全新的转折时期。会议所做出的重大决策，在环境保护上实现了突破和根本性的转向。具体体现在以下五大重要决策上：第一，将环境保护纳入国家的总体发展纲要，坚定不移地实施环境保护可持续发展战略；第二，通过制定并发布《跨世纪绿色工程规划》，将国家环境保护的发展目标和任务明确化、具体化；第三，转变环境保护工作管理思想，改革环境保护管理制度，实施国家主要污染物排放总量控制；第四，建立健全环境保护强制性约束机制；第五，将环境保护作为各级党委政府考核内容之一。

2002 年 1 月 8 日召开的第五次全国环境保护会议，面对世界发展的新趋势，对我国经济、社会发展中存在的主要问题进行了深入分析，并从可持续发展战略的高度，提出必须按照社会主义市场经济的要求，动员全社会的力量来做好环境保护工作。为此，确定了《国家环境保护“十五”计划》，明确了“十五”环保目标：到2005年主要污染物排放总量比2000年减少10%，“两控区”（即酸雨控制区与二氧化硫污染控制区）内二氧化硫排放量减少20%，环境污染有所减轻，生态环境恶化的趋势得到初步遏制，城乡环境质量特别是大中城市环境质量得到改善。努力完成污染物总量控制、重点地区环境治理、生态环境保护三大任务，努力开创生产发展、生活富裕、生态良好的文明发展道路。

五、战略实施期

自第五次全国环境保护会议确定国家环境保护事业的基本目标与战略之后，此项工作一直在稳步地推进。因此，在环境保护措施上，不再是单一化运用，而是综合性考量。可以说，我国进入了生态文明建设的战略实施期。

在2006年4月召开的第六次全国环境保护大会上，国家在前期取得诸多环境保护的成绩与经验的基础上，进一步提升了环境保护在国民经济发展过程中的重要认识。会议认为，我国的环境保护事业关键是要加快实现三个转变：一是从忽视环境保护、片面追求经济增长转变为加强环境保护、优化经济增长，把强化环境管理作为调整经济结构、转变经济增长方式的重要手段，在保护环境中求发展。二是从环境保护滞后于经济发展转变为环境保护和经济发展同步推进，做到不欠新账，多还旧账，改变先污染后治理、边治理边破坏的状况。三是从主要用行政办法保护环境转变为综合运用法律、经济、技术和必要的行政办法解决环境问题，自觉遵循经济规律和自然规律，提高环境保护工作水平。

本次会议为国家经济社会全面发展与环境保护之间的和谐关系提供了清晰的努力方向，勾勒出一幅壮丽的画卷：生态环境得到改善，资源利用效率显著提高，可持续发展能力不断增强，人与自然和谐相处，建设环境友好型社会。

此后，党的十七届四中、五中、六中全会明确提出，全面推进社会主义经济建设、政治建设、文化建设、社会建设以及生态文明建设和党的建设，把建设生态文明纳入中国特色社会主义事业的总体布局。

在这样总体布局的基础上，为了科学系统地回答全面协调发展与环境保护之间的和谐关系问题，总结国家在经济社会发展过程中所取得的环境保护经验，进一步明确国家在“十二五”时期中的环境保护目标与任务，为国家的环境保护以及生态文明社会建设提供重要的保障，第七次全国环境保护大会于 2011 年 12 月 20 日至 21 日在北京召开。

会议发布了《国家“十二五”环保工作规划》，明确了今后五年环境保护的目标和主要任务，由此，我国的生态文明建设事业进入了全面的战略实施期和建设期。

党的十八大对我国生态文明建设提出了进一步的要求。十八大报告指出，建设生态文明，是关系人民福祉、关乎民族未来的长远大计。面对资源约束趋紧、环境污染严重、生态系统退化的严峻形势，必须树立尊重自然、顺应自然、保护自然的生态文明理念，把生态文明建设放在突出地位，融入经济建设、政治建设、文化建设、社会建设各方面和全过程，努力建设美丽中国，实现中华民族永续发展。十八大报告还特别强调了加强生态文明制度建设的重要意义。保护生态环境必须依靠制度。要把资源消耗、环境损害、生态效益纳入经济社会发展评价体系，建立体现生态文明要求的目标体系、考核办法、奖惩机制。建立国土空间开发保护制度，完善最严格的耕地保护制度、水资源管理制度、环境保护制度。深化资源性产品价格和税费改革，建立反映市场供求和资源稀缺程度、体现生态价值和代际补偿的资源有偿使用制度和生态补偿制度。积极开展节能量、碳排放权、排污权、水权交易试点。加强环境监管，健全生态环境保护责任追究制度和环境损害赔偿制度。加强生态文明宣传教育，增强全民节约意识、环保意识、生态意识，形成合理消费的社会风尚，营造爱护生态环境的良好风气。

2014 年 1 月 9 日，第八次全国环境保护工作会议在北京召开。会议主要任务是，全面学习贯彻党的十八大、十八届三中全会、中央经济工作会议精神。本次会议强调，要着力抓好生态环境保护领域改革，积极探索环境保护新路，大力推进生态文明建设，为建设美丽中国做出更大贡献。第八次环境会议对于生态文明建设形成了新的部署和决策，主要体现在：一是积极探索环境保护的新路子与新模式。要从宏观战略层面切入，搞好顶层设计，从生产、流通、分配、消费的再生产全过程入手，制定和完善环境经济政策，形成激励与约束并举的环境保护长效机制，探索走出一条环境保护新路。二是划定并严守生态红线，让生态系统休养生息。要牢固树立生态红线观念，让透支的资源环境逐步休养生息，扩大森林、湖泊、湿地等绿色生态空间，增强水源涵养能力和环境容量。要建立国土空间开发保护制度，严格按照主体功能区定位推动发展，有序实现耕地、河湖休养生息。三是加快健全生态文明制度。要完善生态补偿机制，实行最严格的源头保护制度、损害赔偿制度、责任追究制度，切实做到用制度保护生态环境。加快环境保护税立法，提高主要污染物排污费标准。四是认真解决关系民生的大气污染等突出环境问题。要加大环境治理和生态保护工作力度、投资力度、政策力度。以解决损害群众健康突出环境问题为重点，坚持预防为主、综合治理，强化水、大气、土壤等污染防治，着力推进重点流域和区域水污染防治，着力推进重点行业和重点区域大气污染治理。要贯彻落实《大气十条》，采取稳、准、狠的措施，重拳出击、重点治污，努力实现环境效益、经济效益和社会效益的多赢。五是狠抓节能减排。要减少主要污染物排放总量，实施节能、循环经济、环境治理三大类重点工程，推进企业清洁生产。要注重运用价格机制和市场办法推进节能减排。六是严格考核问责。再也不能简单以国内生产总值增长率论英雄，对那些不顾生态环境盲目决策、造成严重后果的人，必须终身追究责任。

自党的十八大以来，习近平总书记对生态文明建设和环境保护提出了一系列新思想、新论断、新要求，为进一步加强环境保护，建设美丽中国，走向生态文明新时代，指明了前进方向。党的十八届三中全会通过的《中共中央关于全面深化改革若干重大问题的决定》，要求紧紧围绕建设美丽中国深化生态文明体制改革，加快建立生态文明制度，健全国土空间开发、资源节约利用、生态环境保护的体制机制，推动形成人与自然和谐发展的现代化建设新格局。中央在经济工作会议和城镇化工作会议上，再次对生态文明建设和环境保护做出部署。

2015 年 1 月 15 日，第九次全国环境保护工作会议在北京召开。本次会议是在我国经济社会发展基本态势进入增长速度由高速转为中高速，经济结构由中低端迈向中高端，发展动力由要素驱动、投资驱动转向创新驱动新常态的情况下召开的。所以，认识新常态，适应新常态，引领新常态，是当前和今后一个时期我国环境保护工作的基本逻辑。

在经济发展新常态的基本逻辑之下，我国的生态文明建设和环境保护出现了一些新的阶段性特征和趋势性变化。主要体现在以下几个方面：一是从处理环境与经济关系、探索环境保护新路看，强调“经济社会发展与环境保护相协调”，要求更加自觉地推动绿色发展、循环发展、低碳发展，在保护环境中实现经济发展和民生改善。二是从指导方针和基本原则看，强调坚持保护优先、预防为主，更加注重源头严防、过程严管、后果严惩，要求把保护放在优先位置，形成全方位防范污染和保护生态的合力，确保环境质量不降低，生态系统服务功能不削减。三是从资源环境约束看，强调环境承载能力已达到或接近上限，要求清醒认识保护生态环境、治理环境污染的紧迫性和艰巨性，严守生态保护红线，让透支的资源环境逐步休养生息，增加生态产品供给和环境容量。四是从民生期待看，强调环境保护关系民生福祉，要求进一步强化良好生态环境是最公平的公共产品和最普惠的民生福祉的认识，优先解决损害群众健康的突出环境问题，让广大民众在良好的生态环境中生活。五是从保护思路看，强调山水林田湖是一个生命共同体的系统思想，要求尊重生态系统的整体性规律，统筹山水林田湖治理，促进生产空间集约高效、生活空间宜居适度、生态空间山清水秀。六是从工作领域看，强调将环境保护要求体现在生产、流通、分配、消费各个环节，坚持从再生产全过程来防范环境污染和生态破坏，将经济社会活动对环境损害降低到最低程度。七是从体制机制看，强调紧紧围绕建设美丽中国深化生态文明体制改革，加快建立生态文明法律制度，要求坚持用改革的办法解决突出问题，建立和完善严格监管所有污染物排放的环境保护管理制度，完善政府统领、企业施治、市场驱动、公众参与的环境保护新机制，为推进生态文明建设提供可靠保障。八是从落实责任看，强调要着力推动“党政同责”、“一岗双责”，把生态文明建设作为地方党政领导班子和领导干部政绩考核评价重要内容，并实行责任追究，要求抓紧建立体现生态文明要求的目标体系、考核办法、奖惩机制，把党政“一把手”的环保责任落实到位。

通过以上的简单回顾，不难发现，自中华人民共和国成立后的半个多世纪的岁月里，国家层面对于环境保护事业与经济发展以及社会进步之间关系的认识在不断深化，生态文明建设也在稳步推进。从最初关注环境问题到环境保护跃升为国家基本国策，从“三同时”等具体环境保护制度体系的构建到保护环境就是保护生产力思想的提出，从预防环境问题到主动量化环境保护以及提出“资源节约型与环境友好型”社会各项指标，等等，体现了国家对经济发展、社会进步所内蕴的基本规律认识的不断深化。尤其是建设生态文明、走绿色发展之路思想的提出，则是我们党继提出建设物质文明、精神文明、政治文明、构建和谐社会之后又一次对国家现代化建设做出的重大战略部署。将建设生态文明提升为国家发展的重大战略，充分体现了党对生态建设的高度重视和对全球生态问题高度负责的精神，同时，也体现了人类共同的价值取向与共同的追求目标。

第二节 顶层设计

生态文明是一种新的文明类型。生态文明建设既需要理论上的探索，也需要实践上的落实。我国生态文明建设虽然走过的历史并不长，但是党和国家在生态文明建设的理论创新方面已经迈出了坚实的步伐，取得了许多成果。

通过前文对中华人民共和国成立以来我国环境保护事业的推进过程和生态文明建设的历史进程的梳理不难发现，我国在关于生态文明建设的理论探索方面所取得的进展主要是进入 21 世纪以后。在这之前所做的工作更多是为理论创造奠定了基础。主要体现在：第一，逐步明确了环境保护的重要意义或环境保护对于国计民生的重要性；第二，环境保护的法制法规建设进展迅速，环境保护的法律调控体系逐步完善；第三，如何实现经济增长与环境保护的协调发展成为重大的实践问题。这三个方面显示出，21 世纪之前，在国家层面上对于环境保护的重要性和实践规范的制定完善关注较多，而关于我国生态文明建设的顶层设计方面涉及较少。但是党的十六届三中全会以后，关于生态文明建设的总体规划不断推进。

一、初步构想

进入 21 世纪后，中共十六大和十六届三中全会、四中全会，从全面建设小康社会、开创中国特色社会主义事业新局面的全局出发，明确提出构建社会主义和谐社会的战略任务，并将其作为加强党的执政能力建设的重要内容。中共十六大报告第一次将“社会更加和谐”作为重要目标提出。中共十六届四中全会，进一步提出构建社会主义和谐社会的任务。社会主义和谐社会理论的提出可以说是生态文明建设理论的“早期文本”。

2003 年 10 月 11 日，中共十六届三中全会在北京召开，全会通过了《中共中央关于完善社会主义市场经济体制若干问题的决定》，确立了以科学发展观为指导，明确了完善社会主义市场经济体制的目标和主要任务，提出了坚持以人为本，全面发展、协调发展、可持续发展、统筹人与自然和谐发展等观念。努力实现“五个统筹”的发展理念，这是与国家的环境保护和生态文明建设密切关联的，更为重要的是生态文明建设在客观上已经成为了科学发展观的内蕴的核心成分。在这一理论体系之下，“统筹人与自然和谐发展的思想”成为科学发展观“五个统筹”思想的重要组成部分，这实际上进一步明确了要从整体上认识和把握人与自然的关系，不能把生态环境问题孤立化，或者说人与自然和谐的实现是需要全社会齐抓共管的。

2004 年 9 月 16 日，党的十六届四中全会召开，大会的核心内容是关于加强党的执政能力建设，正式提出了“构建社会主义和谐社会”的概念，将建设社会主义和谐社会作为党执政的战略任务。从此以后，“和谐社会”便常作为这一概念的缩略语，其内涵也不断被明确：“民主法治、公平正义、诚信友爱、充满活力、安定有序、人与自然和谐相处”是和谐社会的主要内容。把人与自然和谐相处看成是社会主义和谐社会的基本特征之一，实际上就是要求在经济社会发展中实现人与自然和社会的协调，这也可以说是将生态文明建设置于了至关重要的地位。

总之，从 2003 年提出的“五个统筹”到 2004 年社会主义和谐社会建设理论的提出，在这些理论中已经包含了我国生态文明建设的初步构想。

二、稳步推进

在 2005 年 10 月 8 日至 11 日召开的十六届五中全会上，党中央第一次将“建设资源节约型和环境友好型社会”确定为国民经济与社会发展中长期规划的一项重要战略任务，这意味着生态环境保护问题已经被提升至国家发展的重大战略地位，从而从顶层以及宏观层面上对国民经济的发展提出了更高的要求。“两型社会”的建设就需要我们在经济社会发展中采取有利于资源节约、环境保护的生产方式，在日常生活中，履行一种健康环保的生活方式和消费模式，以期实现人与自然环境良性互动的关系。

2006 年 10 月 8 日至 11 日，中共十六届六中全会召开，大会提出了全面建设资源节约型与环境友好型社会的基本要求。全面建设资源节约型与环境友好型社会，这是党在总结我国现代化建设的各种经验，从我国的基本国情出发而做出的一项具有深远意义的重大决策。两型社会指的是“资源节约型社会、环境友好型社会”。资源节约型社会是指整个社会经济建立在节约资源的基础上，建设节约型社会的核心是节约资源，即在生产、流通、消费等各领域各环节，通过采取技术和管理等综合措施，厉行节约，不断提高资源利用效率，尽可能地减少资源消耗和环境代价满足人们日益增长的物质文化需求的发展模式。环境友好型社会是一种人与自然和谐共生的社会形态，其核心内涵是人类的生产和消费活动与自然生态系统协调可持续发展。建设“两型社会”不仅是大力提升广大人民物质文化生活水平的客观需要，也是全面实现小康社会的必然内涵，更是我们为之奋斗的目标之一；建设“两型社会”，不仅是提升经济发展质量与水平的现实之需，同时也是促进社会主义精神文明建设并全面实现社会主义和谐社会各项指标的必然要求。很显然，建设“两型社会”就是力求在经济社会发展过程中全面协调人与自然、人与人之间的关系。由此，社会主义生态文明社会建设的思路逐渐清晰，也标志着我国关于社会主义生态文明社会的理论体系已经初步形成。

三、全新方略

2007 年党的十七大报告中第一次将“建设生态文明”提升为全面建设小康社会的全新方略，这标志着我国生态文明建设的战略部署正式明确，同时也意味着我国生态文明建设理论已经正式提出。党的十七大报告从国家发展的战略高度来大力倡导生态文明建设，不仅对中国未来的发展具有深远的影响，而且也是对以往提出的环境保护举措和制度建设成果的理论提炼，更是中华民族面对全球日益严峻的生态危机而向全世界做出的庄严承诺。

党的十七大报告不仅为社会主义生态文明建设做出了顶层设计，指明了努力的方向，而且也为此提出了具体的路线图以及政策实施保障。

建设生态文明，要基本形成节约能源资源和保护生态环境的产业结构、增长方式、消费模式，促进国民经济又好又快发展。要加强能源资源节约和生态环境保护，增强国民经济的可持续发展能力；建设生态文明，要坚持节约资源和保护环境的基本国策，这关系到人民群众的切身利益和中华民族的生存发展，因而必须把建设资源节约型、环境友好型社会放在工业化、现代化发展战略的突出位置，落实到每个单位、每个家庭，从而形成一种全面建设生态文明社会的良好社会氛围。建设生态文明，要完善有利于节约能源资源和保护生态环境的法律和政策，加快形成可持续发展体制机制。全面落实节能减排工作责任制，促使环境保护的各项举措能够落到实处。开发和推广节约、替代、循环利用和治理污染的先进实用技术，发展清洁能源和可再生能源，保护土地和水资源，建设科学合理的能源资源利用体系，提高能源资源利用效率。建设生态文明，要大力发展环保产业。加大节能环保投入，重点加强水、大气、土壤等污染防治，改善城乡人居环境。加强水利、林业、草原建设，加强荒漠化、石漠化治理，促进生态修复。加强应对气候变化能力建设，为保护全球气候做出新贡献。

明确的行动目标有利于凝聚建设社会主义生态文明的各种力量。十七大报告中明确了在生态文明建设战略上的四大目标：一是基本形成节约资源能源和保护生态环境的产业结构、增长方式、消费结构；二是循环经济形成较大规模，可再生能源比重显著上升；三是主要污染物排放得到有效控制，生态环境质量明显改善；四是生态文明观念在全社会牢固树立。同时，将“两型社会建设”写入党章，作为全党领导全国人民的重要思想内容。

十七大以后党的几次中央全会又进一步发展和丰富了生态文明建设的理论体系。十七届四中全会，强调生态文明建设与经济建设、政治建设、文化建设和社会建设同为实现全面建设小康社会奋斗目标的战略任务，同为中国特色社会主义建设事业的有机组成部分，必须全面部署，整体推进；十七届五中全会则从国际形势的新变化和国内经济社会发展的新要求出发，强调加快资源节约型和环境友好型社会建设、提高生态文明水平，积极应对全球气候变化，大力发展循环经济，加强资源节约和管理，加大环境保护力度，加强生态保护和防灾减灾体系建设，增强可持续发展能力。

2012 年 11 月 8 日，中国共产党第十八次全国代表大会在北京召开。在党的十八大报告中，生态文明建设已经被置于突出的地位，将生态文明建设摆在了国家发展总体布局的高度。这也就意味着中国在生态文明建设理论上已经趋于成熟和完善。

十八大报告第一次将生态文明建设做单篇阐述。首次把“美丽中国”作为生态文明建设的目标指向，把生态文明建设摆在总体布局的高度来对待。报告指出，要把生态文明建设放在突出地位，融入经济建设、政治建设、文化建设、社会建设各方面和全过程，努力建设美丽中国，实现中华民族永续发展。这表明我们党对中国特色社会主义总体布局认识的深化，把生态文明建设摆在五位一体的高度来论述，也彰显出中华民族对子孙后代、对整个世界负责的精神。

与十七大报告相比较，十八大报告中对生态文明建设的重视程度得到了进一步的增强。如，在十七大报告中，直接提到“环境”或“生态”字眼的地方为28处，而在十八大报告中增加到45处。同时，“自然”也成为十八大报告中的又一个关键词。而且在生态文明建设的制度条件建设上，给予了特别关注和高度重视。十八大报告指出，保护生态环境必须依靠制度建设。要把资源消耗、环境损害、生态效益纳入经济社会发展评价体系，建立体现生态文明要求的目标体系、考核办法、奖惩机制。建立国土空间开发保护制度，完善最严格的耕地保护制度、水资源管理制度、环境保护制度。深化资源性产品价格和税费改革，建立反映市场供求和资源稀缺程度、体现生态价值和代际补偿的资源有偿使用制度和生态补偿制度。积极开展节能量、碳排放权、排污权、水权交易试点。加强环境监管，健全生态环境保护责任追究制度和环境损害赔偿制度。加强生态文明宣传教育，增强全民节约意识、环保意识、生态意识，形成合理消费的社会风尚，营造爱护生态环境的良好风气。

2013年11月召开的十八届三中全会通过了《中共中央关于全面深化改革若干重大问题的决定》（简称《决定》），进一步强化了生态文明建设的制度保障要求。《决定》提出，要加快生态文明制度建设的步伐，必须建立系统完整的生态文明制度体系，实行最严格的源头保护制度、损害赔偿制度、责任追究制度，完善环境治理和生态修复制度，用制度保护生态环境。

2014年4月，经四次审议并在十二届全国人大常委会第八次会议上表决通过的《中华人民共和国环境保护法（修订草案）》，旗帜鲜明地将“推进生态文明建设，促进经济社会可持续发展”列入立法目的，将保护环境确立为基本国策，将“保护优先”作为第一基本原则，将“生态红线”等首次写入法律，明确提出对违法排污企业实行按日连续计罚，罚款上不封顶。这可谓是“史上最严”的环保法律，对于保护和改善环境，保障公众健康，推进生态文明建设，促进经济社会可持续发展，具有重要意义。

2014 年 10 月 23 日，党的十八届四中全会通过的《中共中央关于全面推进依法治国若干重大问题的决定》，对建立健全和强化生态环境的法律保障提出了要求。要求利用严格的法律制度保护生态环境，加快建立有效约束开发行为和促进绿色发展、循环发展、低碳发展的生态文明法律制度，强化生产者环境保护的法律责任，大幅度提高违法成本。建立健全自然资源产权法律制度，完善国土空间开发保护方面的法律制度，制定完善的生态补偿和土壤、水、大气污染防治及海洋生态环境保护等法律法规，促进生态文明建设。

2015 年 4 月 25 日，中共中央、国务院发布了《关于加快推进生态文明建设的意见》，强调了生态文明建设的重大意义，生态文明建设是中国特色社会主义事业的重要内容，关系人民福祉，关乎民族未来，事关“两个一百年”奋斗目标和中华民族伟大复兴中国梦的实现。加快推进生态文明建设是加快转变经济发展方式、提高发展质量和效益的内在要求，是坚持以人为本、促进社会和谐的必然选择，是全面建成小康社会、实现中华民族伟大复兴中国梦的时代抉择，是积极应对气候变化、维护全球生态安全的重大举措。明确了生态文明建设的目标：到 2020 年，资源节约型和环境友好型社会建设取得重大进展，主体功能区布局基本形成，经济发展质量和效益显著提高，生态文明主流价值观在全社会得到推行，生态文明建设水平与全面建成小康社会目标相适应。确立了基本原则：坚持把节约优先、保护优先、自然恢复为主作为基本方针。在资源开发与节约中，把节约放在优先位置，以最少的资源消耗支撑经济社会持续发展；在环境保护与发展中，把保护放在优先位置，在发展中保护、在保护中发展；在生态建设与修复中，以自然恢复为主，与人工修复相结合。还对于“强化主体功能定位，优化国土空间开发格局”，“推动技术创新和结构调整，提高发展质量和效益”，“全面促进资源节约循环高效使用，推动利用方式根本转变”，“加大自然生态系统和环境保护力度，切实改善生态环境质量”，“健全生态文明制度体系”，“加强生态文明建设统计监测和执法监督”，“加强生态文明建设统计监测和执法监督”，“切实加强组织领导”等做出了具体规定。

2015 年 9 月 11 日，中共中央政治局召开会议，审议通过了《生态文明体制改革总体方案》。这个改革方案对于我国生态文明建设又提出了一些新的规定和要求。首先，关于生态文明体制改革的理念：树立尊重自然、顺应自然、保护自然的理念，树立发展和保护相统一的理念，树立绿水青山就是金山银山的理念，树立自然价值和自然资本的理念，树立空间均衡的理念，树立山水林田湖是一个生命共同体的理念。其次，关于生态文明体制改革的原则：坚持正确改革方向，健全市场机制，更好地发挥政府的主导和监管作用，发挥企业的积极性和自我约束作用，发挥社会组织和公众的参与和监督作用。坚持自然资源资产的公有性质，创新产权制度，落实所有权，区分自然资源资产所有者权利和管理者权力，合理划分中央地方事权和监管职责，保障全体人民分享全民所有自然资源资产收益。坚持城乡环境治理体系统一，继续加强城市环境保护和工业污染防治，加大生态环境保护工作对农村地区的覆盖，建立健全农村环境治理体制机制，加大对农村污染防治设施建设和资金投入力度。坚持激励和约束并举，既要形成支持绿色发展、循环发展、低碳发展的利益导向机制，又要坚持源头严防、过程严管、损害严惩、责任追究，形成对各类市场主体的有效约束，逐步实现市场化、法治化、制度化。坚持主动作为和国际合作相结合，加强生态环境保护是我们的自觉行为，同时要深化国际交流和务实合作，充分借鉴国际上的先进技术和体制机制建设有益经验，积极参与全球环境治理，承担并履行好同发展中大国相适应的国际责任。坚持鼓励试点先行和整体协调推进相结合，在党中央、国务院统一部署下，先易后难、分步推进，成熟一项推出一项。支持各地区根据本方案确定的基本方向，因地制宜，大胆探索、大胆试验。最后，关于生态文明体制改革的目标。到 2020 年，构建起由自然资源资产产权制度、国土空间开发保护制度、空间规划体系、资源总量管理和全面节约制度、资源有偿使用和生态补偿制度、环境治理体系、环境治理和生态保护市场体系、生态文明绩效评价考核和责任追究制度等八项制度构成的产权清晰、多元参与、激励约束并重、系统完整的生态文明制度体系，推进生态文明领域国家治理体系和治理能力现代化，努力走向社会主义生态文明新时代。此外，还对产权制度、管理制度、规划体系、资源结语、生态补偿、环境治理、环境保护、责任追求、组织保障做出了具体的规定。

2015 年 10 月 29 日，中国共产党第十八届中央委员会第五次全体会议通过的会议公报中又对我国环境保护和生态文明建设做出了新部署，提出了新要求。再次强调要统筹推进经济建设、政治建设、文化建设、社会建设、生态文明建设和党的建设。强调，坚持绿色发展，必须坚持节约资源和保护环境的基本国策，坚持可持续发展，坚定走生产发展、生活富裕、生态良好的文明发展道路，加快建设资源节约型、环境友好型社会，形成人与自然和谐发展现代化建设新格局，推进美丽中国建设，为全球生态安全做出新贡献。促进人与自然和谐共生，构建科学合理的城市化格局、农业发展格局、生态安全格局、自然岸线格局，推动建立绿色低碳循环发展产业体系。加快建设主体功能区，发挥主体功能区作为国土空间开发保护基础制度的作用。推动低碳循环发展，建设清洁低碳、安全高效的现代能源体系，实施近零碳排放区示范工程。全面节约和高效利用资源，树立节约集约循环利用的资源观，建立健全用能权、用水权、排污权、碳排放权初始分配制度，推动形成勤俭节约的社会风尚。加大环境治理力度，以提高环境质量为核心，实行最严格的环境保护制度，深入实施大气、水、土壤污染防治行动计划，实行省以下环保机构监测监察执法垂直管理制度。筑牢生态安全屏障，坚持保护优先、自然恢复为主，实施山水林田湖生态保护和修复工程，开展大规模国土绿化行动，完善天然林保护制度，开展蓝色海湾整治行动。

通过上述梳理我们可以清楚地看到，生态文明建设已经成为党和国家所着力推进的重要任务，因为这项任务与加强党的执政能力和全面从严治党紧密相关，与全面建成小康社会密切相关，与建设美丽中国密切相关，与实现中华民族伟大复兴的中国梦密切相关。因此，党和国家关于生态文明建设的顶层设计仍然会不断推进，不断完善。但是，即便从当今来看，我国生态文明建设无论在理论还是实践上都已经取得了很大进展，特别是奠定了非常坚实的且具有鲜明特色的理论基础，体现出了中华民族在处理人与自然关系问题上的智慧和思想创造。

第三节　发展创新

中国共产党在领导全国人民推进生态文明建设的过程中，创造性地阐发了许多新理论、新观念，主要体现在如下几个方面：

一、思路创新

推动生态文明建设是当今世界各国面临的共同问题和共同的选择，但是基于历史传统和现实国情的差异，每个国家在生态文明建设过程中对于本国所应坚持的指导思想和选择的实践路径都会有不同的思考与设计。从我国生态文明建设的顶层设计来看，生态文明建设总体思路主要突出了国家战略、整体布局、要素联动这样三个核心概念。

所谓国家战略即是把生态文明放在国家战略或国策的高度来设计和落实。国家战略是战略体系中最高层次的战略，是为实现国家总目标而制定的，是指导国家各个领域的总方略。把环境保护和生态文明建设放在国家战略的高度首先就是明确了环境保护是一项基本国策。基本国策应是由基本国情决定的某种具有全局性、长期性、战略性意义的问题的系统对策，反映了国家在解决此类问题上的国家意志，具有高层次、长时效、广范围、跨部门等特点。任何一类“基本国策”的制定、实施情况，都会对国家全局的政治稳定、经济发展、社会和谐产生重大、长期的影响。也正是因为如此，决定了“基本国策”在整个国家政策体系中应处于最高层次，它规定、制约和引导着一般的具体政策的制定和实施，并为相关领域的政策协调提供上位性依据，因而也决定了基本国策的相关实施工作需要多个部门同心协力才能保证效果。当然，基本国策的上位性特征并不意味它只是一种笼统的宏观指导原则或政策取向，而是针对在经济发展中容易被忽视的基本问题，它和国家的基本发展理念与时俱进，能更全面地反映国家所需要的发展质量和发展要求。20 世纪 90 年代，国家把环境保护确定为基本国策就是凸显了这项工作对国家发展的重要意义。

所谓整体布局就是指我国在生态文明建设的总体思路设计上不是简单地把生态问题独立出来，仅仅把它看成是一个局部问题，而是充分考虑了生态问题的综合性、整体性以及人与自然关系的复杂性。党的十八大创造性地提出了中国特色社会主义的整体布局是“五位一体”，即要求“把生态文明建设放在突出地位，融入经济建设、政治建设、文化建设、社会建设各方面和全过程”。把生态文明建设提高到“五位一体”的高度来认识，深刻把握了生态文明建设对“五位一体”总体布局的特殊意义和作用机制，对大力推进生态文明建设，努力建设美丽中国，具有十分重要的理论意义和现实意义。“五位一体”的理论创见一方面体现了对马克思主义的创造性发展，另一方面体现在是立足于中国国情的理论创新。从前者来看，“五位一体”体现并发展了马克思、恩格斯关于人与自然关系的基本理论。马克思、恩格斯从唯物史观出发，把人类能够涉及的外部世界，统一在客观的自然物质之中；把人类生活的现实环境即社会，统一在人与自然之间和人与人之间交错运动的辩证关系体系之中。从人类发展史和社会发展史的视角看，人类为了自身的发展始终保持着与自然界之间的物质、能量和信息等方面的变换；同时，为了有效率地实现这种变换，人类也一直在不断地设计和创造更有效率和更加公平的社会组织形式。社会本质上是人类生存、发展和追求幸福的人文环境，正如马克思所说："环境的改变和人的活动是一致的。"尽管在人类发展和社会发展的道路上，充满了劫掠、杀戮、暴力、强权、野蛮、不合理，但这如恩格斯所说，人类还是在这条道路上不畏艰难地为"人同自然的和解以及为人类本身的和解开辟道路"。从后者来看，我国日益严重的资源环境危机要求加快生态文明建设。党的十七大报告指出，我国"经济增长的资源环境代价过大"，党的十八大报告再次警示，我国"资源环境约束加剧"。可以说，一谈到我国现实国情，生态环境和资源能源问题就常常被提及。我国能源资源总量丰富，但人均占有量低，且分布不均衡。我国石油、天然气人均资源量仅为世界平均水平的 1/15 左右，水资源人均占有量仅为世界平均水平的 1/4。我国 70% 多的国土不适宜和较不适宜大规模工业化、城市化的开发利用，土地等稀缺资源的约束也将强化。我国生态环境非常脆弱，全国森林覆盖率 20. 36%，不及世界 30% 的平均水平，沙化土地面积超过国土面积的 1/5，水土流失面积超过国土面积的 1/3，90% 以上的天然草原退化。我国主要污染物排放量巨大，环境污染严重，人民面临的生存环境比较恶劣。因此，解决我国资源环境约束已经到了刻不容缓的阶段。正是在此背景下生态文明建设被提到了十分重要的地位，要"融入经济建设、政治建设、文化建设、社会建设各方面和全过程"。这实质上确立了生态文明在"五位一体"中的基础作用，生态文明就如一条"红线"贯穿于中国特色社会主义道路中，将经济建设、政治建设、文化建设、社会建设紧密联系起来，形成一个有机整体。

所谓要素联动就是要体现全方位来治理环境，多层面来抓环保。第一，要通过经济转型来治理和保护环境。我国经济虽然有了三十多年的快速发展时期，但是积累下来的生态环境问题日益显现，我国已经进入到环境问题高发频发阶段。例如，我国江河水系、地下水污染和饮用水安全问题已经十分严重；经济发达地区的地区重金属、土壤污染也发展到了比较严重的境地；雾霾污染天气不仅出现得越来越频繁，而且已经慢慢席卷到全国各地，等等，这些问题必须引起高度重视。从经济发展的角度来看，我们必须实现十八大确定的到2020年国内生产总值和城乡居民人均收入比2010年翻一番的目标，但是如果是我们继续保持以牺牲环境为代价的粗放式经济增长，那么生态环境只会遭到更加严重的破坏，再高的GDP、再高的收入也不能拯救我们赖以生存的环境。中国改革开放以来经济发展的实践充分证明，脱离环境保护搞经济发展是“竭泽而渔”，离开经济发展抓环境保护是“缘木求鱼”。经济发展决定人们的生活水平，生态环境决定人们的生存条件，二者都不可偏废。生态问题不能用停止经济发展的办法来解决，优先保护环境不是反对经济发展，我们面临的核心问题是要正确处理保护环境与发展经济的关系，在发展中保护好生态环境，同时，再用良好的生态环境保证可持续发展。在当今中国，生态文明建设和环境保护工作与推动产业发展和帮助群众脱贫致富是完全可以紧密结合起来的，“先污染后治理的”的误区是完全可以避免的。当前，推动我国经济转型的关键点就是要把保护生态环境也纳入到保护和提高生产力的范畴中，就是说要更加重视生态环境这一生产力的要素，更加尊重自然生态的发展规律，保护和利用好生态环境，才能更好地发展生产力，在更高的层次上实现人与自然的和谐。要克服把保护生态与发展生产力对立起来的传统思维，下大决心、花大气力改变不合理的产业结构、资源利用方式、能源结构、空间布局、生活方式，更加自觉地推动绿色发展、循环发展、低碳发展，决不以牺牲环境、浪费资源为代价换取一时的经济增长，努力实现经济社会发展与生态环境保护的共赢。

第二，要依靠制度来保障生态文明建设。生态文明建设是一场涉及多领域的革命性变革，实现这样的变革，必须依靠制度和法治。我国生态环境保护中存在的一些突出问题，大都与体制不完善、机制不健全、法治不完备有关。在生态环境保护问题上，必须在制度和体制上明确地宣示，绝不能越雷池一步，否则就必须受到惩罚。在行政管理上和对决策者的政绩考核上要建立起科学的考评体系，因为科学的考核评价体系犹如“指挥棒”，在生态文明制度建设中是最重要的。也应该把资源消耗、环境损害、生态效益等体现生态文明建设状况的指标纳入经济社会发展评价体系，建立体现生态文明要求的目标体系、考核办法和奖惩机制。另外，当前我国由于生态环境问题所引发的群体性事件日益增多。一些群体事件是由于环境污染事故转化成了人民群众对政府政治决策的不满。实际上，政治体制改革可以在生态环境领域取得突破，因为在这一领域的既得利益群体的改革阻力相对而言会比较小，而且这又是目前人民群众重点关注的领域。可以先完善生态环境立法，试行由人民群众广泛参与到生态环境领域的政治决策中，让人民群众对涉及生态环境的政策及项目实行民主决策、民主管理、民主监督，为我国的政治体制改革奠定坚实的群众基础。

第三，要通过文化建设来促进生态文明建设。生态文明是社会主义先进文化的题中之意。十八大报告提出“必须树立尊重自然、顺应自然、保护自然的生态文明理念”，这就是说要构建人与自然和谐的世界观与价值观，这是中国传统文化的精髓，也是我国社会主义核心价值观的重要内涵，社会主义文化建设必须把生态文明的价值理念涵养其中，要通过生态文明建设促进文化产业的发展。人与自然的和谐，不仅为人们享有丰富的物质生活奠定了基础，而且也为人们精神生活的提高提供了肥沃的土壤：动听的歌声、壮美的画卷、优秀的文化创意及丰富的旅游项目等都与良好的自然生态环境息息相关。大自然不仅养育了人的肉体，而且也是人的精神生命的摇篮。换句话来说，没有人与自然和谐的生活环境，也很难孕育出提升人的精神境界的文化产品。事实上，文化领域的疲态与生态危机是有牵连的，因为人的精神问题与生态问题紧密相连。我们可以看到或感觉到，“当代人的许多精神问题，都是随着社会发展同步俱来的，‘精神污染’在这里是个超越了国度、民族、阶级、意识形态的概念，一个生态学的概念”。“如果说已经过去的文明时代的代表是物理学，那么新的文明时代的代表则可能是生态学。生态学与物理学一个很大的差异在于，传统的物理学中并不包含人的因素，人始终是物理学之外的一个观察者、研究者、实验者、操作者，人站在自然和事物的对立面，从自然与事物中榨取对自己有实际用途的东西，通过技术，制造出光怪陆离的商品；通过市场消费，制造出一个人欲横流的商品社会。在物理学中，自然成了人们‘进军’、‘攻克’、‘占领’、‘征服’的对象，人与自然处于严峻的敌对关系之中。尤其悲惨的是，人在与自然对抗的过程中，在看似节节胜利的同时，却输掉了原初意义上的由自然赋予人的神性或灵性。而在日益拓展的生态学研究中，人是生态系统中的一个链环，人与蓝天、白云、山川、河流、森林、草原、飞禽、走兽、昆虫、蚯蚓在存在的意义上，是平等的、息息相关的，如果有所不同，也只是因为人是自然万物中一个发现者、思考者、参与者、协调者、创造者，因此人的责任更为重大，人将通过自身的改进与调节，努力改善与自然万物的关系，从而创造出一个更美好、更和谐、更加富有诗意的世界。”① 因此，推进生态文明建设，保护好生态环境，不仅是全面建设小康社会的基本保障，而且也是完成对人类精神和心灵的救赎。

第四，要使解决民生问题与加快生态文明建设相互促进。建设好生态环境，对于改善社会民生具有重大意义。保护生态环境，关系广大人民群众的根本利益，关系中华民族发展的长远利益，是功在当代、利在千秋的事业。只有深刻意识到生态环境在对国家、对人民发展的深刻意义的前提下，才能切实做出保护环境的行动，才能拥有蓝天、碧水、青山、绿地。如果生态环境破坏了，民生也就无从谈起。随着社会发展和人民生活水平的不断提高，保持较快的经济增长虽然意义仍然十分重大，但是普通大众对干净的水、清新的空气、安全的食品、优美的环境等的要求越来越高，生态环境在社会大众幸福指数中的地位不断凸显，环境问题日益成为重要的民生问题。真可谓：过去“重温饱”，现在“重环保”；过去“求生存”，现在“求生态”。拥有良好的生态环境是实现中国梦的基本内容，人们的衣食住行都与生态环境息息相关。对于党和政府来说，关心环境就是关心民生，就是为老百姓谋利益。

总之，生态文明存在于人类物质创造和精神文化活动中，涉及社会的经济、政治、文化、社会生活的各个领域，只有彼此协调，整体推进，才能够实现人与人和人与自然和谐的统一。

二、理念创新

2011 年 9 月 11 日中共中央政治局会议审议通过了《生态文明体制改革总体方案》（以下简称方案），明确提出了我国生态文明体制改革的理念，这些理念实际上也是我国生态文明建设所必须坚持的基本理念，体现了中华民族在把握和处理人与自然关系、实现人与自然和谐问题上的深刻认识与思想智慧。

1. 树立尊重自然、顺应自然、保护自然的理念

生态文明建设不仅影响经济持续健康发展，也关系政治和社会建设，必须

---

① 鲁枢元. 生态困境与“精神污染”[J]. 书摘，2007（11）.

放在突出地位，融入经济建设、政治建设、文化建设、社会建设各方面和全过程。这一理念旨在阐明，处理好人与自然的关系是生态文明建设的核心问题，而要处理好人与自然的关系问题就必须要尊重自然、顺应自然和保护自然。这一理念的创新之处主要体现在两个方面：其一是，以往我们在对待人与自然关系方面，谈得更多的是保护自然，而很少谈及尊重自然和顺应自然。而实际上，要真正做到保护自然，就必须要尊重自然、顺应自然，即遵循自然规律，如果缺少了这一点，保护自然也就落不到实处，只能成为一句口号了。其二是，生态文明建设就是要处理好人与自然关系，但是人与自然关系并不是孤立的，它受制于多种条件或者说受到多方面因素的影响，因而必须把协调人与自然关系同经济建设、政治建设、文化建设和社会建设联系在一起，才能够取得成效。所以说，在生态文明建设过程中，以突出人与自然关系为由而倡导激进环境主义或激进生态主义的做法是错误的。①

2. 树立发展和保护相统一的理念

坚持发展是硬道理的战略思想，发展必须是绿色发展、循环发展、低碳发展，平衡好发展和保护的关系，按照主体功能定位控制开发强度，调整空间结构，给子孙后代留下天蓝、地绿、水净的美好家园，实现发展与保护的内在统一、相互促进。这一理念主要涵盖了这样几方面内涵：第一，保护环境与追求发展并不是对立的，不能以保护环境为由而停滞发展或追求一种可持续的不发展的节奏，所以在建设生态文明的过程中，必须坚持发展是硬道理的思想。第二，追求发展必须是追求好的发展——绿色发展、循环发展、低碳发展。所谓绿色发展从内涵看，是在传统发展模式基础上的一种创新，它是建立在生态环境容量和资源承载力的约束条件下，将环境保护作为实现可持续发展重要支柱的一种新型发展模式。绿色发展强调要将环境资源作为社会经济发展的内在要素；强调把实现经济、社会和环境的可持续发展作为绿色发展的目标；强调把经济活动过程和结果的“绿色化”、“生态化”作为绿色发展的主要内容和途径。所谓循环发展即是指在经济发展中，实现废物减量化、资源化和无害化，使经济系统和自然生态系统的物质和谐循环，维护自然生态平衡，它是以资源

① 所谓环境激进主义或生态激进主义是指一种否认环境问题的历史、文化和社会根源而孤立、抽象地谈论人与自然关系的理论观念。

的高效利用和循环利用为核心，以“减量化、再利用、资源化”为原则，是对“大量生产、大量消费、大量废弃”的传统增长模式的根本变革。所谓低碳发展是一种以低能耗、低污染、低排放为特征的可持续发展模式，对经济和社会的可持续发展具有重要意义。具体而言，低碳发展是“低碳”与“发展”的有机结合，一方面要降低二氧化碳排放，另一方面要实现经济社会发展。低碳发展并非一味地降低二氧化碳排放，而是要通过新的经济发展模式，在减碳的同时提高效益或竞争力，促进经济社会发展。第三，追求发展要体现和实现“代际公正”。代际公正是指当代人与后代人之间在享有自然资源的权利方面应该是平等的、公正的，即当代人不能为了满足自己的欲求而过度占用自然资源，从而影响到子孙后代对自然资源的利用，影响他们的生活。代际公正是基于这样两个前提条件：其一，任何历史时代的人都要通过与自然界之间的物质变换来维持自身的生存，离开了自然界，人类就失去了存在的基础。其二，自然资源是有限的，不是取之不竭、用之不尽的，但是通过人类的保护行为和合理地建设利用，人与自然之间的物质变换可以进入到一种良性循环的轨道之中，自然界也就可以持续不断地为人类生存发展提供支撑。因此，当代人保护环境，利在自己，功在千秋。

3. 树立绿水青山就是金山银山的理念

清新空气、清洁水源、美丽山川、肥沃土地、生物多样性是人类生存必需的生态环境，坚持发展是第一要务，必须保护森林、草原、河流、湖泊、湿地、海洋等自然生态。这一理念强调的是：第一，自然界自身的存在状况直接影响到其经济价值的实现；第二，自然界自身的存在高于其所产生的经济价值。概括起来就是：有了绿水青山才有金山银山，没有绿水青山就没有金山银山，宁要绿水青山也不要金山银山。人类曾经为了金山银山而破坏绿水青山，因而今天的绿水青山必须依靠人类的保护，保护好了绿水青山，人类不仅可以获得金山银山，而且更重要的是还可以得到维持自身生存发展的良好自然条件。

4. 树立自然价值和自然资本的理念

自然生态是有价值的，保护自然就是增值自然价值和自然资本的过程，就是保护和发展生产力，就应得到合理回报和经济补偿。这一理念提及了两个关键词：自然价值和自然资本。那么应当如何来理解自然价值和自然资本呢？首先关于自然价值。自然是有价值的，这是一个共识性判断。但是自然价值是否就仅仅表现为对人的有用性？这是需要认真辨识的问题。毫无疑问，传统的自然价值观仅仅承认自然对人的有用性。而生态文明视野中的自然价值观除了承认自然对人的经济价值外，更强调它对人的生命养护和精神涵育的重要意义；除了承认自然对人的工具价值外，更加强调自然生态的固有价值或内在价值。很显然，这种自然价值观不是从人出发的，而是从生态系统或生命系统出发的，它倡导的是一种整体的或广义的价值论。这种价值论认为："生态系统有内在价值，人类的价值属于它的组成部分；同时生态系统对于人类是有工具价值的。没有生态系统的支持，人类就不能存在与发展。因此无论从生态中心或人类中心的角度看，生物共同体的完整、稳定和优美是人类与一切生命的共同利益之所在；而生物共同体的不完整、不稳定和丑陋对于包括人类在内的整个生命世界是有害的，是人类与所有生命的共同利益的破坏，对于人来说是恶而不是善。这就是保护环境的伦理基础。保护环境、保护生态系统的完整性是最高的道德命令和终极的价值，这是广义价值论导出的一个最重要的结论。因此，人类对生态系统的完整性负有不可推卸道德的责任。"① 其次，关于自然资本。资本是经济学中的核心概念，在一般意义上它是指具有经济价值的物质财富或生产的社会关系。从企业经营的角度看，资本是企业经营活动的一项基本要素，是企业创建、生存和发展的一个必要条件。企业创建需要具备必要的资本条件，企业生存需要保持一定的资本规模；企业发展需要不断地筹集资本。自然资本是指能从中导出有利于生计的资源流和服务的自然资源存量（如土地和水）和环境服务（如水循环）。自然资本不仅包括为人类所利用的资源，如水资源、矿物、木材等，还包括森林、草原、沼泽等生态系统及生物多样性。传统经济学以自然资源无限供给作为条件。认为自然资本的稀缺性将直接影响一个地区的经济产出，如中国越来越多的沿海地区，由于土地、能源和水资源供应不足，就制约了当地经济的发展。增加自然资源的数量和质量，就会增加社会总产出。在传统的发展模式中，金融资本和自然资本是反向的，金融资本的扩张导致自然资本的收缩。要改变这一现状，把反向的发展变成共耦、同向的，互惠互利的发展，就改变传统发展模式，重视对自然资本的投

① 张华夏．广义价值论［J］．中国社会科学，1998（4）．

资。生态文明建设必须重视自然资本的投资，因为投资自然资本是可持续发展的重要内容，既有促进经济增长的直接作用，又有非经济的作用。其收益有两个方面：一是在经济社会系统的进口（所谓源）的地方，增加自然资本的资源供给能力，包括水、地、能、材等自然资源。二是提高经济社会系统出口（所谓汇）的环境调节功能，以及提高作为人类社会背景的生态支持功能和文化愉悦功能。在现实生活中，人们也可以感觉到，自然资本的存量越大，经济的安全系数、发展前景就越大。质言之，生态文明视野中对自然价值的新诠释和对投资自然资本的重视即是强调，必须充分重视自然生态的“自在性”或“自为性”。自在性是指自然生态的本然状态。重视自然生态的自在性就是要尊重和保护它的自身的存在样态，尽量减少人为因素的侵扰，不从人的主观愿望出发来硬性地塑造自然。自为性是指自然生态系统自身运动发展的节奏和规律。重视自然生态的自为性就是要尊重自然规律，按照自然规律行事。只有重视自然生态的自在性和自为性，它才能够更好地、更长久地给人补偿和回报，更加充分地体现出自然生态的“为人性”。

5. 树立空间均衡的理念

把握人口、经济、资源环境的平衡点，推动发展，人口规模、产业结构、增长速度不能超出当地水土资源承载能力和环境容量。这一理念所针对的现实问题是，我国国土空间不均衡这一现象十分突出。广袤国土上的地理条件差异巨大，资源分布极不均衡。这种空间状况决定了不同地区、地点的生产集中度、人口集中度，从而很大程度上决定着资源开发的强度、广度和环境保护的好坏。早在 1935 年地理学家胡焕庸就提出了划分中国人口密度的对比线，这条线从黑龙江省瑷珲到云南省腾冲，大致为倾斜 45 度基本直线，后来被称为“胡焕庸线”。沿着“胡焕庸线”可以轻易观察到，我国的城市、耕地、工厂大部分集中在东部、中部，但水资源主要在南部和西南部。这意味着我国西部因多山地、缺水，农业发展、工业与城市化进程均受到极大限制。我国矿产、能源和森林资源大部分分布在缺水、多山、多丘的西南、西北和东北地区。自然条件的这种空间分布，很大程度上决定了我国人口流动和物流的方向，这也是历史上我国华北、江南长期作为文明中心的物质基础。而且这种空间不均衡现象在我国长期延续着。改革开放后，我国出现了空前的人口大迁徙和物流大移动，这在某种程度上也是资源环境约束强化的最主要原因，甚至是最实质因素。但是长期以来，我国的核心规划是经济社会发展规划，之后虽然陆续产生了土地规划、城市规划、产业规划、环保规划、能源规划等，但是迄今为止并未出现过一部关于国土空间综合开发的规划。忽视国土空间均衡，以及国土综合开发规划的缺位已经造成了很多全局性问题，除人口流动、物流相对无序、过密或过疏外，还有一些更令人担忧的问题，如食品安全问题。食品安全与耕地的关系常被人所忽略，而实际上它与耕地的多寡优劣是有直接关系的。据估计，我国19亿亩耕地的红线已经被突破。这在很大程度上就是由于无规划或规划不严的工业开发、城市开发尤其是超大规模基建和房地产建设，对耕地特别是优良耕地造成了大规模侵蚀、浪费性开发，导致我国耕地面积在不断缩小。但是，迄今为止我国还没有制定出全国性的耕地开拓规划，也没有从耕地、农业、城市、工业的角度来考虑全国范围的水利大调整。而为了给数量巨大的人口提供粮食而且不断提升人们的生活水平，我国在耕地多年来没有扩大反而缩小的前提下，在这些耕地将近一半分布于缺水的北方的大背景下，为了追求粮食高产而不得不大量使用化肥、农药。同样，为满足国民不断增加的对牛、羊等优质肉类的消费，很多地区也争相将山地、耕地转化为草地、牧场，也对草地、牧场大量施用化肥、农药，必然导致的后果就是粮食、蔬菜、水果、肉类及牛奶安全问题日益突出。如城市病问题。随着我国城市化进程的增速，现在北京、上海、广州、深圳等大城市人口居高不下，城市居民承受着越来越严重的城市拥堵、入学难、就医难及雾霾、高房价等诸多困扰。面对这些问题，许多人都认为造成这些问题的主要原因是由于大都市规划落后、公交不发达、土地财政和农业投入不足、城乡二元户口等问题的存在。但实际上还有更为重要的原因被忽视，这就是缺少一个统筹全国、指导中长期人口流动、物流相对合理配置的综合开发规划。此外，一些地方还存在无序开发、重复建设等问题，其深层次原因是国土综合开发规划的缺位，以及保障这一规划实现的国民财政支出均等化等制度的不健全和不完善。这些都是我国忽视空间均衡发展、缺少国土空间综合开发规划而导致的诸多基础性问题。因而，虽然我国已经是世界第二大经济体，但中国经济奇迹的背后是付出了巨大代价。发展中不平衡、不协调、不可持续的问题突出，尤其是资源环境约束强化已经成为我国新国情的表征。所以在空间不均衡已经对我国发展形成严重制约的条件下，如果不能有效处置，将会对资源环境和可持续发展造成更长期影响。我国独特的空间基础，将深刻影响国家的发展，影响相关战略、模式、体制的选择与实施。不全面关注和留意空间基础，不精心、科学、合理规划我国的空间开发与治理，必将对国家的发展尤其是资源与环境的可持续发展产生极大的负面作用。

6. 树立山水林田湖是一个生命共同体的理念

按照生态系统的整体性、系统性及其内在规律，统筹考虑自然生态各要素、山上山下、地上地下、陆地海洋以及流域上下游，进行整体保护、系统修复、综合治理，增强生态系统循环能力，维护生态平衡。这一理念强调的是，人类必须用系统思维和整体思维的眼光来看待自然界，即把人类所栖居的自然家园看成是一个各种要素密切相关、彼此依赖、相互联动的生命共同体。要尊重自然界自我运行的规律和法则，不能按照人的主观好恶来处置自然，不能以静态的、孤立或分散的眼光来看待自然界。在保护自然的问题上，切忌“头疼医头、脚疼医脚”的做法，而必须整体观照、系统修复和综合治理，从总体上来提升自然生态的功能。特别是要求人类为了满足自己的生存发展需要不能超出生态系统所能够承受的阈限，要在尊重生态规律、不破坏自然生态系统可持续性的前提下来组织安排人类的各种活动，并且要努力通过人自身的实践活动来修复破损的自然，真正实现自然生态良好和人们生活良好并存的格局。

总体来看，这六大理念充分强调了自然生态的自足性、整体性、系统性和内在价值意义，要求人类要在尊重自然生态规律的前提下来追求发展和繁荣，最终实现人与自然的和谐共生。

三、制度创新

生态文明建设需要制度保障，而制度创新是实现制度保障的前提条件。党的十八大报告明确提出：“要加强生态文明制度建设。要把资源消耗、环境损害、生态效益纳入经济社会发展评价体系，建立体现生态文明要求的目标体系、考核办法、奖惩机制。建立国土空间开发保护制度，完善最严格的耕地保护制度、水资源管理制度、环境保护制度。深化资源性产品价格和税费改革，建立反映市场供求和资源稀缺程度、体现生态价值和代际补偿的资源有偿使用制度和生态补偿制度。加强环境监管，健全生态环境保护责任追究制度和环境损害赔偿制度。加强生态文明宣传教育，增强全民节约意识、环保意识、生态意识，形成合理消费的社会风尚，营造爱护生态环境的良好风气。”中共中央、国务院印发的《生态文明体制改革总体方案》进一步明确了我国生态文明建设的制度设计目标，即“到 2020 年，构建起由自然资源资产产权制度、国土空间开发保护制度、空间规划体系、资源总量管理和全面节约制度、资源有偿使用和生态补偿制度、环境治理体系、环境治理和生态保护市场体系、生态文明绩效评价考核和责任追究制度等八项制度构成的产权清晰、多元参与、激励约束并重、系统完整的生态文明制度体系，推进生态文明领域国家治理体系和治理能力现代化，努力走向社会主义生态文明新时代”。我国生态文明制度体系的建立是基于我国现实国情的创造创新之举，对于推动我国生态文明建设具有重要的理论和实践意义。

生态文明制度体系设计的具体内容主要包括：

（1）构建归属清晰、权责明确、监管有效的自然资源资产产权制度，就是要着力解决自然资源所有者不到位、所有权边界模糊等问题。具体来说主要在这样几个具体层面来落实：其一是建立统一的确权登记系统。坚持资源公有、物权法定，清晰界定全部国土空间各类自然资源资产的产权主体。对水流、森林、山岭、草原、荒地、滩涂等所有自然生态空间统一进行确权登记，逐步划清全民所有和集体所有之间的边界，划清全民所有、不同层级政府行使所有权的边界，划清不同集体所有者的边界。推进确权登记法治化。其二是健全国家自然资源资产管理体制。按照所有者和监管者分开和一件事情由一个部门负责的原则，整合分散的全民所有自然资源资产所有者职责，组建对全民所有的矿藏、水流、森林、山岭、草原、荒地、海域、滩涂等各类自然资源统一行使所有权的机构，负责全民所有自然资源的出让等。其三是探索建立分级行使所有权的体制。对全民所有的自然资源资产，按照不同资源种类和在生态、经济、国防等方面的重要程度，研究实行中央和地方政府分级代理行使所有权职责的体制，实现效率和公平相统一。分清全民所有中央政府直接行使所有权、全民所有地方政府行使所有权的资源清单和空间范围。中央政府主要对石油天然气、贵重稀有矿产资源、重点国有林区、大江大河大湖和跨境河流、生态功能重要的湿地草原、海域滩涂、珍稀野生动植物种和部分国家公园等直接行使所有权。其四是开展水流和湿地产权确权试点。探索建立水权制度，开展水域、岸线等水生态空间确权试点，遵循水生态系统性、整体性原则，分清水资源所有权、使用权及使用量。明确了在甘肃、宁夏等地开展湿地产权确权试点。

（2）构建以空间规划为基础、以用途管制为主要手段的国土空间开发保护制度，着力解决因无序开发、过度开发、分散开发导致的优质耕地和生态空间占用过多、生态破坏、环境污染等问题。具体体现在：①完善主体功能区制度。统筹国家和省级主体功能区规划，健全基于主体功能区的区域政策，根据城市化地区、农产品主产区、重点生态功能区的不同定位，加快调整完善财政、产业、投资、人口流动、建设用地、资源开发、环境保护等政策。②健全国土空间用途管制制度。简化自上而下的用地指标控制体系，调整按行政区和用地基数分配指标的做法。将开发强度指标分解到各县级行政区，作为约束性指标，控制建设用地总量。将用途管制扩大到所有自然生态空间，划定并严守生态红线，严禁任意改变用途，防止不合理开发建设活动对生态红线的破坏。完善覆盖全部国土空间的监测系统，动态监测国土空间变化。③建立国家公园体制。加强对重要生态系统的保护和永续利用，改革各部门分头设置自然保护区、风景名胜区、文化自然遗产、地质公园、森林公园等的体制，对上述保护地进行功能重组，合理界定国家公园范围。国家公园实行更严格保护，除不损害生态系统的原住民生活生产设施改造和自然观光科研教育旅游外，禁止其他开发建设，保护自然生态和自然文化遗产原真性、完整性。加强对国家公园试点的指导，在试点基础上研究制定建立国家公园体制总体方案。构建保护珍稀野生动植物的长效机制。④完善自然资源监管体制。将分散在各部门的有关用途管制职责，逐步统一到一个部门，统一行使所有国土空间的用途管制职责。

（3）构建以空间治理和空间结构优化为主要内容，全国统一、相互衔接、分级管理的空间规划体系，着力解决空间性规划重叠冲突、部门职责交叉重复、地方规划朝令夕改等问题。具体包括：①编制空间规划。整合目前各部门分头编制的各类空间性规划，编制统一的空间规划，实现规划全覆盖。②推进市县“多规合一”。支持市县推进“多规合一”，统一编制市县空间规划，逐步形成一个市县一个规划、一张蓝图。市县空间规划要统一土地分类标准，根据主体功能定位和省级空间规划要求，划定生产空间、生活空间、生态空间，明确城镇建设区、工业区、农村居民点等的开发边界，以及耕地、林地、草原、河流、湖泊、湿地等的保护边界，加强对城市地下空间的统筹规划。③创新市县空间规划编制方法。探索规范化的市县空间规划编制程序，扩大社会参与，增强规划的科学性和透明度。

（4）构建覆盖全面、科学规范、管理严格的资源总量管理和全面节约制度，着力解决资源使用浪费严重、利用效率不高等问题。具体包括以下十个方面的内容：①完善最严格的耕地保护制度和土地节约集约利用制度。②完善最严格的水资源管理制度。③建立能源消费总量管理和节约制度。④建立天然林保护制度。⑤建立草原保护制度。⑥建立湿地保护制度。⑦建立沙化土地封禁保护制度。⑧健全海洋资源开发保护制度。⑨健全矿产资源开发利用管理制度。⑩完善资源循环利用制度。

（5）构建反映市场供求和资源稀缺程度、体现自然价值和代际补偿的资源有偿使用和生态补偿制度，着力解决自然资源及其产品价格偏低、生产开发成本低于社会成本、保护生态得不到合理回报等问题。具体包括：①加快自然资源及其产品价格改革。②完善土地有偿使用制度。③完善矿产资源有偿使用制度。④完善海域海岛有偿使用制度。⑤加快资源环境税费改革。⑥完善生态补偿机制。⑦完善生态保护修复资金使用机制。⑧建立耕地、草原、河湖休养生息制度。

6. 构建以改善环境质量为导向，监管统一、执法严明、多方参与的环境治理体系，着力解决污染防治能力弱、监管职能交叉、权责不一致、违法成本过低等问题。主要包括：①完善污染物排放许可制。尽快在全国范围建立统一公平、覆盖所有固定污染源的企业排放许可制，依法核发排污许可证，排污者必须持证排污，禁止无证排污或不按许可证规定排污。②建立污染防治区域联动机制。完善京津冀、长三角、珠三角等重点区域大气污染防治联防联控协作机制，其他地方要结合地理特征、污染程度、城市空间分布以及污染物输送规律，建立区域协作机制。③建立农村环境治理体制机制。建立以绿色生态为导向的农业补贴制度，加快制定和完善相关技术标准和规范。④健全环境信息公开制度。全面推进大气和水等环境信息公开、排污单位环境信息公开、监管部门环境信息公开，健全建设项目环境影响评价信息公开机制。⑤严格实行生态环境损害赔偿制度。强化生产者环境保护法律责任，大幅度提高违法成本。⑥完善环境保护管理制度。建立和完善严格监管所有污染物排放的环境保护管理制度，将分散在各部门的环境保护职责调整到一个部门，逐步实行城乡环境保护工作由一个部门进行统一监管和行政执法的体制。

（7）构建更多运用经济杠杆进行环境治理和生态保护的市场体系，着力解决市场主体和市场体系发育滞后、社会参与度不高等问题。①培育环境治理和生态保护市场主体。采取鼓励发展节能环保产业的体制机制和政策措施。②推行用能权和碳排放权交易制度。③推行排污权交易制度。在企业排污总量控制制度基础上，尽快完善初始排污权核定，扩大涵盖的污染物覆盖面。④推行水权交易制度。结合水生态补偿机制的建立健全，合理界定和分配水权，探索地区间、流域间、流域上下游、行业间、用水户间等水权交易方式。⑤建立绿色金融体系。推广绿色信贷，研究采取财政贴息等方式加大扶持力度，鼓励各类金融机构加大绿色信贷的发放力度，明确贷款人的尽职免责要求和环境保护法律责任。⑥建立统一的绿色产品体系。将目前分头设立的环保、节能、节水、循环、低碳、再生、有机等产品统一整合为绿色产品，建立统一的绿色产品标准、认证、标识等体系。完善对绿色产品研发生产、运输配送、购买使用的财税金融支持和政府采购等政策。

（8）构建充分反映资源消耗、环境损害和生态效益的生态文明绩效评价考核和责任追究制度，着力解决发展绩效评价不全面、责任落实不到位、损害责任追究缺失等问题。包括：①建立生态文明目标体系。研究制定可操作、可视化的绿色发展指标体系。②建立资源环境承载能力监测预警机制。③探索编制自然资源资产负债表。④对领导干部实行自然资源资产离任审计。⑤建立生态环境损害责任终身追究制。

综上列举可以看出，我国生态文明制度体系设计主要体现出了这样几个明显的特色：第一，理论与实践相结合。首先，作为一种制度体系，它有鲜明的理论特征和思想基础，体现出了内容、结构的全面性和严谨性，内容上点面结合，结构上层次清晰；其次，这种制度体系设计从根本上说又不是单纯追求理论的圆满和逻辑上的自洽，而是以解决实际问题和产生实践效度为目的。因而，这一制度体系始终立足于我国现实国情，始终针对我国生态文明建设过程中所面临的主要矛盾和问题，并把个案凸现出来作为试点，力求把我国生态文明建设落到实处。第二，宏观与微观相结合。整个制度体系的设计充分考虑了我国生态文明建设的总体要求和整体目标，而且立足长远，注意制度本身的稳定性和长远性，同时也充分考虑了我国生态文明建设在区域上所存在的具体差异性，把具有典型意义的问题以特别关注的方式来具体应对，这也在很大程度上避免了制度落实过程中的形式主义。第三，科学技术与人文精神相结合。生态文明建设虽然涵盖层面非常广泛，但是工作非常具体，因而必须以求实的态度来对待，以实证的方法来应对。特别是要重视科学技术在生态文明建设过程中的重要作用，因为按照客观规律办事，是生态文明建设的基本要求。我国生态文明制度体系设计就非常明显地体现了这一点，科学技术要素渗透在整个制度体系的方方面面。同时，生态文明建设的价值圭臬是人的发展和人的幸福，因而重视自然生态价值，敬畏生命共同体的存在，唤起人对大自然神圣的责任感和义务感，也是生态文明建设必须体现出的价值追求，透过整个制度体系的设计也能够感受到这种浓烈的人文精神的弥散。

通过回顾我国生态文明建设的历史过程，分析我国生态文明建设的顶层设计以及党和国家在集中全国人民智慧的前提下的创造创新性成果，可以明确，中国特色的生态文明建设应该体现出这样几方面特色：

第一，积极吸收和借鉴国外已有的经验成果。建设生态文明或者走生态文明的道路是每一个国家和民族都必须承担的责任和使命，但是中国是在经济全球化的背景下进行生态文明建设，因而中国的生态文明建设决不能走封闭发展、建设的道路。当今，在经济全球化的深入发展、科技革命加速推进的条件下，全球和区域合作方兴未艾，国与国之间相互依存日益密切。所以，中国的生态文明建设必须积极吸纳和借鉴国外的先进经验和成果，并且要充分利用国际平台调整产业结构、转变经济增长方式和消费模式，降低污染物排放，提高生态环境质量，全面踏实地完成生态文明建设的普遍性要求。

第二，立足于中国的现实国情。除了按照生态文明建设的一般要求进行之外，中国特色的生态文明建设必须是符合中国国情的。我国仍处于并将长期处于社会主义初级阶段，这就是对我国现实国情的集中概括。这表明，尽管新中国成立特别是改革开放以来，我国取得了举世瞩目的成就，但是基本国情并没有改变，人民日益增长的物质文化需要同落后的社会生产力之间的矛盾这一社会主要矛盾没有变，人口多、底子薄、城乡区域发展不平衡、生产力不发达的状况仍然是我国最大的实际，我国在发展中所遇到的问题，无论是规模还是复杂性都是世所罕见的。所以，在这样的现实条件下进行生态文明建设就必须考量人民的生存问题、发展问题、富裕问题、尊严问题，即坚持生产发展、生活富裕、生态良好的文明发展道路。任何照搬国外的模式，抛开具体国情的浪漫的想法在实践中都只会结出苦果。

第三，充分发挥制度优势。发挥制度优势就是发挥社会主义制度在组织管理生态文明建设中的优势地位和作用。当今世界各国都在推动工业文明的转型，着力推进生态文明建设，但是在不同的社会制度下的生态文明建设所走的道路是有根本区别的。马克思主义的创始人虽然没有明确地提出生态文明建设的问题，但是他们明确指出，对自然的压榨和对人的统治在私有制条件下是无法从根本上消除的，社会主义代替资本主义不仅要彻底消灭人与人之间的对立，而且也要消除人与自然之间的对立，这就像恩格斯所指出的："人们会重新感觉到，而且也认识到自身和自然界的一致，而那种把精神和物质、人类和自然、灵魂和肉体对立起来的荒谬的、反自然的观点，也就愈不可能存在了。但是要实行这种调节，单是依靠认识是不够的。这还需要对我们现有的生产方式，以及和这种生产方式连在一起的我们今天的整个社会制度实行完全的变革。"在生态文明建设过程中发挥社会主义制度的优势实际上主要是体现在这样几个方面：（1）凝聚全社会的力量共同致力于生态文明建设。社会主义制度作为一种政治制度是要履行其政治统治的职能的，而"政治统治到处是以执行某种社会管理职能为基础的，而且政治统治只有在它执行了它的这种社会管理职能的时候才能维持下去"。① 社会主义制度条件下的社会管理要达到的目的是："社会化的人，联合起来的生产者，将合理地调节他们和自然之间的物质变换，把它置于他们的共同控制之下，而不让它作为一种盲目的力量来统治自己；靠消耗最小的力量，在最无愧于和最适合于他们的人类本性的条件下来进行这种物质变换。"② 也就是说，在生态文明建设过程中，充分发挥社会主义制度的优势就能够使生态文明建设获得最广大人民群众的参与和支持。

（2）生态文明建设的成果由全体人民共享。生态文明建设不仅要调动人民群众共同参与，充分发挥他们的主体作用，而且生态文明建设所取得的成果也要回到人民群众身上，为他们所共享，这也是社会主义制度优越性的体现。环境保护或生态文明建设在西方一些国家已经进行了若干年，但是由于带有明

---

① 马克思恩格斯选集：第 3 卷［M］．北京：人民出版社，1995：252.
② 马克思恩格斯全集：第 46 卷［M］．北京：人民出版社，1979：169.

显的“中产阶级情调”或浪漫主义色彩而使得生态正义问题凸显。也就是说，他们的生态文明建设在很大程度上是为了满足社会富裕阶层的生活需要，而社会中产阶级以下的成员却常常要承担由此而带来的生态负担。充分发挥社会主义制度的优势就会避免这种现象，使得中国的生态文明建设之路成为一条真正引导全体人民走向幸福生活的康庄大道。

（3）生态文明建设不能采取转嫁生态危机的手段。西方国家在发展工业化的过程中走的是一条先污染后治理的道路，而且这种后治理的方式在很大程度上采取的是转嫁生态危机的做法，即把能耗高、污染严重的企业迁到发展中国家，或者干脆把有害废物运输到发展中国家处理，这种生态殖民主义是资本主义制度的必然产物。在坚持社会主义制度的前提下进行生态文明建设，决定了我们绝不可能采取生态殖民主义的手段来转嫁危机，而只能通过自己的努力，通过制度的规范约束，努力走出一条将生态化与现代化统一起来的发展之路。

第四，坚持马克思主义的指导地位。马克思主义是中国现代化建设的指导思想，也必然是建设社会主义生态文明的指导思想。这里所特别强调的是，在生态文明建设的问题上坚持马克思主义的指导思想就是要遵循马克思主义的自然观来处理人与自然关系的问题。

人与自然关系的问题是人类社会的永恒问题，长期以来对于这一问题也形成了各种不同的观点。近年来，西方的激进环境主义自然观发展传播很快，也在我国理论界产生了一定的影响。激进的环境主义自然观以反对人类中心主义为逻辑起点，强调自然的现在性、自组织性或自为性，主张自然价值的独立性、非工具性和自我目的指向性。激进的环境主义自然观在实践上主张依靠自然界自身来修复已经破损了的人与自然的关系，尽量减少人的、社会的、文化的、技术的等因素对自然界的干预，提出了体现“自然中心”、“生命中心”和“生态中心”的各种口号。其激进色彩的确产生了一定的影响。

实际上，激进的环境主义仍然是一定社会条件下的产物，先发的工业化优势、人少地多的客观实际、自由主义的文化传统、生态殖民主义的行径等都成为了激进的环境主义形成的酵素。而从理论的实质上看，激进的环境主义所坚持的就是马克思主义所反对的抽象的自然观。

马克思和恩格斯所批判反对的抽象的自然观主要有三种表现方式：一是强调自然界的自我运动，排除任何目的对自然的干预；二是把自然和历史对立起来，满足于撇开社会历史条件，泛泛地谈论自然，从而使自然抽象化、虚假化和虚无化；三是把自然科学与人类的社会生活割裂开来，从而最终导致自然科学与人的科学的对立。① 用抽象的自然观来看待历史的发展和文明的进步，不仅会忽视自然因素的重要意义，而且也必然会消解人的实践意义，从而挖掉历史和文明大厦的根基。

因此，马克思主义历史观的核心就是强调自然的历史和历史的自然的统一，即决不能完全离开人的目的性、人的实践、人的社会关系、具体的社会历史条件来看待自然界以及人和自然的关系。

用马克思主义自然观指导中国的生态文明建设既是对人类文明发展规律的肯定和尊重，也是对中国的国情的客观把握。同时，中国的生态文明建设与物质文明、精神文明、政治文明建设联动推进，人与自然和谐相处的实现与民主法治、公平正义、诚信友爱、充满活力、安定有序的实现之间的密切关联，生产发展、生活富裕、生态良好目标的统一，等等，都是坚持马克思主义自然观指导中国生态文明建设的生动体现。

第五，承接优良文化传统。继承和发扬优良文化传统是形成民族特色不可替代的重要维度，中国特色的生态文明发展道路应当充分吸取传统文化的精华，从而使得中国的生态文明建设获得更加深厚和广泛的人文支持。中国作为农耕文明的一个中心，中华民族在与自然界打交道的过程中，形成了独特的生态智慧，体现出了中华民族独特的生命意识和人生觉解。中华文明绵延流长，虽然在走向工业化的过程中失去了先发优势，但是并没有失去可持续发展的基础，这也体现在人与自然的和谐关系没有遭到完全的瓦解，而这与中国传统文化的润泽是分不开的。中国传统文化中不仅有诸多的协调人与自然关系的行为规范和管理制度，如“时禁”、“节欲”等，而且更重要的是有着丰富的精神积淀，这些精神就像“胎记”一样，在一代代人身上都有遗传，难以磨蚀。如“天人合一”、“民胞物与”的境界，宇宙论与人生论的统一等都是有着重要现实意义的文化因子，它们既可以通过生态文明建设体现出来，也可以作为生态文明建设可资利用借鉴的重要文化资源。

---

① 俞吾金．重新理解马克思：对马克思哲学的基础理论和当代意义的反思［M］．北京：北京师范大学出版社，2005：116－126.

第6章

中国生态文明建设的主要抓手

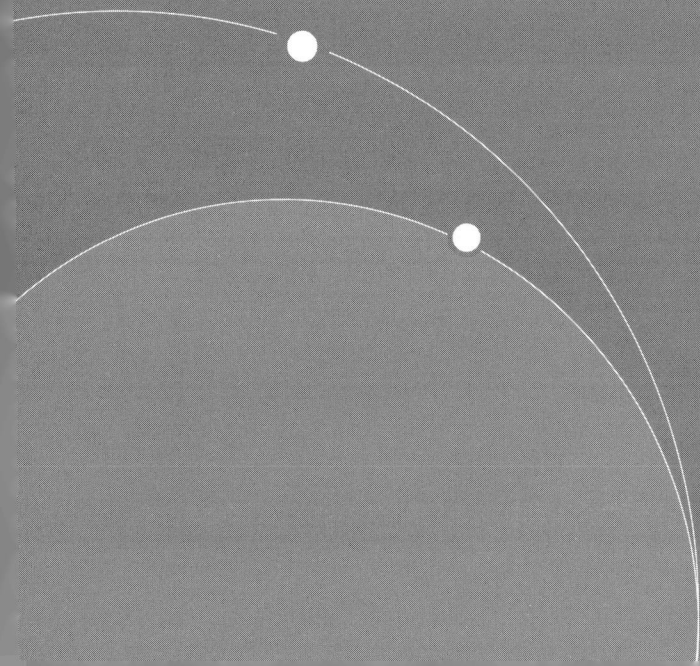

中国生态文明建设既是理论的，又是实践的。在生态文明的理论建设方面，中国共产党凝聚整个民族的智慧，创造性地阐发了生态文明建设的目标、战略和制度设计等一系列重大问题。在生态文明的实践方面也正在进行积极的探索。我们认为，中国生态文明建设在实践方面应该立足国情，抓住主要矛盾，整体推进，力争实效。

第一节　推进思维方式的生态化转向①

在中国生态文明建设的实践进程中，首先是需要改变作为指导我们行为的思维方式，因为只有从思想层面上真正地按照生态文明的价值指向思考，方可促使行动不会偏离预定的轨道。

一、生态化思维方式的基本原理和特征

人类思维方式是多种多样的，实际上也没有某种固有的或固定的思维方式，因而所谓生态化的思维方式即是对体现以下原理的思维向度的抽象概括。

1. 多样性原理

多样性源自生物多样性，所以，它首先是一个生态学概念。在生态学中，

---

① 关于思维方式及其生态化转向部分，参阅的主要文献有：刘湘溶的《生态化思维及其基本原理》，《江苏社会科学》2009 年第 4 期；刘湘溶、罗常军的《思维方式生态化及其现实价值》，《湖湘论坛》2010 年第 3 期；舒远招的《何谓思维方式生态化？——对思维方式生态化含义的具体理解》，《湖湘论坛》2010 年第 3 期；刘湘溶、张润泽的《略论思维方式生态化转向的四个维度》，《当代世界与社会主义》2011 年第 3 期；刘湘溶等的《我国生态文明发展战略研究》，人民出版社 2013 年版，第二章。

生物多样性有三层内涵：遗传多样性，指每个物种都包括许多亚种、变种、品种和品系，它们的遗传特性不同；物种多样性，指地球上的生物，包括动物、植物和微生物的丰富程度；生态系统的多样性，指生物与其所栖环境相互作用所形成的复合体千姿百态、千差万别。这种多样性的关系状态真实地昭示着自然界各种生物相互之间的关系状态，因此，作为思维方式生态化主体的人类必然随之遵循思维对象客观的多样性规律与现状，而不可以将其单一化或者线性化。

生态学视野下的多样性原理与规律并不只是单单在自然界具有重要的作用，同时，在建设生态文明社会的进程中，同样不可忽视。它所揭示的平衡、依存、协同、自我调节和控制等规律与原理对于处理人与自然生态环境之间的关系具有重要的指导意义。促使人类社会在做出社会生产重大决策之际，必须考虑决策的影响及其价值取向，是重当前利益，还是需要顾及当前利益与长远利益的平衡和协调，是强调人与自然协同发展，还是以牺牲自然环境为代价，是只考虑当代人的利益，还是既考虑当代人的利益，也考虑后代人的发展潜能与基础。

2. 非线性原理

非线性是相对于线性而言的数学概念，二者是用来区分不同的数学变量之间不同性质关系的。线性是变量与变量之间的正比例关系，在平面上表现为一条直线，非线性则是表示在变量之间没有正比例关系，它在平面上表现为曲线。线性满足加和性原理，即部分之和等于整体；非线性则不满足加和性原理。

在系统科学的视野之下，主张采取非线性的观点来看待和处理问题，而非线性的思路。在思维方式生态化的视角之中，自然生态环境是一个复杂的、相互作用和相互依存的系统，也就是说，它是一种非线性的存在，各个子系统都处于一种非线性的相互作用之中，它们并不满足加和性原理，所以，当一个新的子系统形成之时，便会涌现出新的特色，而不必囿于整体系统之桎梏，此其一。其二，生态化的思维方式并不是单一和固定的，而是处于弹性和循环之中，因此，在这样的思维逻辑之下，并不满足于单一生产活动的最优化或单项需求的满足为最终目的，而是追求人与自然生态环境的终极和谐，而这是一个没有完成状态的过程，因此，必须重视事物发展进程中的不确定性、随机性和非线性变化。所以，从非线性的角度来看待人类社会自身的发展历程，不仅可以深刻地认识到生态文明社会出现的历史背景，而且可以为生态文明的内涵与外延之描述得出更加全面的内容。

3. 生态优先原理

生态优先是相对于工业文明所崇尚的经济优先而言的。在以追求经济利益为要旨的工业文明社会之中，经济优先成为了自然而然的思维逻辑。但是，经济优先的发展逻辑所带来的自然资源枯竭以及各种生态危机给经济发展的可持续发展敲响了警钟，为自然生态环境支撑经济发展的基础与容量亮起了红灯，使得人类社会对自我扩张能力产生了一种自恋，甚至是狂妄的心态，从而失去了对自然的敬畏。由此，各种以经济优先发展为中心的举措便产生了极其严重的后果，自然生态承载能力下降，自然环境恶化，自然资源枯竭，等等。

生态优先原理追求和强调的是人类经济活动的生态合理性优先于经济和技术的合理性。它蕴含着三个基本内容：生态规律优先、生态资本优先与生态效益优先。其核心是构建生态优先型经济发展模式，即生态资本保值增值为基础的绿色经济，追求包括生态、经济和社会三大效益在内的绿色效益最大化，也即绿色经济效益的最大化。思维方式的生态化贯彻了生态优先原理，体现了生态规律、生态资本与生态效益的优先性。第一，依据生态化的思维方式而言，生态规律具有优先于经济社会发展规律的基础性和前提性意义与地位；第二，生态资本是其他社会生产资本的必要性基础，具有不可替代的地位，失去了生态资本的增值和保值，那么，其他的社会资本，如物质资本、人力资本、知识资本等将失去必要的支撑；第三，生态效益是社会发展的终极性目标，也是经济发展的必要性内涵，如舍弃生态效益而追求经济效益，那么，经济效益的追求将失去其正当性，所以，生态效益是社会发展进程中其他效益的必要内涵，甚至是其他效益的规定性内核。

4. 边缘效应原理

从生态学的角度而言，自然界中的生态系统存在着这样一种客观的现象，即两种或两种以上不同生态系统的交界地带与同一生态系统内部的情形比较，一般来说生物群落的结构更为复杂，物种、种群的密度变化大且更为活跃，种群间的竞争激烈，种群的生存力和繁殖力相对要高。这种现象我们一般将它称之为“边缘优势效应”。

边缘优势效应非但在自然界存在，在社会生活领域亦如此。人类文明就是从沿河、沿湖、沿海等水陆生态的交界、邻接和镶嵌地带产生、繁衍和昌盛起来的。当今世界各国文明的精华大都分布在这一类边缘地带。有学者认为，以往人类文明的演变与发展，实际上就是人类开拓、利用、占领、扩大和调控各种边缘地带，自发借助边缘优势效应的过程。

任何一种生态系统都只能在适当的环境状态下存在，只有对环境开放，也就是说只有和环境不断进行物质、能量和信息交换的系统，才具有生命力。生态系统一旦失去和环境交换物质、能量和信息的能力必然死寂。现代生态学的重要任务之一就在于揭示特定生态系统与环境进行物质、能量和信息交换的机制，揭示物质、能量和信息在特定系统内分配、流动的规律。这里要注意两点：其一，开放与否事关系统的生死存亡，不同的生态系统彼此亦互为环境，亦应彼此开放，上面所讲的边缘优势效应说到底是生态系统彼此开放中出现的“近水楼台”效应；其二，开放要有机制，机制一旦丧失，开放便不复存在。例如，地球是一个开放系统，一个对太阳开放的系统，而植物则是其对太阳开放的重要机制，植物是自养型生命形式，植物的叶绿素能通过光合作用固定太阳能，把从外界吸收的水、二氧化碳和无机盐等造成碳水化合物，用以构建自身，也供养了整个生命世界。地球一旦失去植物，它就会从对太阳的开放走向封闭。

从上述原理分析考量中可以看到，生态化思维方式并不是思维方式本身的一种自发的或自然的运动，而是由能动的思维主体依照人与自然和谐统一的有机的、整体性的生态理念所展开的自觉的历史运动。① 所以，“思维方式的生态化”特征必然与当下正在如火如荼进行的生态文明社会建设进程相适应。正是在这一意义层面上，我们认为“思维方式的生态化”具有如下基本特征：

1. 思维结构的整体性

“思维方式的生态化”的思维结构之整体性主要是源于其思维对象的整体性，即自然生态环境的整体性，此种整体性主要体现在“自然生态环境的整

---

① 舒远招．何谓思维方式生态化？——对思维方式生态化含义的具体理解［J］．湖湘论坛，2010（3）．

体结构、功能与运动规律”三大方面。尤其是人类作为自然之子，其与自然生态环境的关系同样具有整体性。因为自人类出现在自然生态环境之中，自然便不再是一个单纯而纯粹的自然，而是成为了一个人化了的自然。所以，“思维方式的生态化”之思维结构的整体性不单单只是注重生态环境的整体性以及人与自然生态环境的整体性，而且还需要强调人类社会对于自然生态环境改造活动的整体性，不但需要注重改造实践活动的经济效应，而且要注重其生态效应，这就需要以一种整体性的思维来把握和对待。

2. 思维视野的开放性

不言而喻，自然生态系统具有典型的开发性，否则便归于沉寂，甚至归于灭亡。由此，自然生态系统的开发性就决定了人类思维的对象的开放性，同时，也就决定了思维方式与视野的开放性。因为思维对象的开放性需要人们在思考和处理自身与自然生态环境之间的关系时，必须具有一种开放的意识和思维，需要将这种关系置于一种运动、变化、发展以及历史长河之中去思考。思维的开放性则不能囿于传统思维以及狭隘的框架中，需要不断地扩展思维的对象，吸取新方法、新知识，多角度、全方位地处理人与自然生态环境之间的关系。

3. 思维视野的前瞻性

思维方式的前瞻性是“思维方式生态化”较之于既往工业文明社会下思维方式显著不同的特征。正是没有对社会生产做出合理的、前瞻性的预测与判断，才在利用自然资源上出现了过度的现象，以至于透支了自然生态环境的承受能力。那么，与生态文明相匹配的思维方式则必然需要超越这一局限，对于未来社会生产的发展做出必要的、合理的规范，从整体上引导，既要关照眼前的社会发展现实，又要注重社会生产长远的发展潜力和目标，遵循可持续发展的思路。

二、生态化思维转换的四个维度[①]

推进思维方式生态化转向主要体现在以下四个维度上：

---

① 刘湘溶，张润泽．略论思维方式生态化转向的四个维度［J］．当代世界与社会主义，2011（3）．

1. 由“绝对人类中心主义”转向“相对人类中心主义”

思维方式的价值要素是人们展开思维活动时所具有的价值观念，在人类各种不同的思维方式中，价值观念始终构成其“内核”。价值观念驱使人的思维沿着特定的指向具体展开：价值观念不同，思维所要追求的价值目标不同，思维活动所映射出来的具体方式也就不同。由于价值观念作为思维方式的内核往往从根本上规定了人们具体的思维方式，因此，不同的价值观念也成为我们将不同的思维方式区别开来并加以比较的标准。人类不同的民族在其不同的历史发展阶段，都有其特定的价值观念，因而也构成了其特定的思维方式，这些不同的思维方式彼此有别。而当人们将某种思维方式当作“先进的”来看待时，这就意味着这种思维方式所内含的价值观念是崭新的，是适应时代发展要求的。

有一种观点认为，工业文明条件下的思维方式，包含着“人类中心主义”的价值观，而与之相反，生态文明条件下的思维方式，理应包含“非人类中心主义”价值观，而这种“非人类中心主义”的价值观还可以再细分为“反人类中心主义”和“超人类中心主义”等不同类型。那么，到底何谓“人类中心主义”？有学者将其描述为：“一切以人为中心，人类行为的一切都从人的利益出发，以人的利益作为惟一尺度，人们只依照自身的利益行动，并以自身的利益去对待其他事物，一切为自己的利益服务。”① 按照对“人类中心主义”的这种理解，人们无疑会对之加以批判和否定。然而，在我们看来，无论是工业文明条件下的思维方式，还是生态文明条件下的思维方式，在是否以人为中心这一点上，两者其实并无区别。这就是说，不论在何种文明条件下，人类的思维方式归根到底始终不能不以人为中心、以人为核心价值目标。具体而言，生态化的思维方式，也始终是以人为终极价值目标的，那种认为生态化思维方式必然会排斥人类中心的观点是错误的，而主张所谓的“非人类中心主义”也同样不能成立。人类保护自然环境，倡导生态文明，其终极价值目标始终是为了人类自己，是为了人类的整体利益和长远的可持续发展。问题仅仅在于，“人类中心主义”有两种：一种是绝对人类中心主义，另一种是相对

① 余谋昌．创造美好的生态环境［M］．北京：中国社会科学出版社，1997：142.

人类中心主义。工业文明条件下的思维方式，与生态文明条件下的思维方式的根本区别在于：前者以“绝对人类中心主义”为其价值观念，而后者则以“相对人类中心主义”为其价值观念。在建设生态文明的过程中，我们所要抵制的仅仅是“绝对人类中心主义”，而不是一般的“人类中心主义”。恰如澳大利亚哲学家约翰·巴斯摩尔所说：“当代生态危机并不源于人类中心观点本身，威信扫地的不是人类中心论，而是那种认为自然界仅仅为了人而存在并没有内在价值的自然界的专制主义。”① 我们应当意识到，问题的症结在于“绝对人类中心主义”。因此，要实现思维方式生态化转向，建立起与生态文明相适应的生态化思维方式，必须在思维方式的价值向度上实现由“绝对人类中心主义”到“相对人类中心主义”的转变。

2. **由机械论世界图景转向有机论世界图景**

前苏联学者谢列布连尼科夫指出：“世界图景是完整的、综合的世界映象。世界映象是人全部精神活动的结果，并非仅仅来自人的某一方面的精神活动。世界图景作为综合的世界映象，产生于人与世界接触的所有过程中。”②

考察人类的知识发展进程，可以发现，人类首先形成的是生机论的世界图景。今天，世人眼里的自然界无疑是一个物质的世界。然而，从人类产生直到400年前，流行的看法却是，世界是一个由灵魂、活力等精神力量支配的世界。这种世界图景是生机论的，或者说是“活力论”的。生机论源自远古时期先民的神秘主义思想。当时，完全为环境所左右的人们，一方面惧怕自然的粗暴与无常，另一方面又惊诧于自然的精致与奥妙，于是，便自然而然地对世界做了拟人化的处理——人们都坚信世界有其灵魂，是一个活的机体。一直到工业革命前夜的文艺复兴时期，生机论还在人类世界图景中占据主流地位。在此背景下，占星术、魔术、炼金术、通灵术等十分盛行，这些在当时被称为神奇科学。因此，生机论的世界图景也可以被称为神奇科学的世界图景。工业革命以来，科学技术的发展彻底改变了人类的认识，生机论的世界图景也很快被机械论的世界图景所取代。关于这一点，马克思主义经典作家曾有过明确概

---

① See John Passmore. Man's Responsibility for Nature,. New York: Scribner's, 1974.

② 转引自姜玥，等. 论世界图景对科学研究的影响［J］. 西南民族大学学报（人文社科版），2009（7）.

括。例如，在谈到19世纪的三大发现和自然科学的其他巨大进步时，恩格斯就曾指出："我们现在不仅能够说明自然界中各个领域内的过程之间的联系，而且总的说来也能说明各个领域之间的联系了，这样，我们就能够依靠经验自然科学本身所提供的事实，以近乎系统的形式描绘出一幅自然界联系的清晰图画。"① 这样一幅清晰的图画构成了一个由近代物理学揭示的机械论世界图景，传统生机论世界图景逐渐被机械论世界图景取代。

机械论世界图景将灵魂、精神和生命活力等因素排除在自然领域之外，仅用物质因素来解释世界，它是还原论的、原子论的、决定论的世界图景。这一图景的核心理念是用微观层次的运动解释较高层次的运动，从时间的维度展示宇宙和生命的发展历程。它将世界视为一种可理解的构造性体系，由此从根本上消解了自然的神秘性，开启了对世界的物质化、齐一化和功能化认识，也开启了技术同自然的竞争，技术的产物——人工物品逐渐具有了与自然造化媲美的可能。与此同时，它进一步加强了人类依靠自己的力量来认识自然、改造自然的信心，最终使人类膨胀出成为"世界主人"的雄心壮志。可以看出，由机械论世界图景支配的思维方式遵从的是一种简化还原原则。为了认识的方便，它把复杂系统分解为简单系统，把复杂对象划分为一个个部件，略去了对象中的很多因素，它对对象只作局部的认识和近似的把握，甚至认为认识局部就可以求得整体的认识。而这种思维原则反映到社会发展问题上就形成了一种线性的发展观。线性发展观认为，发展是一个人类社会一诞生就预定了的，面向一个固定方向、由低级到高级、单线的过程，同时，发展也是一个简单化的过程，因此只要抓住了几个关键要素，就能解决社会发展的一切问题。机械论世界图景构成了工业文明条件下思维方式的整体知识背景，它在长达两百多年的时间里统治了人类的思想，这一状况一直持续到20世纪中期"生态文明"的兴起才有所改善。生态文明背景下出现的系统科学、非线性科学，已经向经典物理科学发起了根本性的挑战，特别是生态科学，它试图提出一种新的有机论世界图景去取代物理科学的还原论、原子论、决定论的机械论世界图景。与经典物理科学注重世界的简单性和原子构成性形成对照，生态科学中整体的观念、非还原的观念、非决定论的观念、不可逆性的观念、复杂性观念被凸显出

① 马克思恩格斯选集：第4卷［M］．北京：人民出版社，1960：246.

来，以与自然界生命的原则、有机的原则相衔接。从生态科学的视角来看，世界是一个有机体和无机体相互作用的、永无止境的复杂网络，每一部分或环节只有在其系统中，才有明确的功能和作用，而这远不是人所能模拟或者实验所能还原和验证的。每一部分或系统，都有其演变的规律且同时又制约或受制于更大或更小的系统。作为一个相互联系、相互依存的统一整体的一部分，个体的价值存在于系统之中，脱离了系统就无所谓价值。物种和环境并不能截然区分，它们是作为彼此相互依存的部分而存在的。人类进化的每一个步骤，不仅与它自身有关，更与它的环境相关，它的生存状态既取决于自身，又取决于环境。人与自然是不可分离的，人类的一切活动既是社会的过程，也是自然的过程，必然要受到自然的制约，此时的人类不是凌驾于自然之上，而是自然的一部分，依靠大大小小、相互关联的自然生态网络而生存。

生态科学的有机论世界图景为生态化思维方式的形成提供了知识基础。尽管与以相对论和量子力学为代表的新经典物理科学相比，生态科学的新范式尚显势单力薄，但是它所代表的研究纲领和提出的世界图景极具思想魅力，呼应了这个时代人类对自身生存方式的反省。由此观之，思维方式的生态化转向，从知识维度来说，就是要由机械论世界图景转到有机论世界图景。形塑中的生态化思维方式应主动去适应这一变化。

3. 由形而上学思维转向辩证思维

所谓形而上学思维，也就是用孤立的、静止的和片面的观点去看世界，把世界上一切事物及其形态和种类，都看成是彼此孤立和不变化的，如果说有变化，也只是数量的增减和场所的变更，而且这种增减和变更的原因，不在事物的内部而在事物的外部。

形而上学思维与前述机械论世界图景的内在要求是一致的，其主要特征是先把事物从整体中分离出来，然后对它们孤立地加以认识和研究。形而上学思维把组成物质的原子作为最终实体来考察，将客体的全部属性归结为实体的机械组合，世界被看成一个松散的“物质堆”。形而上学思维强调事物整体中个体要素的多元发展和不平衡，注重对立和冲突的必然性，而忽略了整体与部分、部分与部分之间的内在联系。在这种思维方法支配下，人和自然在生态系统中被割裂开来，人的主体性得到无限宣扬，社会发展仅仅被理解为人们对物质世界的物质占有，理解为人类自身的经济增长、科技进步等。人类凭借着先进的科学技术手段去征服自然，对自然进行掠夺式开发和利用，结果使得地球出现严重的生态问题，使人类自己的有机身体遭到异化力量的摧残，人类处于与自然前所未有的紧张关系当中。

种种危机已经表明，工业文明条件下以形而上学为方法论特征的反生态的思维方式不能从根本上解决人类的发展问题，不能从根本上解决人与自然、人与社会的关系问题，人类必须运用一种新的思维方式——辩证思维，来拓宽人类发展的视野，构建新的发展观。早在古希腊时期，赫拉克利特就提出了丰富的辩证法思想，苏格拉底也通过娴熟的“辩证式”争论一步步去求证真理。经过两千多年的发展，到了近代，辩证法的形态先由古典的“经验辩证法”过渡到康德的“先验辩证法”，然后又转变为黑格尔的“超验辩证法”。黑格尔已经清楚地意识到辩证法与形而上学的不同，他把辩证法看作是不同于“知性思维”的思维方式。黑格尔的辩证法具有正—反—合的“三段式”形式。借助于这种形式，黑格尔把辩证法从一种消极的思维方法提升为一种积极的思维方法。当然，黑格尔的辩证思维方法是建立在客观唯心主义基础之上的，由于缺乏唯物主义成分，它还留有很多机械论的残余，只有到了马克思那里，通过消除黑格尔的唯心主义色彩，实现了辩证法与唯物主义的结合，才真正开启了思维方式由形而上学到辩证法的深刻变革。

辩证思维是反映和符合客观事物辩证发展过程及其规律的思维方法，它考察对象的内在矛盾的运动变化和对象各个方面的相互联系，以便从整体、本质上完整地认识对象。辩证思维运用逻辑范畴及其体系来把握具体真理，其对象具有最大的广泛性，囊括了自然界、人类社会和人的思维等各个领域，分别揭示了自然规律、社会规律和思维规律。辩证思维有两个特征，一是联系的观点，一是发展的观点，它的核心是对立统一。它从功能关系或系统关系的角度来考察思维对象，借此揭示思维对象的客观规律，进而更好地把握和驾驭、改造和利用客体，从根本上推动人的发展和社会的进步。在生态文明阶段，辩证思维将作为思维方式的方法论特征出现。思维方式生态化所着眼建立的生态化思维方式，应该是一种从人与自然的内在统一性来观察思考问题，审视人与自身生存发展于其中的自然生态环境之间的复杂关系，并以人和自然环境的协同进化与和谐发展为价值目标的辩证思维。从辩证的角度来看，生态化思维方式将从整体与部分、结构与功能、信息与组织、系统与环境之间的相互联系、相互作用中综合研究和精确考察思维对象，以求达到对客体的最佳认识和对问题的最佳处理；它将遵循社会发展的客观性和规律性，注重从社会普遍联系的视角来认识社会的发展。此外，它还将倡导一种全方位的生态关怀，将自然规律和社会规律贯通起来，寻找到一种新的价值规范，以实现人与自然的和谐相处。

在思维方式生态化过程中，必须实现由形而上学思维向辩证思维的自觉转变，与此同时，还要按照辩证思维这一哲学方法论上的要求，实现具体思维方法上的变革。例如：由孤立思维转到联系思维，由静态思维转到动态思维，由直线式思维转到非线性思维，由封闭式思维转到开放式思维。总之，只有将辩证法贯彻始终，思维方式的生态化转向才能得以最终形成。

4. **由经济理性转向生态理性**

按照经济理性的要求，经济主体总是从诸种可能的经济行为中，选择预期会实现其效用最大化的行为。经济理性是工业文明技术理性在经济领域内的展开与呈现。随着时代的发展，它的应用范围不断扩大，到工业文明成熟期，已转化为一种实践理性，并被迅速确立为一种跃出经济领域之外的制度化价值观念，推崇为评价社会行为的通行标准。

总体而言，实践语境下的经济理性具有计算主义、物质利益至上主义、工具主义三大特征。计算主义指的是，经济理性代表着一种理性化的能力，它能在不确定的情况下，对任何选定行为结果的可能变化做出正确评价，“计算”总是以对自身利益的推断来表示的；物质利益至上主义指的是，经济理性要求主体行为必须追求某种独立的自身利益，而且在追求自身利益时采取的是极大化的形式；工具理性指的是，经济理性承认作为“手段的”理性的合理存在，而“手段”理性要服从于“目的”理性，即要求目的理性通过手段理性达到现实的而不是潜在的目标。经济理性可以归结为一句话：“不求更好，但求更多。”长期以来，人们已经习惯了从经济理性出发去思考和处理问题，它对工业文明国家的经济、政治、文化等各方面都产生了深刻影响。例如，在经济和社会发展方面，工业文明强调经济利益是人的唯一利益，将经济目标确立为人类发展的最高目标甚至是唯一目标，认为只要经济发展了，社会各种矛盾都自然会化解，社会各方面会随之发展，经济发展即社会全面发展，经济需要、经济活动天然合理，不应受任何控制和约束。在这种神圣教条的支配下，正如美国经济学家弗·卡普拉所指出的："几乎人类的一切活动都是围绕着一个共同的甚至可以说是唯一的目标进行，这就是：追求更多的物质财富。"① 经济理性的滥觞为市场经济的勃兴和工业文明的挺进立下了不可磨灭的功劳。与此同时，经济理性也致使工业文明陷入了日益加剧的现代性困境——生态危机当中。就其表现而言，生态危机就是经济理性的危机。在对经济理性的反思过程中，生态理性的概念与生态文明同时应运而生。与经济学意义上的经济理性相比较而言，生态理性是一种生态学意义上的理性："生态学有一种不同的理性；它使我们知道经济活动的效能是有限的，它依赖于经济外部的条件。"

从价值观念来看，生态理性是一种在相对人类中心地位上选择行为模式的理性。在通常情况下，具有生态理性的人，他的行为不会单纯以个人利益为目的，而会考虑到整个生态环境、社会发展等各方面因素，他能对一切与环境有关的事物做出符合生态学的评价，用自觉的生态意识来保护整个生态系统，以维护全人类共同的利益。

从生态理性与经济理性的进一步对比来看，两者的不同之处还在于：其一，生态理性是一种价值理性，着眼的是人类未来的利益与处境；经济理性是一种工具理性，着眼于现实的利益与处境。其二，生态理性的思维出发点是人类所处世界的资源有限性，因此它提倡一种勤俭知足的社会发展模式；经济理性的思维出发点是人类自身无限的需求和欲望，所以它甚至允许奢侈和浪费。其三，生态理性提出用生态方法对待生态风险和生态危机；而经济理性对生态危机束手无策，因为它本身就是生态危机的症结所在。与经济理性的口号"不求更好，但求更多"不同，生态理性可归结为"更少但更好"。正如法国生态政治学家高兹所说："生态理性在于，以尽可能好的方式，尽可能少的、有高度使用价值和耐用性的物品满足人们的物质需要，并因此以最少化的劳动、资本和自然资源来实现这一点。"

总之，生态理性暗含着一条适度发展原则，生态理性支配下的发展模式追

① ［美］弗·卡普拉．转折点——科学·社会·兴起中的新文化［M］．北京：中国人民大学出版社，1989：77.

求适度，而不是更多，它的目标是建立一个我们在其中生活得更好而劳动和消费得更少的社会，它强调在满足人类生活基本需求的同时还应确保人类发展的长期安全。

生态化思维方式的习惯性出发点将是也必须是生态理性。实现思维方式生态化转向的一个现实要求，即在思维习惯上由经济理性转向生态理性。当生态理性取代经济理性，内化为人的思维习惯时，才意味着思维方式生态化转向的最终实现。

从对象到整体的思维方式的转向，需要我们改变以往的功利性思维方式，摒弃我们心中对自然所具有的巨大的贪婪性和自私性。不仅需要改变以人类为中心的价值取向，更要改变“人定胜天”的征服论、自然资源无限论等不合理的观念。

第二节　推进经济发展方式的生态化转向

经济要素是人类社会发展的基础，是思维方式生态化的实践的场域和物质支柱，因此，实现经济发展方式的生态化转向是建设生态文明社会的重要“引擎”和支撑。经济发展方式不能实现生态化的转向，那么，可持续发展等一系列的发展谋划便是空中楼阁。

经济发展方式是围绕着经济发展的目标和要求，通过追求产业结构优化升级、经济运行质量全面提高等方式和手段，最终实现经济社会和谐发展的经济发展模式。① 可见，经济发展方式不仅只是强调经济的增长，而且同时还要实现经济结构的调整、资源配置的优化、生产技术的创新和社会和谐的建设等，它是一个系统工程。

转变经济发展方式的本质在于追求和实现经济、社会和人的全面发展。经

---

① 孟祥仲，袁春振．从“转变经济增长方式”到“转变经济发展方式”——对“转变经济发展方式”新表述的研究［J］．山东经济，2008（3）．

济发展是基础，人的发展是目的，社会和谐是载体。转变经济发展方式除了涵盖转变经济增长方式的全部内容外，还对经济发展的理念、目的、战略和途径等提出了新的更高要求。① 所以，经济发展方式及其转向必须建立在一个国家或地区经济具备了一定增长的基础之上，否则将是一种空谈。

建设生态文明是人类社会对传统文明尤其是工业文明反思和超越的认识之结果，是人类文明发展模式理念、道路和模式的深刻变革。生态文明需要的是在大力发展生产的同时，必须兼顾到自然环境的承载能力，不能一如既往地以杀鸡取卵式的方式从大自然中无限制地获取发展所需的资源，而要从根本上改变人类社会在发展模式的诸多缺陷，否则，必将造成经济增长与生态环境之间的紧张关系。那么，如何缓解这一张力关系，如何在既要发展生产力，又不能失去进一步发展能力的矛盾之中，找到合理的平衡点，这就需要我们痛定思痛，全面总结并反思过去粗放式的经济增长方式，放眼未来，从根本上转换经济增长方式，从而实现经济增长的生态化转向。

一、科学取向

经济增长也好，经济发展也罢，都离不开科学的支持，甚至可以说，现代社会的经济发展实际就是科学技术的物化结果，就是一种科技经济的发展模式，因此，倡导和坚持经济发展方式的生态化转向，则需要在科学取向上做到以下四点：

（1）需要按照科学规律对经济规律、社会规律和自然规律具有一个深刻的认知，需要以此为指导谋求发展，从而减少盲目性。

（2）需要树立科学技术是第一生产力的思想观念，着力增强科学技术的创新能力，增加经济发展的科技内涵，加快科技向生产力的转换力度，提高科技对经济发展的贡献率。

（3）需要运用科学的手段分析和研判经济的发展形势，并注重经济发展与社会协调发展，关注经济发展与自然生态环境的协同发展。

（4）需要建构科学的政绩考核制度标准体系。经济发展指标体系固然是

---

① 刘湘溶，罗常军．经济发展方式转变的生态化及其路径选择［J］．中国地质大学学报（社会科学版），2011（3）．

考核政府在促进社会发展的重要方式与标准，但是，更需要建构包括教育、医疗、城乡协同、住房等诸多人文指标体系，以此来全面考量经济发展所带来的积极效应，尤其是对于自然资源的消耗。

二、人本取向

简而言之，以人为本是一种价值理念，所强调的是从根本意义上来理解人、关心人与尊重人，这也是经济发展追求科学发展的重要内容与目标。所以，在经济发展方式的生态化转向进程中，我们需要做到以下两点：

（1）需要明确经济发展的终极目标，即经济发展是为了人的发展。如果只是将经济发展的终极目标定位追求经济发展规模的扩充和壮大，把经济发展视为目的，那么，必将背离经济发展的真实目的，从而颠倒了手段与目的之间的关系。所以，在经济发展方式生态化的转向过程中，我们需要将人的真正需求与存在价值等问题厘清，唯此，方可为经济发展提供终极性的目标指向。

（2）需要明确经济发展所依赖的人力资源，即经济发展依靠人。作为生产力中最为活跃的因素，需要充分地发挥出其积极性、主动性和创造性，方可最大限度地促使人发挥自身的聪明才智，从而形成经济发展最强有力的人力资源支撑。

只有在转换经济发展方式的进程中，坚持以人为本的导向，才能真正地回归经济发展的终极目标，才能确立人在经济发展中的主体性地位，摒弃将人作为手段，而将经济发展作为目标的错误发展理念。

三、生态化取向

经济发展方式的生态化转向是指在经济发展过程中，需要走一条符合经济发展可持续发展的道路，追求经济的“绿色”内涵，倡导资源节约和环境友好的经济发展绿色之路。“绿色之路”是对“黑色道路”的超越。所谓的“黑色道路”即是“高投入、高排放、高消耗、不循环、低效益”的粗放式或者“先污染、后治理”的经济发展之路与模式，这是工业文明时代的经济发展的典型模式，在生态文明社会之中，决不能重蹈覆辙，需要开辟出一条“低投入、低排放、低消耗、高效益、可持续”的经济发展新模式，这才是真正实现生态文明社会宏伟蓝图的实际之路，也是必由之路。

经济发展方式的生态化转向所需要坚持的“三重取向”，是相互区别各有侧重的，同时又是相互统一的，作为生态化的价值取向与其他两种取向紧密地关联在一起，也就是说，坚持经济发展的生态化取向，就必须同时注重经济发展方式的科学取向与人本取向。

总之，经济发展方式的生态化转向，旨在通过正确处理人和自然关系、人和人之间关系，高效地、文明地实现对自然资源的永续利用，使生态环境持续改善和生活质量不断提高的一种生产方式和经济发展形态。强调人们在社会经济活动中，树立正确的自然观，切实保护环境和有效利用资源，在实现经济增长的同时，改善生态环境，提高人们的生活质量，实现人和自然的和谐。

第三节 推进科学技术的生态化转向

从人类文明发展历程中可以看到，科学技术在文明体系中的作用越来越明显，因而中国生态文明建设也必须重视发挥科学技术的作用。但是从工业文明时代开始至今短短200多年间，人类征服自然的破坏行为使得大地千疮百孔，不堪入目，而且人类自身生存也受到由自己造成的全球性危机的严重威胁。[①]很显然，这与科学技术的误用有很大关系。因此，正确认识科学技术的是非功过，推进科学技术的生态化转向也是生态文明建设过程中必须处理好的重要问题。

一、生态文明呼唤科学技术转向

人类社会的发展，已经经历了原始文明、农业文明和工业文明三个阶段。在人类文明的发展进程中，科学技术扮演着重要的角色，发挥着巨大的作用。一方面，它为人类创造了巨大的物质和精神财富，极大地促进社会的发展和人类文明的进步；另一方面，科学技术的发展昌明也成为衡量人类文明进步的重

① 佘正荣. 生态智慧论［M］. 北京：中国社会科学出版社，1996：185.

要尺度。

但是，当工业文明代替农业文明创造出人类文明的华彩乐章时，它自身也在集聚着自我分裂和解构的因子，其中一个非常重要的原因就是工业文明的扩张性演进过程不断造成人与自然的紧张。在工业文明发展的过程中，科学技术作为工业文明最重要的支撑要素，既为工业文明自身的迅速发展提供了强大的助推力，同时它的消极影响或负面作用也广为人们所诟病。科学技术负面作用最突出的表现就是科技的发展和应用对人类的生存和发展造成了威胁，也给人类文明的发展带来成了一系列消极影响，使得工业文明自身充满了过大的矛盾和张力。“工业文明的根本缺陷在于完全忽视了自然资源的再生产能力。它的前提是自然的开发可以不受约束，以及自然环境对废物的降解能力具有无限性。”① 工业文明自身的紧张和矛盾已经成为推动文明转向、嬗变的内在动力。生态文明就是替代工业文明的一种新的文明形态。

人类文明的演替并不是在完全否定以往文明发展成果基础上完成的，也不是以一种外在的文明形态取而代之，而是在人类文明已有发展成果的基础上所发生的转向或新生。因此，在工业文明的发展过程中，科学技术的运用尽管产生了一些负面效应，但是作为工业文明重要支柱的科学技术在新的生态文明体系中仍然占据十分重要的地位。因而站在人类文明转折的宏阔背景下，思考科学技术的发展和转向，进一步明确科学技术在生态文明体系中的支柱性地位而不是盲目地排斥科学技术的发展是当前一项十分重大的课题。这种思考的一个十分重要的目标指向就是：科学技术的发展如何对生态文明的建构发挥重大的推动作用，从而形成科学技术的发展与人类文明进步之间的耦合。

当然，科学技术的生态化转向并不是完全通过人为矫正就可以实现的，它是科学技术自身发展趋向与人的主体性选择乃至其他各种文明要素发生转化共同作用的结果。

从科学技术自身发展的趋向来看，经过长期的历史积淀，科学技术在今天又面临着发生新的革命的“临界状态”。中国科学院院长白春礼院士指出，到现在为止，全球发生了五次科技革命，其中两次是科学革命，三次是技术革命。科技革命源于两种驱动：

---

① 姬振海：生态文明论［M］．北京：人民出版社，2007：385.

第一种是现代化进程强大需求的驱动。16 世纪中叶至 17 世纪末，以伽利略、哥白尼、牛顿等为代表的科学家在天文学、物理学等领域带来了第一次科学革命；18 世纪中后期，出现了以蒸汽机发明应用及机器作业代替手工劳动为主要标志的第一次技术革命，也是第一次产业革命；19 世纪中后期，以电力技术和内燃机发明为主要标志的第二次技术革命，带动了钢铁、石化、汽车、飞机等行业的发展；20 世纪初，以进化论、相对论、量子论等为代表的科学突破引发了第二次科学革命，促进了自然科学理论的根本变革；20 世纪中后期，电子计算、信息网络的出现带来了第三次技术革命。时至今日，200 多年的工业化进程仅使不到 10 亿人口实现现代化，却已使自然资源和化石能源面临枯竭威胁，使自然环境遭受巨大破坏。面向 21 世纪中叶，包括中国、印度在内的 20 亿至 30 亿人致力于实现现代化，大部分发展中国家大力发展工业化，如果按照传统的发展方式，将给自然资源供给和生态环境承载能力带来更大挑战，显然难以为继。我们迫切需要开发新的资源，创新发展模式和途径，创建新的生产和生活方式。世界的现代化进程迫切需要一场新的科技革命和产业革命。

第二种驱动是知识与技术体系内在矛盾的驱动。20 世纪初启动的第二次科学革命，标志性成果是量子力学、相对论、宇宙大爆炸理论、DNA 双螺旋结构理论、板块构造理论、计算机科学。但 20 世纪下半叶以来，未能出现可以与上述六大成就相提并论的理论突破或重大发现，“科学的沉寂”已达 60 余年。同时，科学技术知识体系的内在矛盾凸现。当今世界科学技术发展呈现出多点突破、交叉汇聚的态势，涌现出一批新兴交叉前沿方向和领域，这将推动技术革命和产业变革的来临。所以，我们说世界正处在第六次科技革命的前夜。当前的科技创新自身呈现许多新特点，领域前沿不断拓展，学科间交叉、融合、会聚，新兴学科及前沿领域不断涌现；基础研究、应用研究、高技术研发边界日益模糊，并相互促进融合为前沿研究。

新一轮工业革命的国际热点话题主要有信息技术、新能源、智能化等。我们看到，能源已成为制约全球经济发展的关键瓶颈，必须在能源生产和消费方式上实现重大变革；信息技术和信息产业正在进入新的发展时期，云计算、大数据、虚拟现实、移动互联网、物联网等技术突破，将给信息技术应用模式带来一场深刻变革；信息技术与新能源的结合将产生新型工业模式，其理想状态是每个家庭、每个建筑不再是单纯的能源消费者，也能够成为部分能源的生产者甚至输出者；材料的精确设计和制造过程的智能化、柔性化，将使材料更加绿色化、个性化，从而提高其清洁、高效、可循环利用等。

白春礼院士指出，中科院于 2012 年曾组织上百名专家、院士，用了大约一年的时间研究未来可能发生重大突破的领域。基本结论是，这样六个方面正孕育着新科技革命的重大突破口：一是基本科学问题，包括宇宙演化、物质结构、生命起源与进化、意识本质等；二是能源与资源领域，包括化石能源清洁、高效利用，先进可再生能源开发等；三是信息网络领域，包括宽带、无线、智能网络继续快速发展，超级计算、虚拟现实、网络制造与网络增值服务突飞猛进等；四是先进材料和制造领域，包括先进材料和制造的全球化、绿色化、智能化程度加速发展，制造过程的清洁、高效、环境友好水平不断提升等；五是农业领域，包括生物多样性演化过程及其机理，高效抗逆、生态农业育种科学基础与方法，营养、土壤、水、光、温与植物相互作用的机理和控制方法等一些基本问题的突破；六是人口健康领域，包括疾病早期预测诊断与干预、干细胞与再生医学等。以上任何一个领域的突破性原始创新，都会为新科学体系的建立打开空间，引发新的科学革命；任何一个领域的重大技术突破，都可能引发新的产业革命，为世界经济增长注入新的活力，引发新的社会变革，加速现代化和可持续发展进程。①

从白春礼院士对世界科学技术革命的回顾和新一轮科技革命的前瞻来看，积极解决以往科技发展所累积的问题——自然资源和化石能源面临枯竭威胁，自然环境遭受巨大破坏的问题；应对知识和应用体系所存在的内在矛盾问题——未能出现重大理论突破或重大发现，出现了长时间的“科学的沉寂”的问题，是催动新一轮科学技术革命的内在动因，而这种内在的催动也必然使得新一轮的科技革命聚焦于科学技术的生态化转向。

从人的主体性选择来看，科学技术的发展演化也必然受到人的现实需要的直接影响。曾几何时，科学技术被看成是与现实生活无关的纯粹的自我构建领域，科学家被看成是完全超拔于芸芸众生之上的一个特殊的群体，他们被神化为具有超凡的智慧和特立独行的人格，总是与俗世格格不入甚至总是与现实相

① 白春礼．把握新科技革命机遇，助力美丽中国梦［N］．学习时报，2013－05－27.

叛逆。客观来说，科学研究和技术发明的确不像一日三餐那样随便或普遍，也不是人人都可以成为科学家。但是科学技术的发展并不完全是科学家个人主观随意安排的结果，或者说并不是科学家所玩弄的一种自我陶醉的游戏。科学技术的产生、发展、革命都是非常重大的历史事件，而这也就决定了科学技术本身总是要满足人类的需要，总是要与人的现实需要相契合，否则科学技术发展就失去了动力也失去了目标。从科学技术发展的历史来看，每一次能够称之为“革命性”变革的都不仅仅是因为解决了科学技术自身领域的重大问题，更重要的是解决了人类生存和发展的重大问题，从对人类身体的解放，到对人类头脑的解放，再到对人类生命存在秘密的全方位探索，都体现了科学技术与人的主体性存在的紧密关联，或者说都体现了人的主体性选择的结果，或者说都体现了对人的需要的满足、开发或再生产。而我们这里所说的主体或主体需要都不是指科学家这个群体及其需要，而是从人作为一个整体，即类的角度而言的。也就是说，在归根结底的意义上，科学技术的发展是不可能孤立于人类的生存发展之外的。而在今天，当协调人与自然的关系、实现人与自然的和解已经成为当代人与后代人共同的优势需要的时候，科学技术必然要为实现这一目标而提供强大推动力，科学技术必然要朝着生态化转向的目标发展。

从人类文明发展的趋势来看，文明的演进是多种因素共同起作用的结果。几百年的工业文明发展演变也在酝酿着、生成着自我否定、自我超越的因素。在今天，物质生产方式的生态化转向、消费方式的生态化转向、思维方式的生态化转向、文学艺术的生态化转向、教育和人格塑造理念的变化等，已经塑造出来一种浓厚的社会氛围，使得新时期科学技术的发展轨迹也必然裹挟于其中，受到这诸多因素的制约，科学技术必然表现出与这诸多文明因素共同演进的趋向和齐头并进的格局。换言之，也只有在这多种因素共同合力之下，这种新的文明形态——生态文明才能够逐步发展起来。

二、推进科学技术生态化的着力点

随着科学技术迅猛发展，今天的科学技术已经和 18、19 世纪的“小科学时代”截然不同，而是进入了“大科学时代”，过去单枪匹马、爱迪生似的创造发明方式已经越来越少，科研工作日趋团队化和组织化。

“大科学”是相对于“小科学”而言的，大科学的概念最早是由美国物理学家 A. M. 温伯格于1961年提出的，后来在美国著名科学社会学家 D. 普赖斯的代表作《小科学、大科学》中得到了具体阐述和完善，并广为流传，得到认可。在普赖斯看来，小科学是指16—18世纪以个人自由研究为主要特征的科学，当时科学研究的主要目的是思考和探索自然界的奥秘，从而增长自身的知识。当时从事科学研究的人还没有被称为科学家，科学研究也并非他们的固定职业，更多的是一种业余的爱好和兴趣，他们凭借自身的技艺、利用资金（有的是别人资助的也有的是自己的其他收入）来开展科学研究，研究的目的并不十分明确和具体。但是19世纪以来，伴随着科学技术一体化的发展，科技成为一种重要的社会建制，科学研究也慢慢从散漫自由的个人研究转变为专门的社会化职业，建立了专门的组织机构，逐渐完善了系统的理论体系，确立了能供科研成果发表交流的专业书刊，小科学时代逐渐向大科学时代演进。

大科学时代的科学研究涉及学科多、参与人数多、所需资金大，耗费时间长，需要国家或地区投入大量的人力、物力和财力，其研究成果将对社会经济、政治、文化等产生重大影响和作用，因此，在大科学时代，科技已真正成为一项重要的社会事业，成为国民经济的重要支柱和战略产业。在这样的时代背景下，推进科学技术生态化是一项系统工程。这项系统工程需要社会不同群体的共同参与和努力：国家政府对科研工作起着重要的组织和引导作用，科研工作者需要具备团队合作能力和精神，肩负着更多的社会责任，普通民众也成为一个科技人，不可能置身事外，而需要提高自身的科技素养和承担起相应的社会责任。我们可以把这些不同的社会群体统称为科学技术的责任共同体，构建这个共同体也就成为了推进科学技术生态化转型过程中的着力点。

第四节　城乡建设的生态化转向

缩小城乡之间的差距，实现城市与农村均衡、协调发展，这是改变目前城乡发展模式的重要举措，更是生态文明建设不可回避的重要战略任务之一。当然，这种经济与社会发展模式的转变却是长期以牺牲农村的发展机遇为代价而逐渐确立的，因此，我们在推进城乡协同发展时，必须面对当下农村地区发展严重滞后的客观现实。如果从环境保护的角度而言，当下农村的环境破坏程度已经足以引起我们的重视，必须改变以城市优先发展为中心任务的发展理念，否则农村自身所依赖的天然自然环境将无法恢复和重现，最终，城市发展的后劲也必将乏力而缺乏持续性。所以，在大力推进生态文明建设的进程中，缩小城乡之间的差距，实现城市与农村均衡、协调发展，我们不仅需要客观地分析和面对农村地区发展的滞后性及其生态环境困境，而且同时也要从客观实际出发，具体地梳理我国农村地区发展滞后所形成的“二元经济与社会”之历史原因，需要借鉴发达国家关于城乡协调发展的理论与实践经验，以此来缩短我们自身探索的时间周期，早日实现城乡协同发展。

一、城乡分离性发展的历史成因

城市往往是一个地区的政治、经济和文化的交流中心，因此，在经济社会发展的各项条件与指标体系上，如交通条件、教育资源、生活基础设施等方面，农村滞后于城市是一个客观的现实，这一现实并非朝夕之间即可形成的，而是社会生产力逐步提高的客观结果。

如果我们将城乡协同发展，消除城乡的二元性结构与发展模式作为建设生态文明社会的重要战略性任务，那么，城乡二者的分离并渐趋拉大经济社会发展的差距，则是从原始文明、农业文明到工业文明发展的必然性结果，而且城市的出现往往被认定为是人类社会逐渐走向文明的表征。如果我们追溯城市出现的源头，则大致可以确定为两种基本的原因：其一，出于防卫的目的，比如重要的战略要地或者边疆要塞，这些地方往往是形成城市雏形的重要因素。比如《吴越春秋》一书就有这样的记载：“筑城以卫君，造郭以卫民。”其二，则是人类社会在某一地方形成生产物质的交流与聚散中心，久而久之则形成了主要以非农业人口居住之地。因此，有人将城市形成的两种基本原因简称为“因城而市”与“因市而城”两种形态。

当然，我们如果从人类社会因为生产力的发展而在居住地上的变迁出发，也可以梳理出城市形成及演变的大致过程。在人类社会的早期，人类基本上是处于一种居无定所的现状，随遇而栖，在获取生存物质上，也是三五成群的共同渔猎而食。当然，在面对大型凶猛的猎物时，他们往往会临时组成更大的狩猎群体，以便捕杀。正是基于此，人们发现，团结的力量巨大，而且通过团结可以获取更多的生存性物质资料。随着群居队伍的壮大，人们所获得的便逐渐丰富起来，为此，他们便通过在一定区域交流剩余的物资来逐渐形成较为固定的居住地，并以此为中心形成了以交流劳动产品为主要内容的区域，表现出典型的“市”之特质。《世本·作篇》记载：颛顼时“祝融作市”。颜师古注曰：“古未有市，若朝聚井汲，便将货物于井边货卖，曰市井。”这也就是城市的雏形。当然，这一区域往往遭受到异族的攻击和霸占，为此，为防御和保卫之目的，便将这一较为固定的区域用各种材料如石块或土墙围起来，这便是“城”。城以墙为界，有内城、外城的区别。内城叫城，外城叫郭。

如果从理论上进行总结与提炼，则学术界对于城市的起源大致存在三种基本观点：一是“保家卫国”的防御说，这种观点认为，人们筑墙建城的主要目的是为了抵御其他危害自身的对象；二是“剩余劳动产品交易集市说”，这种观点认为，城市的出现主要是因为人类社会生产力的发展与提高，为此，在社会中便出现了除了可以满足基本生存性的剩余物质，这就需要在不同对象之间进行交易，而且随着时间的推移，人们交易的地方渐趋固定，而且规模也逐渐扩大，为此，以市为中心的区域便出现了；第三种观点则是社会分工说，认为因为生产力的提高，在社会内部出现了专门以一定技能见长的人群，比如手工业与商业等从业者，以这些人群所从事的劳动为主要内容的地方便形成了城市。

可见，无论是从哪一个视角来探寻城市出现的原因，均可以发现这样一个基本的规律——城市，它是伴随人类文明与进步发展起来的。以农业人口为主要聚居的农村地区的地位与角色大致经历了一个从被“遗忘”与“边缘化”到逐渐被重视的过程，对此，我们可以国家统计局所发布的“新中国成立 60 周年经济社会发展成就回顾系列”的基本数据便可以看出这一过程及其结果。

新中国成立前，我国的农业生产力水平低下，生产方式非常落后，农业生产表现为对种植业特别是粮食生产过度倚重的单一结构。种植业在农业生产中的主体地位异常突出，种植业以外的其他农业发展较为缓慢，农业内部比例极度不协调。之后，由于人口快速增长造成的巨大压力，农业生产整体技术水平较低，以及计划经济体制和片面强调“以粮为纲”的政策影响，我国农业生产结构基本上仍停留在“农业以种植业为主，种植业以粮食生产为主”的单一结构阶段。

改革开放以后，农业实行了联产承包责任制、农产品流通体制等多方面改革，以杂优水稻技术为主的农业生产技术逐步得到普遍推广，城乡人民生活水平的持续提高带来了市场需求的巨大引力，以及政府实施了一系列鼓励发展多种经营、促进农业产业化的政策措施，农业生产不仅解决了长期以来粮食供给短缺的状况，而且促进了农业生产结构从单一的解决粮食短缺问题开始向提高食物结构和品质转变，促进了从分散经营的小生产向生产的专业化、布局的区域化和经营一体化等为主要特征的产业化经营转变。60 多年来，我国已经基本改变了过去“农业—种植业—粮食”的高度单一和效率低下的结构模式，向“优质、高效、全面发展的”的新型结构模式转变。由此，农业生产内部结构显著调整。农、林、牧、渔业总产值中，农业所占比重明显下降，林、牧、渔业比重显著提高。

我们所经历的城乡经济社会发展的特殊历史进程并不是一个孤立的现象，它是世界各国共有的经济社会发展经历，即从农村孕育城市，到城市与农村分离性发展，形成经济与社会的二元结构，再到形成城市与农村协同发展的格局。

二、我国实现城乡生态化的路径选择

我国是一个典型的发展中大国，幅员辽阔，人口众多，各地区经济社会发展水平有较大差别，城乡二元结构特征极为明显，转变经济发展模式，改变城乡发展格局，促成城乡协同发展主要的目的就是要消除二元社会结构的现状。西方发达国家在城乡协同性发展领域的研究已经较为成熟，但是，理论只有与具体的社会实践结合，方可体现出对实践的指导意义与价值，而且也只有与自身的具体国情相契合方可实现我们自身所拟定的发展目标与任务。因此，在我国实现城乡融合协同性、一体化发展的进程中，需要立足于自身，确定发展模式，确立发展路径。

1. 大力推进城镇化建设

何谓城镇化？它与城市化存在何种关联？《中华人民共和国城市规划基本术语标准》（GB/T50280—98）明确指出：城市化（urbanization）是“人类生

产和生活方式由乡村型向城市型转化的历史过程，表现为乡村人口向城市人口转化以及城市不断发展和完善的过程。又称城镇化、都市化”。

党的十六大报告指出：“要逐步提高城镇化水平，坚持大中小城市和小城镇协调发展，走中国特色的城镇化道路。发展小城镇要以现有的县城和有条件的建制镇为基础。”① 这里明确提出了“提高城镇化水平”，走“城镇化道路”，但在强调发展县城和建制镇的同时也提出要发展大中小城市。因此，不能把“城镇化”仅仅理解为只发展小城镇，也不能把“城市化”片面理解为只发展大中城市。城镇化和城市化“实质都是要把农村富余劳动力转移出来的问题”②。李克强总理曾经指出：“城镇化不是简单的人口比例增加和城市面积扩张，更重要的是实现产业结构、就业方式、人居环境、社会保障等一系列由‘乡’到‘城’的重要转变。”③

马克思早在《〈政治经济学批判〉（1857—1858 年草稿）》中就明确指出“现代的历史是乡村城市化，而不像在古代那样，是城市乡村化。”④ 联合国的统计数据表明，截至 2011 年全球总人口 69.74 亿，生活在城市的人口 36.32 亿，城市化率达到了 52.1%。⑤ 而且历史已经昭示：自工业革命以来，一国特别是大国要成功实现现代化，就必须在推进工业化的同时推进城镇化，这是世界各国实现现代化的一般规律。

由此可见，在全面建设生态文明社会的进程中，改变城乡二元性的结构，实现城乡协同性、一体化发展，因此，全面推进城镇化是一种必然的趋势与战略选择，是中国现代化进程中一个基本问题，是一个大战略、大问题。

从世界各国的城镇化过程来看，城镇化实际上也是经济发展过程中生产要素再分配的过程。因为与农村相比，在资本、技术、人力资源、交通运输、通信设施、居住条件、商品交换等方面，城镇往往具有更多比较优势，从而将各

---

① 中共中央文献研究室．十六大以来重要文献选编（上）［G］．北京：中央文献出版社，2005：18.

② 江泽民文选：第 3 卷［M］．北京：人民出版社，2006：409.

③ 李克强：认真学习深刻领会全面贯彻党的十八大精神，促进经济持续健康发展和社会全面进步［N］．人民日报，2012－11－21：3.

④ 马克思恩格斯全集：第 46 卷（上册）［M］．北京：人民出版社，1979：480.

⑤ 国务院发展研究中心课题组．世界城市化和城市发展的若干新趋势和新理念［J］．中国发展观察，2013（1）：35－38.

种生产要素不断地向城镇聚集。对此，恩格斯在《英国工人阶级状况》一书中分析指出：“大工业企业需要许多工人在一个建筑物里面共同劳动；这些工人必须住在近处，甚至在不大的工厂近旁，他们也会形成一个完整的村镇。他们都有一定的需要，为了满足这些需要，还须有其他的人，于是手工业者、裁缝、鞋匠、面包师、泥瓦匠、木匠都搬到这里来了。这种村镇里的居民，特别是年轻的一代，逐渐习惯于工厂工作，逐渐熟悉这种工作；当第一个工厂很自然地已经不能保证一切希望工作的人都有工作的时候，工资就下降，结果就是新的厂主搬到这个地方来。于是村镇就变成小城市，而小城市又变成大城市。”“工业的迅速发展产生了对人手的需要；工资提高了，因此，工人成群结队地从农业地区涌入城市。”①

从我们的国情来看，中国的城镇化是建立在以农业人口为主的社会条件基础上的现代化战略。因此，全面推进农村人口向城市居民转变的发展战略，对于中国实现现代化具有特殊的战略价值，而且这也是我们解决“三农”问题的重要举措与抓手。目前，这一战略已经逐步体现出它的巨大价值与意义。但是，城镇化绝不是简单地将农业人口转变为城市人口就可以实现城镇化。《人民日报》曾刊文指出：一些地方大兴土木，用钢筋水泥和砖瓦石块在短时间内人为造出一个新城，但由于没有足够的人口，到了夜晚一片漆黑，无人居住，成为“鬼城”。

实质上，城镇化是农业经济发展的必然趋势。随着农业生产力的提高，解放出来大量劳动力，这些劳动力必然要被工业、建筑业、商业、金融业等其他产业吸收，继续为社会创造财富。未来的城镇化主要体现在发展中国家，而全球城镇化将在2070年前后结束。中国作为一个主要的发展中国家，城镇化进程备受世界关注。②

可见，中国的城镇化战略具有巨大的发展空间，但是，也不能盲目地进行。因为盲目城镇化的一个更严重的危害就是，它会透支一个地区的经济资源。美国底特律宣布破产，就是过度城镇化的后果。20世纪上半叶，过快的

---

① 马克思恩格斯全集：第2卷［M］. 北京：人民出版社，1957：300－301，296.

② 刘植荣. 不要为城镇化而城镇化［N/OL］.［2013－09－04］. http://www.aisixiang.com/data/67311.html.

城镇化进程吸引了大量移民涌入底特律，但这种靠投资驱动的经济繁荣只是昙花一现，从上世纪70年代开始，底特律逐步萧条下来，从鼎盛时期的近200万人口，到如今只剩下70万，成为美国最贫困的城市之一。中国的城镇化进程在不断深化，即将进入一个关键时期。我们不应为城镇化而城镇化，而是要根据当地经济发展情况，循序渐进地推进，要注重可持续的发展方式，增强人类自主选择的能力和机会，不得把农民强行“赶”入城镇，而是让农民自己选择适合自己的生活方式。①

2. 大力推进农村集体土地产权制度改革与研究，完善土地承包经营权

目前，我国农村社会保障体系不健全、制度不完善，因此，土地是农民最主要的生活来源和唯一的保障手段。但是，在现有的土地法律法规与政策体系下，通过土地承包经营权的流转以促进城镇化战略的实施则碰到了诸多障碍，因此，加强农村集体土地产权制度改革与研究成为了一个极其重要的现实课题。正如中国社科院学部委员、农村发展研究所原所长张晓山所指出：“当前和今后相当长时期，农村土地制度改革将在深化农村改革、统筹城乡发展、形成城乡经济社会发展一体化新格局的大战略中处于关键性位置。”②

土地作为一种特殊的稀缺性生产要素，不仅是城市发展和经济发展所必需的生产性要素，而且它也是农民基本的社会保障和获取收入的主要来源。目前，在城镇化发展中遇到的较为突出的矛盾和问题之一，就是如何规范农村土地使用权和经营权的流转，如何规范土地征用行为，对失地农民进行合理补偿的问题。《中共中央关于做好农户承包地使用权流转工作的通知》和《农村土地承包法》等，虽已初步界定了土地利益关系，但对广大农村来说更重要的，是要按照产权清晰、用途管制、节约集约、严格管理的原则，对现有的土地制度进行必要的改革。③

在严格保障不触及国家耕地保护基本原则的前提下，需要建立起完善的农

---

① 刘植荣．不要为城镇化而城镇化［N/OL］．［2013－09－04］．http：//www.aisixiang.com/data/67311.html.

② 转引自何平，邱玥，李慧．土地　农民增收　城镇化——解读“三农”三大热点话题［N］．光明日报，2013－02－05：16.

③ 刘国新．中国特色城镇化制度变迁与制度创新研究［D］．东北师范大学（博士论文），2009：92.

村集体土地的征收和补偿制度，规范土地征用行为，建立土地流转市场，促进土地规范流转，建立和健全土地承包经营权流转市场服务体系，完善用地增减指标挂钩机制，促进人口城镇化。

3. 改革户籍制度

具有中国特色的户籍制度肇始于《中华人民共和国户口登记条例》正式实施之日，从此，以人口户籍制度来划分国家农业人口与非农业人口的标准得以确立。随后，以此为基础，颁布出台了在教育、就业、住房、医疗以及养老等领域实施不同待遇的制度，至此，城乡二元结构的现状即以形成。特定时代下产生的户籍制度，在一定时期内的国家社会管理中发挥了应有的作用，但附加在户籍制度之上的社会福利待遇，给城乡居民带来巨大的利益鸿沟，导致农民与市民生来就面临起点不平等和发展机会的不平等。“户籍制度滋生了‘身份等级’观念，身份歧视的背后是公共服务的严重不平等。”①

一般而言，一个国家的户籍制度主要具有三项基本功能：第一，是用于记载社会成员的出生、死亡、住所、直系亲属等基本信息；第二，是借以确定公民的法律地位，如确定公民权利能力及行为能力开始和终止的时间，确定继承人的范围和顺序等；第三，是为经济和社会发展提供人口资料和相关信息。但我国在户籍制度形成和发展过程中，在这些基本功能之外，逐渐被附加了众多的其他社会功能。一方面，通过这些附加功能，人为地把人分为农业户口和非农业户口、城市人和农村人。在这种情况下，农村人口要进入城市极其困难，一般只能是通过考学或城市招工等才有机会进入。城市人口要进行地区性迁移也要付出较高的成本，比如在户口登记地所能享受到的就业、教育、社会福利等待遇，在非户口登记地则享受不到，极大地限制了农村人口流入非农产业和城市，限制了人口进行迁徙、居住及择业的自由，导致人才和劳动力无法按需要进入社会分工，按市场要求进行资源配置；另一方面，这些附加功能，对户籍制度本身也形成了强烈冲击。不仅加重了户籍管理工作的负担，而且冲淡了户籍制度作为人口登记和民事管理的基本功能，使户籍制度在流动人员统计等方面出现了不应有的失误。因此，户籍制度进行改革一个基本的出发点，就是

---

① 管清友．新型城镇化事关一系列综合配套改革［N］．上海证券报，2013－03－12：F12.

恢复户籍制度的本来面目，取消农业户口与非农业户口的界限，取消对农村人口进入城镇的限制性规定，强化户籍制度作为人口登记和民事关系证明的基本功能，并逐步建立起城乡一体化的户籍管理制度。①

如果就单纯的户籍制度本身改革而言，其实并不复杂。户籍制度改革之所以如此缓慢、步履维艰，根本原因就在于我国的户籍制度被附加的诸多的其他功能，以及由这些附加功能长久以来延伸而形成的复杂的利益分配格局，如教育、就业、社会福利等。齐晓安教授认为，目前多数城市都将户籍改革重点放在了取消“农业”与“非农业”户口的分类上，而忽视了对户籍管理诸多附加职能的剥离。按照国际上的惯例，户籍管理一般只具有民事登记和统计人口基本信息的职能，而我国的户籍制度却与就业、医疗、保险、教育等利益紧密挂钩，诸多的附加利益和户籍管理一起形成了城乡人口等级分明的二元经济社会结构。②

因此，我国要取得户籍制度改革的突破性进展，就必须除去附着在户籍制度上的种种城乡差别政策，及时剥离附着在户口上的不公平的教育制度、就业制度及相关的社会福利制度等与传统城乡分割的户籍制度相配套的一系列其他制度。否则，必然使户籍制度改革裹足不前，事倍功半。③

剥离户籍制度上所附加的一些内容，必然是一项巨大的社会工程。由于户籍制度改革是一个涉及养老、就业、子女求学、医疗、住房等多方面利益的复杂问题，改革难度较大，而且我国经济社会发展所呈现出的巨大的区域差异，又进一步增加了这种改革的难度。实际上，进行户籍制度改革的主要目标就是在农村人口与城市人口之间实行同等的“国民待遇”。因为“户籍的根本问题是其蕴含的公共服务，解决农民的户籍问题其实就是要让他们与城镇居民一起享受福利待遇、医疗、住房、义务教育等各方面的公共服务”④。

户籍制度改革的难度已经不用赘述，但是，在全面建设小康社会的伟大进

---

① 刘国新．中国特色城镇化制度变迁与制度创新研究［D］．东北师范大学（博士论文），2009：101.

② 齐晓安，林娣．我国人口城市化制度创新问题探析［J］．东北师大学报，2006（1）：22－26.

③ 刘国新．中国特色城镇化制度变迁与制度创新研究［D］．东北师范大学（博士论文），2009：102.

④ 林石．解密新城镇化十年蓝图［N］．新财经，2013（2）：26－29.

程中，这是一项不可逆转的战略性发展目标，必须下大力气，攻坚克难，需要从各个领域进行不断的探索和改革。

《国务院办公厅关于积极稳妥推进户籍管理制度改革的通知》明确了县级市市区、县人民政府驻地镇和其他建制镇，设区的市（不含直辖市、副省级市和其他大城市），直辖市、副省级市和其他大城市等三类不同的户口迁移政策，并要求“今后出台有关就业、义务教育、技能培训等政策措施，不要与户口性质挂钩”。

党的十八大报告提出：“加快改革户籍制度，有序推进农业转移人口市民化，努力实现城镇基本公共服务常住人口全覆盖。”①

李克强总理曾明确指出：“把符合条件的农民工逐步转为城镇居民，是推进城镇化的一项重要任务。”

因此，深化户籍制度改革，必须同时配套推进土地制度、劳动就业制度、社会保障制度等一系列嵌入户籍制度之中的二元制度改革，消解附加在城市户口上的特殊利益。

第五节 推进消费方式的生态化转向

消费行为是生命体存在的基本前提，但是，人类消费欲望的满足最终都将转化为对自然资源的某种压力。在人类社会发展的历史进程之中，由于人的消费行为不理性都产生了较为严重的问题和现象，由此，人类社会对自身的消费行为进行合理的引导与规制就成为了人类社会可持续发展的重要条件。所以，推进消费方式的生态化成为了生态文明社会建设战略中不可或缺的一环。

一、生态文明与消费方式生态化

消费不是一种单纯的经济现象，而是一种体现人的道德价值观的伦理文化

① 胡锦涛：坚定不移沿着中国特色社会主义道路前进，为全面建成小康社会而奋斗——在中国共产党第十八次全国代表大会上的报告［R］．北京：人民出版社，2012：23.

现象。消费的这种文化性表明，消费可以区分为不当消费和文明消费。不当消费是指在不健康的理念指导下的消费方式，比如吝啬消费、奢侈消费；正当消费是指一种健康、理性的消费方式，比如适度消费、绿色消费。

消费是人类存在和发展的证明。马克思主义认为，消费是“人的本质”的表现和确认，也是人的本质不断升华、不断发展的重要条件。马克思说，“一切对象对他说来也就成为他自身的对象化，成为确证和实现他的个性的对象，成为他的对象……因此，人不仅通过思维，而且以全部感觉在对象世界中肯定自己。”① 以消费占有对象，以占有对象证明存在，这是人的本质力量和本性的体现。

然而，这只是消费现象运动的本质，还不是消费的本质，消费的本质是需要的满足。人的需要才是生产和消费的原动力。马克思认为，“没有需要，就没有生产。而消费则把需要再生产出来。”② 而人的需要是丰富的，这是“人的本质力量得到新的证明，人的本质得到新的充实”③。这表明，没有需要就没有生产，没有生产就没有消费，没有消费就没有再生产。社会生产和消费的全部目的在于满足人的内在需要，实现人的全面发展。在社会发展的不同历史阶段，人的需要和需要满足的方式是不同的。马克思主义认为，人的需要不只是维持自身新陈代谢的需要，而主要是实践主体自我创造、自我发展、自我完善的需要，人的需要是人的实践能力、人的本性的体现。人的需要的满足即消费是在人的能动的、创造性的生产实践活动中不断实现的，新的需要又随之产生。因此，消费是生产的出发点和落脚点。在市场化的今天，科学技术推陈出新，生产力水平不断提高，消费正日益强劲地展示出其对生产的反作用力，任何一个国家都不可能无视消费而妄谈经济的发展，任何一个企业都不可能放弃捕捉社会消费心理的变化而盲目地进行产品开发和扩大再生产，任何一个家庭和个人都不可能离开消费而奢谈家庭或个人幸福。

与科学发展观的核心要求相同，“以人为本”也是科学消费观的本质要求。科学发展观的第一要义是发展，核心是以人为本，并通过全面建设小康社

① 马克思恩格斯文集：第 1 卷［M］．北京：人民出版社，2009：191.
② 马克思恩格斯文集：第 8 卷［M］．北京：人民出版社，2009：15.
③ 马克思恩格斯文集：第 1 卷［M］．北京：人民出版社，2009：223.

会来实现人的全面发展，这就要求人的经济、政治、文化和生存环境等需要得到全面满足，人的思想道德素质、科学文化素质、生理素质、心理素质等得到全面提高，人的积极性、主动性、创造性等得到充分发挥，人的自由、平等、人权得到全面培育。而所有这一切都要通过消费来实现，并依赖消费（需要）得到保障。从此而言，“消费”不但无罪，而且直接是人的存在方式的显明。但“何种消费，如何消费”才是合理的、文明的，才能既能使自己的需要得到满足，又有益于人类的健康？解决这个问题不在于消费本身，而在于这样两个方面：从主体方面而言，在于调整需要，健全需要，使需要本身符合人的全面发展的规律，促进人我关系的和谐；从客体方面而言，在于调整社会关系，促进人与人之间的和谐，在于调整人地关系，促进人与自然之间的和谐。

改革开放三十多年来，伴随社会经济的发展，我国人民的总体生活水平明显得到提高，生活条件得到显著改善，消费文明不断得到提升。主要是：

首先，在消费方式上，多样化的消费取代了单一化的消费。人们已经完全摆脱把消费等同于满足生存需要的消费方式，逐渐从温饱生存型消费走向了发展享受型消费的格局，非物质形态的消费，如教育、健康、信息、旅游、休闲占据了越来越重要的地位。

其次，在消费对象上，高档消费日益平民化。尽管马太效应正在发威，贫富差距还在扩大，以中等收入阶层为主体的正态分布曲线并未形成，但以前想不到、不敢想、不可能获得的商品如彩电、电冰箱、手机、电脑等家电通信用品已成为市民的日常消费品。

再次，在消费习惯上，超前消费成为时尚。量入为出的旧式理财观念节节败退，崇俭黜奢的居家美德日益边缘化，“花明天的钱，圆今天的梦”的现象凸现在改革开放之后出生的青年一代身上。这种消费时尚既体现了青年一代对自我潜力的自信，对消费欲望的解放，有利于释放思想和工作的压力，又隐藏着优良消费文化的断裂危险。对此，我们既要抛弃抱残守缺、食古不化的思想观念，也要进行一定的价值引导，寻找传统的节俭美德与现代社会消费变化之间的接榫点，从可持续发展的高度来认识和倡导适度消费。

最后，在消费意识上，绿色消费显现并日益深入人心。作为生命象征的绿色受到推崇，绿色产品受到大众喜爱，这是一种趋时的消费，代表着消费方式的未来走向和消费价值的合理转变。在生活水平改善的基础上，越来越多的人有意识地提高个人消费品位，注重精神生活的享受与充盈，为自己的生活涂画七彩颜料，扩展生活的意义和价值。

现代社会正是这样一个由消费活动所掌控的系统，在这个系统中，人对日常性生存的自我需要、实践方式，以及文化价值的构造，总是这样或那样地掌握在消费活动上。

二、消费方式生态化的基本要求

生态化的消费方式是指对自然生态结构、功能无害（或较少危害）的消费方式，它是在满足人的合理需要基础上、以维护自然生态系统平衡为前提的一种可持续的消费方式。生态化的消费方式以资源节约和环境友好为价值和实践导向，这不只是对既往“原生态”或“生态维护型”消费方式的简单回归和认同，而是对既往消费方式的扬弃和超越。在生态文明社会之中，我们要批判和抵制工业文明时代不合理的消费方式和观念，倡导合理的消费方式，即合度、合宜以及合道的消费方式。

1. 适量消费

从消费的角度来看，特别是从物质消费量的角度来看，消费方式的生态化的一个基本要求就需要倡导适量消费。

适量消费是相对于“过度消费”与“短缺消费”而言的，因为“过度消费”与“短缺消费”都将消费行为推向了消费数量上的极端，所以，把握好消费的数量或者“度”就显得尤为必要和紧迫。

倡导“适量消费”的合理性与价值就在于不走消费的极端路线，或过度消费，或消费不足等，这样既抑制了人类自身不断膨胀的物质需要和无尽的消费欲望，而且还可以保证人类社会自身向前发展的可持续性。因此，倡导“适量消费”就具有了与生态文明社会建设的匹配性。第一，倡导“适量消费”在经济层面上就考虑到了消费与整个社会生产能力的契合度，从而推动经济发展的可持续。第二，在环境保护上而言，倡导“适量消费”充分考虑到了人的消耗与自然承受能力之间的合理关系，注重自然资源的承载能力，从而有利于自然生态环境的保护。第三，在道德层面上来看，倡导“适量消费”是契合节约等最基本道德价值观念的消费方式。

2. 绿色消费

如果说“适量消费”是消费方式生态化在物质消费数量上的要求，那么，倡导“绿色消费”则是消费方式生态化较为适宜的选择。从广义上而言，绿色消费泛指一切有利于资源节约、环境友好的消费方式与理念，从一定意义来看，它等同于消费方式的生态化。而从绿色消费的狭义上而言，则是指消费方式生态化的一项基本要求。

消费，它并非只是人类社会一项简单的消耗劳动产品或非劳动产品的过程，而是蕴含了人类社会一定的行为价值取向与观念。一种消费观念与模式往往与人类社会认识自身与自然之间的关系密切关联，如果践行一种人类中心主义的价值观念，那么，必将视其他类的生物为人类的消费对象，从而无视消费行为所产生的消极后果，始终坚信自然界是人类社会取之不尽、用之不竭的消费产品宝库。如果我们能够从消费这一视角来正确认知人类社会与自然之间的关系，则必然摒弃一切不合理的消费观念与模式，而回归到人类社会本真性消费轨道上来，正确认识消费与生产之间的实质性关系，正确地认知人与自然之间的相互依赖性关系，实施适度合理的消费行为。当下，大力推行绿色消费则是实现这一目标不可或缺的举措。

何谓绿色消费？马克思认为，消费是“人的本质”的表现和确认，也是人的本质不断升华、不断发展的重要条件。所以，人的发展是评价消费是否合理的终极的价值尺度。从终极意义上的价值评价上讲，消费合理与否的标志是人的自我发展和自我实现，是人的潜能的发挥，是人的才能和能力的提高。现代的生态素质不仅要求人类生产方式的变革，而且对人类生活方式也提出了更高要求。改变人类不健康的消费方式，全面提倡绿色消费是实现人全面自由发展的必然选择。①

1992 年，在里约联合国人类环境与发展大会通过的《21 世纪议程》中，虽然没有对绿色消费概念做出一个明确的界定，但我们可以从中提炼出有关于绿色消费的核心理念：一部分人的消费不能以损害当代人和后代人的利益为代价，说明当代人的消费不能危及后代人的生存。这无疑是从可持续的角度对人

① 曾建平．环境正义——发展中国家环境伦理问题探究［M］．北京：人民出版社，2007：248.

类社会的消费行为提出了要求。1994 年，在联合国环境规划署的报告《可持续消费的政策因素》中，绿色消费是指：提供服务以及相关产品以满足人类的基本需求，提高生活质量，同时使自然资源和有毒材料的使用量减少，使服务或产品的生命周期中所产生的废物和污染物最少，从而不危及后代的需求。可见，在《21 世纪议程》的基础上，《可持续消费的政策因素》对绿色消费提出了具体明确的要求。

自 20 世纪 80 年代起，绿色消费的观念与行动就已经在一些国家和地区出现，并引起了理论研究者的关注。

20 世纪 80 年代后半期，在英国便掀起了“绿色消费者运动”，然后席卷了欧美各国。1987 年在英国出版的《绿色消费者指南》中将绿色消费具体定义为避免使用下列商品的消费：危害到消费者和他人健康的商品；在生产、使用和丢弃时，造成大量资源消耗的商品；因对度包装，超过商品物质或过短的生命期而造成不必要消费的商品；使用出自稀有动物或自然资源的商品；含有对动物残酷或不必要的剥夺而生产的商品；对其他国家尤其是发展中国家有不利影响的商品。自此，绿色消费的观念渐趋深入人心，并在人们的消费行为中得以体现。

从环境保护的角度出发，国际上环保专家把绿色消费概括成“R5 原则”，即：节约资源，减少污染（Reduce）；绿色生活，环保选购（Reevaluate）；重复使用，多次利用（Reuse）；分类回收，再循环（Recycle）；保护自然，万物共存（Rescue）。

在国内，对于绿色消费也得到了许多学者的关注。

北京地球文化中心的廖晓义概括出了“R5 现代时尚”和“S4 传统价值”。R5 现代时尚是指：生态平衡，适度消费（Reduce）；绿色认证，品质消费（Reevaluate）；废物减量，复用消费（Reuse）；垃圾回收，循环消费（Recycle）；修复自然，人文消费（Restore）。S4 传统价值是指：珍惜资源，俭约其行（Simplictiy）；修身养性，高尚其志（Spiriutaltiy）；关爱生命，强健其体（Sporting）；天人合一，和谐其境（Sustainability）。[①]

绿色工作室把绿色消费定义为：绿色消费是为了实现发展经济和保护环境

① 廖晓义．绿色消费与绿色中国［J］．绿色中国，2004（Z1）．

的双重目标，遵循生态学的规律实现经济发展和生活消费的一种新思想。①

刘湘溶教授在《生态文明论》一书中，将绿色消费定义为：绿色消费不仅是指对绿色产品的消费，而且是指一切无害或少害于环境的消费。所谓绿色产品是对无害或较少有害的产品的统称，它有三层含义：一是指这些产品的生产工艺，生产过程不会破坏、污染环境（或对环境的破坏、污染较轻）；二是指这些产品在使用中或使用后不会破坏、污染环境（或对环境的破坏、污染较轻）；三是指这些产品是没有被污染或污染较轻的产品。②

在中国消费者协会看来，绿色消费的内涵应该是“在社会消费中，不仅要满足我们这一代人的消费需求和安全、健康，还要满足子孙万代的消费需求和安全、健康”。

对于绿色消费，可谓仁者见仁智者见智，但是，绿色消费始终坚持一个基本的价值取向——可持续、适度、生态化、促进生产。我们认为，这是人类社会消费行为必须坚持的基本方向，只有坚持消费的可持续性原则，方可扭转过度消费与超前消费的错误观念，才能将消费行为从异化的状态纳入正常的轨道上来；只有坚持适度的消费行为，方可将消费与生产紧密地联系在一起，实现二者的相互促进，而不至于造成浪费或者压制基本生存需要的满足。

3. 文明消费

从消费性质来看，消费方式生态化要求“合道”——文明消费。

广义地说，文明消费包括适量消费、绿色消费，我们这里所提出的文明消费是就消费的价值取向、道德倾向而言的合乎社会主义道德价值的消费，针对的是奢靡消费、低俗消费等不文明消费而言的。

当前奢靡消费的形成是由内外因共同作用的结果。从内因看，奢靡消费是扭曲和异化了的价值观、道德观和欲望的物质表达。进入消费社会后，传统的价值观念体系受到空前的挑战和破坏，而与消费社会相适应的新的消费伦理道德尚未建立起来，由此必然形成扭曲和异化的价值观、道德观与欲望。它片面强调外在的物质消费，忽视了内在的精神满足，仅仅满足于感性的欲望刺激，缺少理性的伦理审视。所有的消费都只是为了满足不断膨胀的欲望和虚假的需

---

① 绿色工作室．绿色消费［M］．北京：民族出版社，1999：27.

② 刘湘溶．生态文明论［M］．长沙：湖南教育出版社，1999：129.

要，并非为了生活、自我实现以及人的全面发展，形成了沉迷于物欲、毫无精神追求的“单向度”的人。从外因看，奢靡消费是人的不合理需求受到外界的刺激与煽动。电视、广播中的新闻、广告都是一些符号和信息。这些信息把消费者的需求与市场上的物品链接到了一起。不合理的需求反映到市场上去，就必然形成奢靡消费。奢靡消费、奢侈品虽然可以改善一部分的生活，某种意义上，奢靡消费、奢侈品虽然可以促进消费，增长 GDP，但更重要的是，它忽视了对他人、社会和自然的负面影响。

而低俗消费就是无知的、盲目的非理性、反道德的消费。当前，消费者的消费观念正在逐渐改变，但是，在现实生活中，落后、无知、愚昧的消费习惯大量存在，如修陵墓、造庙宇、看风水、算命占卜、大吃大喝、吸毒、赌博、酗酒以及婚丧嫁娶大操大办等。例如，在吃的方面，餐桌比阔斗富、铺张浪费比比皆是，滥食野生动物不良风气普遍存在，把吃珍、吃奇作为一种时尚和享受，由此导致资源的大量消耗，许多物种受到威胁。以满足虚荣、盲目攀比、追求享乐等为导向和目的的低俗消费，既容易造成不必要的铺张、浪费，耗费有限的社会资源，又容易助长享乐主义、拜金主义、及时行乐等思想，败坏社会风气。

文明消费反对没有消费知识的不科学消费。科学消费是建立在理性知识基础上的消费方式，是知道商品或服务本真价值的消费。

文明消费的科学基础是安全。安全需要是人类生活的基本需要，即便在消费中，安全仍是最基础性的需要。但是，在市场经济中，由于人们从事经济活动直接目的和最终目的的分离，利益的驱使使消费安全受到越来越严重的挑战。没有安全的产品、服务，就没有文明的消费。

文明消费的科学要求是健康。健康需要是随着人类进化，消费主体在对人自身和消费对象认知水平不断提高的过程中逐步提出来的。在消费过程中，消费者永不停顿地认识自己、永不停顿地认识客观消费对象，其基本动力和基本目标就是人的健康。健康消费实现的关键是知识，所以消费是科学，是一个学习过程，是一个人文素养提高的过程。

文明消费的科学标志是效益。所谓消费效益是指一定量的资源财富消耗要求对促进生产发展和提高生活质量所起的积极作用。消费效益的高低，既取决于消耗资源财富的多少，又取决于对生活所起作用的性质及其大小。衡量消费效益，应该进行综合考察、全面衡量，既考虑由此产生的积极效果，又考虑可能带来的负面影响；既考虑对自身需要的满足，又考虑对社会、对他人可能产生的影响；既考虑对满足眼前需要的作用，又考虑可能带来的长远效应，力求在总体上趋利避害。一句话，就是努力以最小的消耗换取最大的效益。

文明消费反对不道德的消费。消费不仅是一种经济行为，而且也是一种文化现象，需要人文关怀。奢靡消费、低俗消费使得道德沦丧、人性堕落。作为奢靡消费的极端形式，现代社会开始出现“女体宴”、“人乳宴”、“胎盘宴”等以人为载体的离奇消费，它们不仅亵渎了神圣的人性、良知，也摧毁了人类建构的文明大厦。其中所隐含着的猥亵的心态、阴暗的心理、辛酸的血泪、麻木的心灵不但不能表征人的进化，反而使人蜕化到野蛮的状态。因此，人的消费行为本质上是一种道德行为，应当是建立在科学理性思维基础上的自觉行为，而不应当是非理性的盲目行为、野蛮行为、低俗行为。因为人们都是在特定的社会关系中进行生产消费和生活消费的，人们的生产和生活都是相互影响、相互制约的。任何消费都不是孤立的个人行为，都会对社会、对他人产生一定的影响。古今中外从来没有与道德无关的消费行为。反过来，一个人的道德水准，对其消费方式具有重要的影响作用。道德品质高尚、社会责任感强的人，在消费过程中会自觉严格要求，厉行节约。所以，文明消费要求具有很强的消费道德意识，时刻想着自己的消费行为可能对社会和他人造成影响，自觉按照社会主义道德准则来规范各种消费行为。

文明消费使人明确了消费的真谛，确定了“以人为本”的价值理念，为人的文明素质提高指明了方向和具体途径：既要以丰裕的物质产品维持生命、健全体魄、升华自然感觉、充实生活，又要以高雅的精神产品完善人格、净化心灵、陶冶性情，摆脱动物机能式的消耗之举，使消费成为确证人的本质力量的活动，使人在逐渐完善自我的同时亦能体验到幸福的感受，并在幸福感的激励下追求进一步的发展。与之相应，人的文明素质的提高，会使人不再专注于对象的消费性特征，不再以自己的物欲为中心而使他人或外物单纯地为满足自己的欲望服务；它使人们明确“消费多少是合度的？消费什么是合宜的？如何消费是合道的？”三个有关联的问题，从而从发展的要求出发，考虑自我完善性与外在消费条件的约束性等因素，自觉地超越自己的感性需要，实现全面自由的发展。

三、消费方式生态化转向的路径选择

生态文明建设对消费方式提出了生态化的要求，为了形成资源节约和环境友好的消费方式，使之生态化，需要实事求是地对当前我国消费状况做出基本考量，分析其原因，并提出对策。

第一，大力培育公民的绿色消费意识。在社会中，大力推行和培育人们的绿色消费意识是倡导环境保护的重要举措。培育人们的绿色消费意识旨在树立正确的消费观念，实施正确合理的消费行为，这必然涉及人们生活中的点点滴滴，需要从日常生活中的衣食住行等方面时刻践行环境保护观念，倡导生态文明建设的价值。从最终的意义上而言，绿色消费意识的培养则是在促使人们正确地认知人类与自然的合理性关系。在正确认识人与自然关系的前提下，旨在推进人与自然和谐相处。因为“我们连同我们的肉血和头脑都是属于自然界之中的”①，而且“人同动植物一样，是受动植物的受制约的存在物”②，如果“不以伟大的自然规律为依据的人类计划，只会带来灾难”③。

人类的消费行为是一种在一定意识支配下的消耗物质产品或非物质产品的过程。因此，应该首先树立绿色消费的意识方可有绿色消费行为。倡导绿色消费意识则是提倡人们客观公正地看待人与自然的关系，坚持二者实为一体化的基本观念。在该观念指导下的消费行为，尊重崇尚人和自然的整体性和规律性要求，同时，当然也不排斥人的主观能动性的发挥。既不否定人类正当性的消费需求，只要在消费过程中做到消费的生态性、环保性，又能适度合理地节约了资源，于是，便可以实现社会发展的可持续性，无疑是人与自然的双赢选择。

第二，转变经济发展方式，倡导绿色生产。绿色消费必将引起生产方式的转变。这是绿色消费在全社会大力推广之后的一个必然性的反应。这就需要生产者改变以往无视生产行为所造成的环境破坏的观念，更新生产方式，开发绿色产品。

---

① 马克思恩格斯选集：第 2 卷［M］. 北京：人民出版社，1972：518.

② 马克思. 1844 年经济学哲学手稿［M］. 北京：人民出版社，2000：87 - 88.

③ 马克思恩格斯全集：第 31 卷［M］. 北京：人民出版社，1972：251.

绿色生产，一般而言，是指在经济社会发展过程中，需要从原材料的选用开始，全方位地坚持以节能、降耗、减污为终极目标，采取环境保护的管理方式，应用环保技术，对经济发展的全过程进行生态化的考量，实施污染物最小化的控制，从而使生产活动所产生的污染物总量最少化的一种生产方式。

绿色消费的前提之一必须是可供消费产品的绿色化，因此，绿色生产是大力倡导绿色消费的基本保障。转变经济发展方式，推行绿色生产，这一举措与消费观念密切关联，二者是一个相互促进的关系。绿色消费内容与能力引导着生产方式的走向，从而为绿色产品提供了广阔的流通目的地；反之，高度发达的绿色产品生产能力则必将促使社会绿色消费的实现。

第三，以小见大，培育绿色消费的热点。培育人们的绿色消费意识，大力推进生产方式的转变，倡导经济发展的绿色模式，这是从宏观的层面来实现人们消费行为回归到正常理性的轨道上，但是，消费行为涉及人们日常生活的点点滴滴，因此，需要从细节入手，形成社会绿色消费的热点，以小见大，以点带面，最终形成全社会的绿色消费风尚。

消费热点是指，在一定时期内，人们的消费需求或者购买力比较集中地投放于某种或某些消费品或劳务，进而出现追求这些消费品或劳务的热潮。① 因此，在人们的日常生活中，培育绿色消费的热点可以逐渐引导社会绿色消费规模化效应的形成。通过热点的形成，促使人们认识到绿色消费的合理性与意义，从而为大规模的绿色消费形成奠定基础，这是让人们消费行为回归正常通道的重要方式。因此，需要在“绿色住房、绿色旅游、绿色汽车、绿色服务、绿色教育、绿色食品、绿色家电、绿色服装”等领域形成热点效应，让绿色产品成为人们日常生活中的首要选择。

第四，构建绿色消费的制度体系。绿色消费热点，它往往存在持续性不够的缺陷，这就需要政府构建长效机制，制定合理的制度来进行引导和强化。这样，才为绿色消费热点转化为一种社会风尚与消费习惯提供一种必要性的保障。

为此，政府需要运用合理的方式来引导绿色消费者和生产者，加大对绿色消费与生产者的经济扶持力度。对绿色产品生产企业采取一些扶持政策，灵活

---

① 刘乐山，雷丁．论消费热点的培育［J］．湖南大学学报（社会科学版），2010（3）．

运用财政和金融杠杆的调节作用，给予绿色生产企业积极支持和鼓励，并在信贷、税收等方面给予优惠政策，承担绿色企业的社会环保成本，从而降低绿色企业生产绿色产品的成本，使其价格能被广大消费者接受。① 反之，在税收方面，加大对耗能大、污染多的企业的税收力度，而对绿色产品的生产和消费要给予适当的税收减免，从而积极推进企业经济增长方式的转变和消费者绿色消费的积极性。

第六节　推进人格塑造的生态化转向

人是文明的主体，文明的发展也是为了人。所以，生态文明作为一种全新的文明形态必然要对人的发展提出全新的要求，即要对人格教育和塑造模式提出新的转换要求。

一、人格的本质

唯物史观告诉我们，要理解人格的本质，只有从人们赖以生存发展的社会物质生产活动即社会关系出发，才能正确认识社会历史发展，才能真正说明人、人性、人的本质以及人格的本质。因为人不是抽象的、超历史的生物存在和自然存在，而是具体的、历史的社会存在。首先马克思和恩格斯批判了费尔巴哈“抽象的人”的理解，将人的本质从抽象的人转向现实的人进行剖析与研究。所谓现实的人不是他们自己或别人想象中的那种人，而是在现实中生活的活生生的人，是从事活动、进行物质生产的，因而是在一定的物质的、不受他们任意支配的界限、前提和条件下进行物质生产活动的人。他说：“我们不是从人们所说的、所设想的、所想象的东西出发，也不是从口头说的、思考出来的、想象出来的人出发，去理解有血有肉的人。我们的出发点是从事实际活动的人，而且从他们的现实生活过程中还可以描绘出这一生活过程在意识形态

① 王雪飞，任文静．浅谈我国现阶段绿色消费行为的引导［J］．江苏商论，2005（6）．

上的反射和反响的发展。”① 并且对现实的人的考察，“不是处在某种虚幻的离群索居和固定不变状态中的人，而是处在现实的、可以通过经验观察到的、在一定条件下进行的发展过程中的人”。② 在此前提与基础上，马克思进而指出，“人的本质不是单个人所固有的抽象物，在其现实性上，它是一切社会关系的总和。”③ 因此，马克思指出“人格是人的规定性”，“特殊的人格的本质不是胡子、血液、抽象的肉体的本性，而是人的社会特质”。④ 而且，人的社会特质所反映的社会关系不仅是历史性的，而且每个人的社会关系也各不相同，因此，在社会关系制约下而生成的人的本质，仍然是现实性的、活生生的人的本质。这就充分说明，人格既不是那种纯生物学强调的自然特质，也不是那种超越现实的抽象的“观念”或“意志”，而是特指人的社会特质即社会关系的反映，表现为人在处理和调节人与自然、人与社会、人与人（包括自身）关系时的价值取向、行为准则和精神状态。所以，人格的本质只能从社会中才能获得其合理的规定，且是人追求为人的“人”之本性的历史规定，是人的社会本质的道德体现，是由社会存在决定的作为自然的、社会的主体的人的权利、地位、尊严等基础上产生的一种道德意识，是自我意识根据道德规范对自己的思想、感情、意志以及行为进行调节所凸现出来的精神素质和内在特质的总和。人格的获得，是人的各种本质力量的全面发挥，是人性的全面完善与升华。

二、人格与生态的内在关联

任何人都是大自然的一部分，他的生活，包括他的全部内在意识活动和外在的行动，都始终依赖于大自然。由此，人格作为人之为人的资格，也始终跟外部自然界有一种不可分割的关系。但是，人格跟外部自然界尤其是生态环境系统到底有何具体的关联，对此，仍然需要在上述阐述的基础之上进行深入的探讨。

心理人格究竟跟外部生态环境有什么关系，就值得人格心理学家们做出更

① 马克思恩格斯选集：第1卷［M］．北京：人民出版社，1995：73.
② 马克思恩格斯选集：第1卷［M］．北京：人民出版社，1995：73.
③ 马克思恩格斯选集：第1卷［M］．北京：人民出版社，1995：18.
④ 马克思恩格斯全集：第1卷［M］．北京：人民出版社，2005：270.

深入的研究。也许，心理人格的完整和谐，在很深的意义上依赖于人与生态环境的和谐，但迄今为止心理学家们对心理人格的各种探索，都还未曾深入地触及这个课题。同样，传统的道德人格似乎也跟生态环境距离遥远。不过，近代几乎所有法权论者在谈论人的法权时，却明确地涉及作为法权主体的人格同外部自然物（包括生态环境）的关系。康德在《道德形而上学》的“法权论”中就明确谈到，人作为“私人法权”的主体，有权利占有自己的身体和身体之外的其他自然物，而这样被占有的东西就构成了他的“财产”。康德的这一思想在黑格尔的《法哲学原理》中得到了进一步发挥。尤其值得注意的是，黑格尔在谈论人格或法人具有财产权时，明确地把外部自然界作为财产的一部分加以考虑。所以，对黑格尔而言，所谓法权人格，首先表现在它能够占有外部自然界，即把外部自然物作为自己的财产来加以占有。于是，人格的权利，在此意义上就是财产权。

可见，不论是康德还是黑格尔，抑或是其他近代法权理论家，他们在谈论所有权或财产权的时候，都明确地肯定了法人或人格应该具有占有和使用自然物的权利。这种法权论不只具有政治学的意义，而首先是从经济学的角度来阐发的。当他们把法权人格的人格权同对于物的所有权联系起来时，他们所说的法权人格便从本质上具有经济人格的含义。在黑格尔之后，马克思并不满足于像黑格尔等人那样抽象地谈论法权人格的财产权，而是具体地揭示了资本主义社会劳动者对自然界完全丧失了权利，而占有了自然界的资本家却完全不承担对于自然界和劳动者的责任的不公正地现实。

对马克思而言，资本主义社会被分裂成无产者（工人）和有产者（资本家）两大对立的阶级。这两个阶级同自然界即他们的财产的关系的现实是：一方面，劳动者在进行对自然物的实际的加工和变形，即生产，但他们却完全不能占有他们所生产的对象（自然界）和生产出来的产品，他们甚至都不能占有他们自己的劳动，包括他们自己用来进行生产的各种精神能力（劳动力）。于是，就劳动者同外部自然界的关系而言，可以说他们完全丧失了外部自然界，丧失了他们要进行创造性的生产就不可能片刻离开的自然界。当马克思把自然界当作人的“类本质”，当作人的“无机的身体”来理解时，我们自然也可以说，劳动者失去了他们的“类本质”，失去了他们的“无机的身体”。所以，处于异化劳动条件下的劳动者同外部自然界的关系，也是一种异化了的关系：劳动者在生产活动过程中同自然界的现实的联系，由于法权关系的丧失而显得完全是不由劳动者自己支配的。由于劳动者不拥有对于自然界的所有权，因此，他们就不能成为作为权利主体的法权人格，他们尽管在从事创造性的生产活动，但这种生产活动却成为他们单纯的谋生手段，成为一种被强制的、不自由的、痛苦的活动，他们属人的能力成为他们作为动物的生存的手段了。另一方面，并不直接进行劳动的资本家却是大自然的真正的主人、占有者。但是，在马克思看来，尽管资本家有了对于自然界的所有权，却也并不就是真正自由的独立的人格了。资本家是“人格化的资本”，他们仅仅把追求利润的最大化当作自己的生存目的，他们丧失了精神的丰富性和全面性，“一切肉体的和精神的感觉为这一切感觉的简单的异化即拥有感所代替”。[①] 在这种情况下，他们也就只能以片面的占有的方式对待自然界，他们只把自然界当作自己赚取更多利润的单纯的工具。在《1844 年经济学哲学手稿》中马克思曾特别指出，饥寒交迫的穷人固然对最美的景色会无动于衷，“贩卖矿物的商人只看到矿物的商业价值，而看不到矿物的美和特性；他没有矿物学的感觉”[②]。

马克思确实没有使用现代生态学的术语，来阐释无产者和有产者各自同生态环境的关系，他也没有明确地把保护生态环境当作这两个阶级的法权责任乃至道德责任。但是，马克思在谈论劳动者、资本家同作为人的“无机的身体”的自然的关系时，确实包含了同生态环境的关系。当马克思认为不论是劳动者还是资本家都不可能以全面的方式占有自然界的时候，他实际上肯定了他们都不是真正意义上的自由的、全面的、同外部自然界和谐统一的人格。不论是劳动者还是有产者，在不能以全面的方式拥有外部自然界时，他们实际上也不能自觉地去履行保护自然的责任。不拥有自然界的劳动者当然不会去保护“异己的”自然界，因为自然界不属于他；而拥有自然界的资本家由于仅仅把自然界当作自己谋取利润的手段，因此也不能把自然当作审美的对象，当作有机的生命来看待，他们只知道从自然界中榨取利润，而不能从人与自然有机统一的高度来保护自然，更不可能为了其他人的利益而放弃对自然界的掠夺。

马克思对资本家作为“人格化资本”以及这种“资本人格”与外部自然

① 马克思.1844 年经济学哲学手稿［M］. 北京：人民出版社，2000：77.
② 马克思.1844 年经济学哲学手稿［M］. 北京：人民出版社，2000：80.

界的异化了的关系的阐释，是与恩格斯的思想完全一致的。在《自然辩证法》中，恩格斯曾指出："到目前为止的一切生产方式，都仅仅以取得劳动的最近的、最直接的效益为目的。……在西欧现今占统治地位的资本主义生产方式中，这一点表现得最为充分。支配着生产和交换的一个个资本家所能关心的，只是他们的行为的最直接的效益。不仅如此，甚至连这种效益——就所制造的或交换的产品的效用而言——也完全退居次要地位了；销售时可获得的利润成为唯一的动力。"① 在恩格斯看来，正是因为资本家只是以追逐眼前的利润为行为的目的，所以，他们根本不会顾及他们的行为对于自然界可能产生的长远的后果，也不会顾及这些长远的自然后果会对其他人产生哪些灾难性的影响。这就是说，资本家既不会考虑到他们的行为的较长远的自然影响，也不会考虑他们的行为的较长远的社会影响。"在各个资本家都是为了直接的利润而从事生产和交换的地方，他们首先考虑的只能是最近的最直接的结果。一个厂主或商人在卖出他所制造的商品或买进商品时，只要获得普通的利润，他就满意了，而不再关心商品和买主以后将是怎样的。人们看待这些行为的自然影响也是这样。西班牙的种植场主曾在古巴焚烧山坡上的森林，以为木灰作为肥料足够最能盈利的咖啡树施用一个世代之久，至于后来热带的倾盆大雨竟冲毁毫无掩护的沃土而只留下赤裸裸的岩石，这同他们又有什么相干呢？在今天的生产方式中，面对自然界以及社会，人们注意的主要只是最初的最明显的成果，可是后来人们又感到惊讶的是：人们为了取得上述成果而作出的行为所产生的较远的影响，竟完全是另外一回事，在大多数情况下甚至是完全相反的。"②

可见，恩格斯和马克思一样把资本家所具有的人格，当作唯利是图的"资本人格"来看待，这种人格尽管拥有了对于自然界的"法权"，但是在内在的精神层面却是一种只为赚钱动机所支配的"拥有感"，这种片面性使得资本家始终只是把自然界仅仅当作获得更大利润的手段。资本家没有或不愿意去了解他们的经济行为的长远的自然和社会后果，他们不能够为了其他人的利益而承担保护自然界的责任。他们是权利主体，但不是具有责任感的责任主体。他们还认识不到作为真正的人格，应该具有全面的感觉和精神能力，应该追寻

① 马克思恩格斯选集：第 4 卷［M］．北京：人民出版社，1995：385.
② 马克思恩格斯选集：第 4 卷［M］．北京：人民出版社，1995：386.

同自然界和其他人的和谐统一。正是由于他们缺乏人与自然、人与人和谐统一的观念，他们的唯利是图的行为最终总会造成人与人、人与自然的冲突和对抗。可见，资本家的人格，从现代生态保护的角度来看，其实是一种不顾及长远生态效应的反生态化人格。近代西方工业文明以来所出现的日益严重的生态危机，归根到底同这种反生态化人格密切相关。

从以上论述可以得出一个结论：要使工业文明转向生态文明，必须实现人格的生态化转型。

三、塑造生态化人格

生态文明代表了时代的特征，文明的转型，不仅对人格的发展与完善提出了新的要求，在其转型过程当中，也使得新型人格——生态化人格的塑造成为可能。

生态化人格是道德人格的一种新型要求，它是生态伦理原则与规范和生态道德素养内化为人的良知后形成的一种道德人格样式，是一个人对待人与自然之间的道德关系、生活方式、生存方式所持有的具有个性特征的确定的态度和立场。生态化人格作为一种道德人格，体现为生态道德认识和态度、生态道德情感、生态道德意志、生态道德信念和生态道德行为习惯。

生态化人格是一种适时顺势的人格范式。虽然长期以来，工业文明时代的主体性人格根植于理性主义、个人主义、科学主义和功利主义，形成了物化的单向度的人格范式，仍然影响着当前人类的发展，但是20世纪60年代以来，随着绿色运动、环保运动的兴起，生态伦理学的产生并日渐成为一门显学，环境教育的开展如火如荼，环保理念逐渐深入到政府、非政府组织、企业、社区乃至部分人们之中，人们的生态意识日渐得到积累和增强，催生了生态化人格。另外，生态科学的迅速发展，以及生态观念向其他自然科学、人文社会科学领域的广泛渗透，使得生态化人格的塑造成为可能。“生态意识和生态伦理学所反映的价值观将实现对人的重新塑造。”①

生态化人格的提出成为了一种历史的必然。同时，生态化人格也是对前两种人格范式的继承和发展，生态化人格一方面克服了农耕文明时代人格对自然

① 徐嵩龄．环境伦理学进展：评论与阐释［M］．北京：社会科学文献出版社，1999：410.

强烈的依附性，肯定其合理的主体性内核，主张立足于个体的自觉与内省，自主性、创造性地塑造人格；另一方面又克服了工业文明时代物化的单向度人格发展中形成的立足于个人的利己主义倾向，主张继承传统农业文明时代强调突显的人与自然、人与社会和谐的人格特征。生态化人格向全面发展的自由人格的实现迈进了前进的一大步。

恩格斯曾告诫人们："不要过分陶醉于我们对自然界的胜利。对于每一次这样的胜利，自然界都报复了我们。"与此同时，他又充满信心地指出："事实上，我们一天天地学会更加正确地理解自然规律，学会认识我们对自然界的惯常行程的干涉所引起的比较近或比较远的影响。特别从本世纪自然科学大踏步前进以来，我们就愈来愈能够认识到，因而也学会支配至少是我们最普通的生产行为所引起的比较远的自然影响。""而且也认识到自身和自然界的一致，而那种把精神和物质、人类和自然、灵魂和肉体对立起来的荒谬的、反自然的观点，也就愈不可能存在了。"①

我们虽然有理由为人类今天面临的困境而深切忧虑，但也有理由对人类的未来寄予希望。只要我们正确处理人和自然的关系，就一定能够创立一个完全新式的人类文明，一个可以永续发展的文明社会。

所以，推进人格的生态化是生态文明建设主体进程的重要一域。人格的生态化既是建设生态文明的前提，又是建设生态文明的结果。二者相拥相成，辩证统一，同时表明了推进人格的生态化对于生态文明建设的意义。换言之，这种意义可以用两个命题来加以概括：其一，推进人格的生态化有助于生态文明建设的顺利开展；其二，推进人格的生态化是生态文明建设的内在目的。

就第一个命题来看，推进人格生态化对于生态文明建设所具有的积极意义，首先可以从生态文明建设必须以人为主体这一点得到理解。马克思、恩格斯说，人是什么，"这同他们的生产是一致的——既和他们生产什么一致，又和他们怎样生产一致"。"怎样生产"一方面指向对象，即用什么劳动资料生产，另一方面指向主体，即具有何种观念和素质的人。人是一切社会实践活动的主体，自然也是生态文明建设的主体。如果承担生态文明建设重任的人是不具有生态化人格的生态人，而是那种对生态环境保持冷漠状态的"非生态

① 马克思恩格斯选集：第3卷［M］. 北京：人民出版社，1995：518.

人”，或者是那种只想占有和享受自然生态资源，而不注重生态环境保护的“反生态人”，生态文明建设自然不能顺利展开。这些“非生态人”或“反生态人”思维方式、价值观念乃至整个生活方式和存在方式，都与生态文明建设的要求格格不入。相反，具有生态化人格的人乃是树立了生态文明观念，并试图积极在实践中贯彻生态文明观念的人。显然，只有这样的人才能成为生态文明的积极的、负责任的建设者。生态文明建设在呼唤人格的生态化，生态文明要靠具有生态化人格即具有生态文明观念的人去建设、去创造。

生态文明建设需要作为其建设主体的人在思维方式、价值观念、心理结构、行为方式（包括生产方式和消费方式）实现全方位的生态化，即要求人的整体人格实现生态化的历史转型。正是由于人格生态化具有人的全面转变的丰富含义，所以，人格的生态化比起单纯的思维方式的生态化，要具有更全面、更重要的意义。

具体来说，推进人格的生态化、塑造生态化人格对于生态文明建设具有以下几个方面的意义。

第一，推进人格的生态化、培养生态化人格，能够促使生态文明建设的主体不论是在道德人格的养成还是在心理人格的完善上，都自觉地把自己的人格构成与自己生活于其中的自然生态环境系统相联系。如前所述，所谓人格的生态化，从心理人格和道德人格这类“非生态化人格”的角度来看，意味着这些非生态化人格要在由工业文明向生态文明的历史转型过程中获得生态内涵，即确立这些原本似乎跟生态无关的人格同生态环境的内在关联。显然，这一转型过程将会不断凸显生态环境在人的道德和心理人格结构中的重要性，从而促使人们在追求自我道德和心理完善的过程中致力于实现自我人格与生态环境的和谐统一。

第二，推进人格的生态化、培养生态化人格，从法权人格的角度看，能够促使生态文明建设的主体积极维护自己合法的生态权利，并追求更大的维护自己合法生态权益的权力。在这一不断维护生态权利和权力的过程中，生态文明所内在包含的制度文明方面将会得到切实有效的构建。因为权利总是跟法连在一起，人们维护自己的生态权利，便同时意味着在捍卫各种以保护生态环境为宗旨的法律制度。事实上，推进法权人格的生态化不仅有助于各种保护生态环境法律制度的制定、贯彻和实施，而且有助于各种以实现生态资源正义分配和享有为目的的制度安排的实施。在生态文明建设的过程中，如何在不同的人群和地区之间进行生态资源的合理的、公正的分配，其实质就是实现社会财富的合理而公正的分配问题。显然，这个问题可以纳入法权人格生态化的框架中加以解决。

第三，推进人格的生态化、培养生态化人格，能够促使生态文明建设的主体积极而自觉地承担起保护生态环境的责任或义务。生态化人格是权利和义务的统一体，享有合法的生态权利的人必定会自觉地捍卫自己的生态权利，而捍卫自己的生态权利，内在地包含着对生态环境的保护，因为此时，生态环境和各种生态资源，正好是作为法权主体的人所具有的合法权益。所以，推进人格的生态化，首先会在法权人格的层次上，强化主体自觉保护生态环境的责任意识。不仅如此，随着人格生态化的深入开展，主体保护生态环境的责任意识，还会从维护自己合法权益的层次，提升至“为责任而责任”的更高的境界。这时候，生态文明建设的主体为把自觉履行保护生态环境的责任，作为自己崇高的人生理想和道德目标来加以追寻。

第四，推进人格的生态化、培养生态化人格，能够促使生态文明建设的主体形成生态化的思维方式和价值观念，纠正或克服那些不利于生态保护的反生态的思维方式和价值观念，从而使得人们能够在生态化的思维方式和价值观念的引导下，展开生态化的实践活动，包括生产活动、消费活动和所有日常生活活动。所谓反生态的思维方式，从根本上说，就是一种将人与生态环境机械地割裂开来、看不到两者之间具有一体性的机械的、形而上学的思维方式，而生态化的思维方式，内在地包含着人与自然原本一体这一睿智的洞见和智慧，并因此具有自觉追寻人与自然和谐统一的价值倾向。所谓反生态的价值观，主要是指那种为了满足个人的私利而根本不顾他人生态权益或公共生态权益、不顾自己活动的长远自然和社会影响的价值观，它往往会导致具有利己主义色彩的、极其短视和片面的牟利行径。显然，推进人格的生态化，对于人们形成生态化的思维方式和价值观念，具有巨大的促进作用，并由此有助于人们展开生态化的实践活动，推动生态文明建设的顺利开展。

就第二个命题而言，人是生态文明建设的主体和推动者，就此而言，推进人格的生态化自然具有对于生态文明建设的工具或动力意义，但是，从另一个角度看，人又是生态文明建设的内在目的，因而相对于生态文明建设又具有目的意义。

推进人格的生态化、培养生态化人格对于生态文明建设具有目的意义，这一论断符合马克思主义经典作家有关人的自由全面发展是社会历史发展终极价值目标的思想。众所周知，在马克思和恩格斯创立自己科学的人学思想之前，西方近代一大批人本主义思想家如康德等都曾提出“人是目的”的口号。马克思和恩格斯尽管对资产阶级的抽象的人本主义思想进行了科学的清算和批判，但他们并没有完全抛弃早期人本主义思想家所坚持的人道理想。他们之所以提出要用公有制来代替私有制，其价值目的其实还是为了使人类在一种新的制度条件下摆脱私有制条件下的利益分裂和对抗，从而实现人与人、人与自然之间的双重和谐，从而使人类在地球上真正实现现实的、感性的幸福。换言之，使每个人都能够开展自由自觉的、面向整个自然界的、带有审美意义的创造性活动，并且以全面而丰富的方式享有整个自然界。可见，马克思主义经典作家始终把人的自由全面发展，当作社会历史运动所趋向的终极价值目标。按照他们的思想，人类现在正在建设的生态文明，自然也应该以人的自由全面发展为目标。

不用复杂的分析即可以看出：马克思主义经典作家有关人的自由全面发展的价值理想，跟我们前面所说的带有理想性的生态化人格是具有一致性的。这种新型人格正好是那种自由全面发展着的人所具有的人格。所以，把培养生态化人格当作生态文明建设内在包含的价值目标，可以跟马克思主义经典作家有关人的自由全面发展的思想统一起来。

把推进人格的生态化、培养生态化人格当作生态文明建设的内在的价值目的，也完全符合我们党当前正在大力推行的科学发展观。众所周知，科学发展观的第一要义是发展，基本要求是全面协调和可持续，根本方法是统筹兼顾，但其核心则是以人为本。这一核心思想，当然包含着在推动科学发展时要把人当作根本动力这层含义，但是更根本的含义，还是指要把人当作最根本的价值目标。具体来说，要把人的生活富裕和幸福，当作一个实质目标。在我国，以人为本的这个“人”，固然具有普遍性，理应指称全体公民，不过按照群众史观，也可以理解为“人民”，以人为本，即指要以最大多数的人民群众的福利为根本价值目标。这里所说的人民群众，从共时态的角度来看，指一个时代里绝大多数人们。根据这种理解，在贯彻以人为本原则时，要坚决反对少数人以牺牲大多数人的利益来满足自己私欲的做法。从历时态的角度来看，以人为本原则的贯彻，还包含着当代人在实现自己的利益时必须考虑和兼顾后代人利益的内涵。当然，以人为本的原则的贯彻，并不仅仅涉及处理不同人的利益的关系问题，而是还涉及完整的人同片面的人的关系问题。从表面上看，以人为本往往是同以物为本相对立的。在当代社会，商品拜物教和货币拜物教流行，因而存在着马克思所批判的普遍的“物化”现象。不过，人们对物、金钱的崇拜，其实意味着人们对人本身做了片面的理解，即仅仅从物的方面理解人的本质，结果把人自身生活的全部意义，都寄托在“物”的占有上。此外，在中国很常见的片面追求经济指标（GDP）的做法，同样表现出了对人的片面理解，因此在发展经济的过程中，遗忘了人文精神方面的指标，遗忘了人的道德和人格方面的独特价值。进而言之，推进人格的生态化、培养生态化人格之所以构成生态文明建设的内在目的，主要包含两个方面意义：

一方面，生态文明建设的根本目标，原本就是要使地球上所有人都能够享有自然界中的生态资源，尤其是要让子孙后代能够永续地使用生态资源。显然，这一目标跟法权人格生态化的目标指向恰好一致，因为法权人格生态化的固有含义之一，就是要使所有人都成为生态资源的法权主体，从而保障全体公民的生态权益。由于人类的全部生活尤其是物质生活始终要依赖于外部自然界，因此，保障人们的生态权益，是保证人们生活富裕和幸福的不可缺少的物质基础和前提。生态文明，说到底是生态良好的文明，而生态良好，又是人们生活幸福的保证。

另一方面，生态文明建设的根本目标，不仅仅在于使人们物质生活富裕，而且要使人们精神充实而高尚，而这一点，同样与推进人格的生态化的目标相一致，因为法权、道德和心理人格的整体生态化，不仅意味着人们要形成生态化的思维方式和价值观，形成洞见到人与自然相统一的生态智慧，而且意味着人们要自觉地成为维护生态环境的责任主体。这些内容，恰好表明人格的生态化指向人的精神生活的全面提升。值得指出的是：当我们把具有生态化人格的“生态人”当作生态文明建设的内在目的时，这个“生态人”绝不只是一个只会享受和使用生态环境的经济人，而是一个能够自觉担当起保护生态环境的责任主体。正是这一点，才使生态人赢得了独特的道德价值，能够成为真正的具有崇高感和尊严的道德人格。① 把这样一种生态化人格当作生态文明建设的内在目的，也进一步表明生态文明绝不仅仅是一种物质文明，而是一种使人的精神不断升华的精神文明。

事实上，推进人格的生态化、培养生态化人格不仅是生态文明建设的内在目的，而且本身就构成了生态文明建设的主要内容。文明是人的存在方式或生活方式，推进人格的生态化，意味着要促使人类以生态化的方式来生活、存在，而这种生态化的生活和存在，其实就是生态文明的固有含义。

---

① 众所周知，"人是目的"这一口号是德国哲学家康德明确提出来的。在1785年的《道德形而上学的奠基》一书中，康德曾经这样写道："因此，实践的命令式将是这样的：你要如此行动，即无论是你的人格中的人性，还是其他人的人格中的人性，你在任何时候都同时当做目的，绝不仅仅当作手段来使用。"（伊曼努尔·康德．康德著作全集：第4卷，李秋零，译．北京：中国人民大学出版社，2005：437．）在理解康德"人是目的"这一口号时，我们需要注意两点：一是康德并不完全反对把人格中的人性当作手段来使用，而是反对仅仅把人格中的人性当作手段来使用；二是康德把人格中作为目的来看待的人性，理解为人格性（Persönlichkeit）。在康德看来，人凭借其文化，而能够成为整个自然目的系统的"最后目的"（der letzte Zweck），但人要想成为整个创化的终极目的（der Endzweck），则必须具有意志自由，能够依照自律的道德法则来行动，这个时候，人具有真正意义的道德人格，具有道德价值和尊严，才是值得敬重的道德主体。所以，人之所以能够成为自在的目的，是需要条件和资格的。

第7章

生态文明建设的保障机制

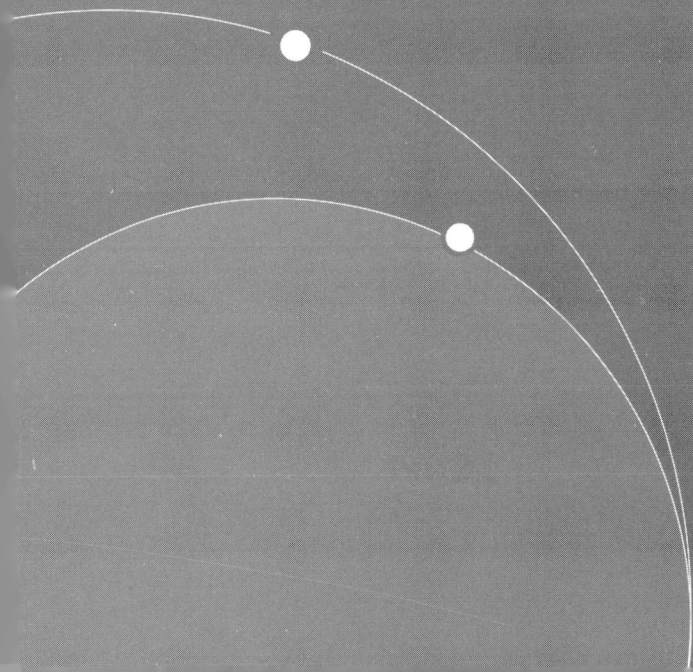

目前，生态文明建设已经不再只是简单地停留在理论上阐述这一层次，生态文明社会自身所内蕴的价值已经逐渐成为了人们行为追求的目标，那么，如何在生态文明核心价值体系与实践之间搭起一座桥梁，从而确保生态文明的核心价值成为人们行为的常态性内涵，成为社会经济发展进程中始终不渝的坚守，这无疑需要完善保障机制。

第一节 政府机制

在现代社会中，政府作为公共利益的代表一直是引导人们进行环境保护事业的重要力量。政府通过制定合理的环境保护政策，执行环境保护的法律，监督个人及组织的环境保护行为，并构建适宜的评价标准，从而确保个人及组织的行为尽可能地符合国家的环境保护政策、法律法规。因此，发挥政府机制作用，是全面实现生态文明建设各项指标的重要保障。

实现政府保障功能的重要方式则是利用政府所享有的各种平台，如决策、执行、监督以及评价等。从政治学或社会学的视角而言，决策是指政府、企业或一个组织团体为达到一定的目标而决定采取的政策策略、行动方案并付诸实施的过程，决策的作用在于通过人的主观思维和决定，力图正确认识、驾驭和控制客观世界的发展变化，并使其为人类社会带来利益。作为一种认识活动，决策一方面体现出人类活动的自觉性和目的性，另一个方面又受到决策主体认识能力和价值取向的影响和制约。① 为此，美国学者西蒙认为：所谓决策就是

① 陈虹．环境与发展综合决策法律实现机制研究［M］．北京：法律出版社，2013：76.

指人类为实现一定的目标而在行动选择上所做的决定，即从诸多替代方案中选择一个行为的结果。所以，政府在做决策之时，必然面对如下问题，并且需要认真地予以解决：明确问题，确定目标，信息充足，调查充分，论证完善合理。一如前述，决策是一项选择的过程，因此，它必然也是一个利益博弈的过程，所以，需要政府的决策机制充分地体现出科学性、民主性以及可持续性，唯此，才能为生态文明核心价值的实现提供必要的保障。

一、政府决策机制的生态化

在生态文明建设的征程上，从政府的基本职责出发，需要政府做出决策之时必须考量决策的价值取向、过程与结果的生态化，符合生态文明建设核心价值的要求，所以，政府决策机制的生态化则成为了政府决策不可或缺的追求。

决策，它是一个动态的选择过程，是在确定的目标价值的指引下，采取合理的方法与手段，对可能实现目标的诸多方案与路径进行判断分析的过程。因此，政府决策机制的生态化必然涉及对基本国情的判断、生态文明核心价值体系内涵的塑造以及方法与手段的选择等范畴。正是在这一意义上，所以，有人认为："生态决策是指在开发和发展决策中把生态环境因素作为决策的最基本因素之一，把资源开发对生态环境的干预程度、开发过程中生态环境的稳定性、生态系统与发展的可持续性的统一作为决策需要考虑的重要因素和重要内容。"①

可见，政府决策的生态化是一个需要在经济发展过程中全面审视环境承载能力的过程。同时，这也是明晰和凸显政府责任与职能的过程。那么，如何体现政府决策的生态化之内涵与价值追求？这就需要政府在做出相关决策之时，做到以下几点：

（1）决策需要民主化。政府作为公共利益的代表，在进行维护和分配公共利益的过程中，需要协调和平衡各种利益冲突和矛盾，以期实现公共利益的最大化和最优化。而决策是否民主化则是实现这一目标的重要因素。决策的民主化可以凝聚社会各方的力量，发挥各方的智慧，为决策的科学性提供必要的保障。生态文明建设与人们的利益密切相关。关系到人们的衣食住行，人们是

① 孙宁华：大学对政府生态决策的参与［J］．经济研究导刊，2008（18）．

否从内心深处支持政府所颁布实施的各项生态文明建设举措，这是考量政府决策实效性的基本前提。因此，需要广大人民群众积极参与，充分发挥他们的聪明才智，实现政府与社会的良性互动，从而为政府的决策提供必要的民意支撑。

通常情况下，政府民主决策的主要表征就是为各种不同意见提供充分合理的表达平台与机会，使得各种声音得到客观充分的表达。那么，在实践中，政府可以借助于各种方式，报纸、广播、网络以及电视媒体，就生态文明建设的各项决策公开征询广大人民群众的意见，召开听证会，由此，增加决策的透明度。

（2）决策需要科学化。尊重自然规律，这是政府决策科学化的基本要求。决策的科学化需要政府以事实为根据，正确认知经济社会发展的内在规律，避免决策过程的偏见和武断。生态危机的出现，在很大程度上是人类社会片面夸大自身改造自然能力，无视自然规律的结果。因此，在全面建设生态文明的进程中，遵循规律，科学决策，是不可回避的重要问题。这就需要政府在进行经济建设中，对于影响环境的项目进行全方位的合理的环境评价，采用科学的技术手段避免污染环境，审视环境承载能力，从项目的立项、建设到后期的运行，都需要始终坚持将环境保护置于不可动摇的地位。

（3）决策需要法律化。政府的决策行为是国家行政机关做出行政决定的行为，是国家在行政管理过程中对经济社会发展诸多事务所进行的判断和选择，并上升为国家行为的过程。决策的具体表现为国家的方针、政策、法规、决议等具有普遍约束力的决定。政府的决策影响着一个国家当下以及未来的经济社会发展方向，以及实现的目标。我们知道，一个国家的法律往往是这个国家公意的重要表现形式，因此，政府的决策需要在法律的范围内进行，方可获取广泛的民意支持。

政府决策的生态化需要法律作为基本的保障，唯有如此，才能确保政府决策的整个过程严格地遵守生态环境的相关法律规范的制约和规范，从而确保政府的决策在法律规范的范围内进行。

（4）决策需要可持续性。政府的决策需要以民主化为基础，以科学化为主导，以法律化作为保障，更需要具有可持续性。因为生态文明建设是一项需要长期坚持的宏大工程，不可能在短时期内实现，所以需要政府决策一以贯之，具有可持续性。

从政府的治理职责角度而言，生态文明建设不是政府的一次短跑测试，而是一次只有起点而没有终点的考验，因此更需要政府决策的可持续性。政策的可持续性考量的是政府治理环境污染的智慧与决心，以及执行各项环境保护举措的力度，更是凸显政府治理环境污染职责的重要指标体系。

那么，我们如何定义政府的治理行为？在中文的语境下，按照《新华词典》的解释，治理的含义有二：其一是统治，管理，使安定有序。例：治理国家。其二，整修，使不危害并起作用。例：治理黄河。在英语中，治理（governance），源于拉丁文和古希腊语，原意是控制、引导和操纵。长期以来它与统治（government）一词交叉使用，并且主要用于与国家公共事务相关的管理活动和政治活动中。但自从20世纪90年代以来，西方政治学家和经济学家赋予governance新的含义，不仅其涵盖的范围超出了传统的经典意义，而且其涵义也与government相去甚远。治理不再只局限于政治学领域，而被广泛运用于社会经济学领域。①

另外，1995年，联合国全球治理委员会发表了一份题为《我们的全球伙伴》的研究报告，在报告中，对治理做出了如下界定：治理是个人和公共或私人机构管理其公共事务的诸多方式的总和。它有四个特征：治理不是一整套规则，也不是一种活动，而是个过程；治理过程的基础不是控制，而是协调；治理既涉及公共部门，也包括私人部门；治理不是一种正式的制度，而是持续的互动。②

由此可见，政府在建设生态文明的过程中，治理环境污染的职责的凸显是一项承前启后的过程，需要体现出政府作为经济发展管理者的行为之连续性，彰显政府服务于社会的职能。

二、政府执行、监督与评价机制的生态化

政府决策的生态化是实现生态文明核心价值的顶层设计行为，需要落实到具体的实践中，这就需要建立合理的执行、监督与评估机制，从而检验决策是

---

① 俞可平．治理与善治［M］．北京：社会科学文献出版社，2000：1－2.

② 俞可平．治理与善治［M］．北京：社会科学文献出版社，2000：4－5.

否符合实践之需要，为进一步完善决策提供必要的实践支撑。

政府决策的执行需要强有力的保障措施，尤其是对于环境保护决策而言，显得尤为必要。在转变人民政府的政绩观的同时，需要采取行之有效的措施促使地方各级人民政府明确认识到生态文明建设的紧迫感、必要性与责任感。

1. 建立健全符合生态文明社会建设的政绩与考核制度

在建设有中国特色的社会主义生态文明社会征程上，对于各级人民政府行政首长的政绩考核目标、内容与体系将直接影响到生态文明建设的方向、质量与内容。因此，着力建立体现生态文明社会建设要求的目标体系、考核办法与奖惩机制则显得尤为必要。这就需要改变既往将经济增长作为重要考核指标的思路，不能唯经济增长论英雄。需要把资源消耗、环境损害、生态效益等指标纳入经济社会发展综合评价体系，大幅增加考核权重，强化指标约束。

2. 完善政绩考核办法，突出生态文明建设的内容与实效

在政绩考核相关指标体系的建立和完善上，需要根据各级人民政府所处的具体区域生态环境特色，进行科学的区域功能定位，建立起实行差别化的考核制度，避免一刀切。比如，对处于限制开发区域、禁止开发区域和生态脆弱的国家扶贫开发工作重点地区，应该因地制宜地取消地区生产总值考核指标，而对于农产品主产区和重点生态功能区，分别实行农业优先和生态保护优先的绩效评价办法。对于禁止开发的重点生态功能保护区，则采取重点评价其自然文化资源保护的原真性、完整性的考核办法。同时，探索编制自然资源资产负债表，对各级人民政府领导干部实行自然资源资产和环境责任离任审计。

3. 完善各级人民政府领导干部的生态文明建设的责任追究制度

落实责任追究制度是实现生态文明社会建设各项指标的重要举措。因此，需要着力建立健全各级人民政府领导干部在任期之内的生态文明建设责任追究机制，完善节能减排目标责任考核及问责制度。对违背科学发展要求、造成资源环境生态严重破坏的要记录在案，严格责任追究，实行终身追责，不得转任重要职务或提拔使用，已经调离的也要问责。对推动生态文明建设工作不力的，要及时诫勉谈话；对不顾资源和生态环境盲目决策、造成严重后果的，要严肃追究有关人员的领导责任；对履职不力、监管不严、失职渎职的，要依纪依法追究有关人员的监管责任。

4. 切实强化行政执法监督，确保各项生态文明社会建设的举措落到实处，产生应有的保障作用

各级人民政府作为国家法律的执行主体，需要对各种破坏生态环境的违规违法行为实行“零容忍”的行政执法高压态势，需要加强法律监督，落实行政监察等执法方式方法，加大对环境违规违法的查处力度，严厉惩处违法违规行为。同时，在强化行政执法力度的过程中，更要注重对浪费能源资源、违法排污、破坏生态环境等行为的专项督察，做到将问题消灭在萌芽状态，力图避免运用法律强制性惩罚手段来实现环境资源的保护目的。资源环境监管机构在行政执法与监督的过程中，需要维护其独立开展行政执法的身份地位，杜绝和防止个别领导干部违法违规干预环境执法活动。根据客观实际，健全和完善行政执法与刑事司法的衔接机制，强化对环境违规违法行为的惩罚力度。建设一支合理化的环境执法队伍是确保环境执法行为落到实处，保持行政执法高压态势以及彰显政府环境保护决心的重要工作，因此，需要大力加强基层的环境执法队伍建设。

另外，各级人民政府应该坚持问题导向，针对薄弱环节，加强统计监测与执法监督，为推进生态文明建设提供有力保障。

充分利用现代高科技技术手段，对自然资源的基本情况进行统计监测，为建立科学的生态文明综合评价指标体系提供科学有力的支撑。比如，可以利用卫星遥感等现代科学技术手段，对自然资源和生态环境保护状况开展全天候监测，健全覆盖所有资源环境要素的监测网络体系，从而提高环境风险防控和突发环境事件应急应变能力，健全环境与健康调查、监测和风险评估制度。

第二节 法律机制

生态文明建设不能仅仅只是依靠“政策”，而要以“最严格的制度、最严密的法治”作为“可靠的保障”。“最严密的法治”保障实质是要求生态文明建设不仅需要构建“最严格的制度”体系，将生态要求和生态规律融贯于所有制度，而且要超越制度建构的单一做法，走向多维融合的“严密的法治”道路。“法治”的严密不仅需要系统和适宜的法律制度体系，而且需要严格的执法、公正的司法、自觉的守法以及严密的法律监督和法治评估等全方位的制度体系建设。总之，生态文明建设吁求“生态化的法律机制”。只有展开“法治生态化”的建设进程，才能真正为社会主义生态文明建设提供最严密的法治保障。

一、法律的生态化与生态化的法律

对于法律与生态化的关联性问题，首先被环境法学研究者纳入了自身的研究视野，随之得到了法学界的集体关注，且渐趋成了法学研究的一大热点问题，并取得了一定的共识。不过，何谓法律的生态化以及生态化的法律等诸多问题，在学界并没有形成统一的界定。目前，有学者把“法律的生态化”与“生态化的法律”加以混同。① 我们认为，二者实为两个不同的概念。

“生态化的法律”是指整体性、多样性、协调性的法律制度系统。这一概念实际上是借用“生态”一词所具有的特点，将其引申运用到法律制度体系中来，从而对完善法律本身提出的技术性、表层性要求。马克思主义哲学认为，自然界是一个整体，也是一个巨大的生态系统。它具有三性：一是整体性，即它有自身的整体性结构、整体性功能和整体性演化规律。二是协调性，即整体里包括有机物、无机物、气候、生产者、消费者等各种要素，某一要素的缺失或膨胀，都会引起要素之间的比例失调，而每一要素功能的发挥，都具有协调性。三是多样性。从这一意义出发，法律作为调整人与人之间关系的规范，也因调整的社会关系的复杂性而形成了一个庞大的系统。这个系统要很好地发挥功能，也必须注意到它的结构的多样性、协调性和整体性。因这三性是生态系统的特点，由此我们把符合这三性要求的法律规范系统称之为“生态

① 有学者认为，生态化法律是在传统各部门法扬弃和整合的基础上，有所超越、有所创新的崭新法律制度。传统的法律忽视了环境保护与经济发展的关系，不能适应可持续发展的需要，法律本身需要调整。因此要对传统法律进行合理的扬弃和整合，并将法律生态化的要求不断渗透到各部门法之中，以推动其向法律生态化方向的变迁；同时，还必须对传统法律做出超越，按照环境时代的要求，进行法律生态化的创新。（参阅李丽红．生态化法律探析［J］．天津市政法管理干部学院学报，2007（1）．）我们认为，文章把生态化法律与法律生态化混用，所说的生态化法律实则法律的生态化。

化的法律”。

“生态化的法律”实质上是指法律规范系统自身的内在系统性优化、进化，与生态环境自身的演进并没有直接语词意义上的关联性。“生态化的法律”是指法律规范系统自身为适应人类社会的发展而不断螺旋式推进的过程，虽然它对环境保护也会产生一定的有利作用，但是，这只是一个系统优化而产生的间接性作用，不是从“生态”本源意义上来认识理解的。所以，“法律的生态化”不同于“生态化的法律”，法律生态化有其自身特定的内涵与基本原则。

法律的生态化，简言之，即为“法律生态化”。对于这一概念的基本内涵的把握需要着重考虑三个关键词：一是“生态”，二是“化”，三是“法律”。“化”是表示转变成某种性质或状态①，如机械化；“生态”，即生态系统，是从语词本源意义上理解的自然生态系统，而不是生态的衍生含义；“法律”，就是行为规范的有机统一体。由此，“法律生态化”是指法律朝着有利于环境保护的方向发展的趋势。换言之，在对人的行为进行规范时，必须要考虑行为（包括当事人的行为，也包括对该行为进行法律规制的行为）对生态环境的影响，法律必须受生态规律的约束。“法律生态化”是指法律规范系统为适应生态文明建设的要求而不断调适和平衡自身价值内涵与结构的渐近性过程，这实际上也是法律自身发展的终极性主题，从而与生态文明建设的进程相匹配。

二、法律生态化的基本原则

生态文明需要生态化的法律规范体系来保驾护航，而法律生态化更需要基本的原则来统摄与引导。因此，法律生态化基本原则的构建对于建构合理的生态化法律规范体系具有重要的意义与价值。

法律生态化的基本原则是指国家在追求法律规制生态化的过程中，应遵循的基础性或本源性的综合性、稳定的原理和准则。从法律生成的基本历史规律来看，但凡在法律制度体系中，作为法律规则的基础性、本源性存在的范畴均可视为法律的基本原则。从法律起源的研究中，我们可以知道，它诞生于理

---

① 中国社会科学院语言研究所词典编辑室编．现代汉语词典［M］．北京：商务印书馆，1998：543.

念，理念的阐发和进化形成理性。从法律理念到法律理性，是一个从追求法律价值之思想火花的迸发到系统化的法律理论的过程。理性演绎出一系列的基本原则或准则，从而构架出一部法律甚至一个法律部门。所以，研究一般法律不能不从法律原则入手。①

在全面建设生态文明社会的进程中，作为法律生态化基础性或本源性的原理与准则无疑是生态文明社会的核心价值与理念。因此，法律生态化的基本原则实则是生态文明社会的核心价值在法律规则体系中的原则化构建。法律生态化基本原则所起到的作用便是为生态文明社会核心价值体系转化为法律制度体系搭建桥梁，为法律制度体系的生态化之价值取向构建基础性或本源性的准则，从而保证法律制度体系的生态化。那么，从这意义上而言，我们认为，法律生态化的基本原则应该包含如下几种：

1. 可持续发展原则

可持续发展原则无疑是当今世界中最为重要的原则之一。如果我们从这一原则的思想根源上来看，可持续发展的思想最初它是以一种伦理学的思想观念而出现的，它是源于人类关照自身的发展前景与能力的思想萌芽，随后便影响到了社会的各个领域，尤其是对于环境保护而言，在面对日愈加剧的生态危机情况之下，可持续发展原则与思想成为了不可或缺的基础性准则。它告诫人类自身，在满足当代人需求的同时，绝不可以威胁到后代人满足其需要的能力。那么从法律的生态化视角而言，法律作为调整人类行为的规则体系必然需要遵循可持续发展原则，需要将可持续性发展原则作为自身内在的价值追求，力求将生态文明社会核心价值体系经由法律制度的构造从而实现常态化，借此为全面建设生态文明社会提供必要的制度保障。

2. 保障生态安全原则

生态安全，它不同于传统意义上的安全。传统意义上的安全一般与军事、国防等暴力性的内容联系在一起，更多意义上指称的是战争意义上的不稳定状态或威胁。而生态安全则是随着经济社会的发展所出现的一种全新的安全形态，尤其是生态危机的出现与频发，促使人们开始注意到这种非暴力性的威

① 肖国兴．论《能源法》的理性及其法律逻辑［J］．中州学刊，2007（4）．

胁。1977 年，美国著名环境问题专家 Lester R. Brown 在《建设一个持续发展的社会》一书中正式提出“生态安全”的概念。① 1987 年，世界环境与发展委员会在其发布的报告《我们共同的未来》中正式使用“环境安全”这一用语。1989 年，国际应用系统分析研究所提出要建立优化的全球生态安全监测系统，并从保障人类安康状态的角度对生态安全的涵义做了进一步解释。② 20 世纪 90 年代以来，美国、日本、加拿大、俄罗斯和欧盟国家等先后将生态安全列入国家安全战略的主要目标。20 世纪 90 年代后期，国际社会对环境变化与安全的研究进入综合研究阶段。21 世纪以来，对环境变化与生态安全之间的内在关系研究得到进一步深化和发展。目前，区域生态安全已成为国内外可持续发展研究的热点之一，国际上对生态安全的研究已经深入到从国家安全、军事安全、经济安全等宏观领域到基因工程、生物安全、食品安全等微观领域的各个层面。③

因此，有人认为，安全的保障不再局限于军队、坦克、炸弹和导弹之类传统的军事力量，而是愈来愈多地包括作为我们物质生活基础的环境资源。④

我们知道，现在，无论人类获取物质生活资料的能力多么强大，科学技术的水平多么的先进与发达，但是，所赖以生存的物质条件始终也必须以自然的承载容量为限度，生存性物质的获取必须依赖自然界的供给。

自 20 世纪 70 年代以来，人类每年对地球生态系统的需求已经超过了其可再生能力。根据 2012 年的核算数据，2008 年全球生态足迹达 182 亿全球公顷，人均 2. 7 全球公顷。同年，全球生态系统承载力为 120 亿全球公顷，人均 1. 8 全球公顷。也就是说，2008 年全球生态赤字率达 50%，人类需要一个半地球才能生产其所利用的可再生资源和吸收其所排放的二氧化碳。按照这一趋势，

---

① Leister R Brown. Building a Society of Sustainable Development [M]. Scientific and Technological Literature Press, 1984.

② I1ASA. Ecology, Politics and Society [J]. Report Geography, 1993, 125 (2): 1 – 10.

③ Hodson M, Marvin S. “Urban Ecological Security”: A New Urban Paradigm? [J]. International Journal of Urban and Regional Research, 2009, 33 (1): 193 – 215. Bommarco R, Kleijn D, Potts S G. Ecological Intensification: Harnessing Ecosystem Servicesfor Food Security [J]. Trendsin Ecology & Evolution, 2012 (12): 88 – 95.

④ [美] 迈尔斯. 最终的安全——政治稳定的环境基础 [M]. 王正平，金辉，译. 上海: 上海译文出版社，2001: 19.

到 2030 年，即便两个地球也不足以支撑人类的消费需求。就我们国家而言，中国脆弱的生态系统，正在承受着巨大并不断增长的人口和发展压力。根据世界自然基金会的测算，2008 年中国人均生态足迹为 2.1 全球公顷，是全球平均水平的 80% 左右。但是中国生态系统相对脆弱，生态系统生产力远低于全球平均水平。进入 21 世纪，中国大量进口石油、铁矿石等自然资源，也可见一斑。而且，2020 年建成小康社会，意味着更高水平的城镇化率，更高品质的消费。现有的生活与生产模式，长期超负荷利用生态系统，生态欠债式的发展，已经威胁到并正在失去作为经济社会发展基础的生态系统的安全。①

可见，生态安全已经与我们的日常生活紧密相连。这就需要国家的法律制度进行必要的保障和促进。在保持生态系统的平衡性、生物的多样性、生态环境的健康性等方面，需要国家通过法律的手段来维护，建立合理合法的规制来引导人们的行为，通过惩罚性的方式来告知，但凡危机生态安全的行为必然招致国家强制力的强烈反对，需要将维护生态安全这一核心原则提升到国家战略决策的层面，所以，在 2012 年全国人大常委会环境资源委员会的《环境保护法（修正案）》草案中，便将生态安全提到了前所未有的高度。在该草案第 4 条中，明确规定："环境保护工作应当遵循以人为本、科技创新、完善制度、保护人体健康、保障生态安全的原则。"

3. 保障生态公平的原则

公平一直是法律制度永恒追求的价值之一，是法律对人们行为约束力的正当性基础与来源，否则，任何法律制度都必将是一张废纸而无法真正得到人们的认同。在全面建设生态文明的历史进程中，法律需要保障生态公平原则，该原则的基本内容就是需要国家的法律制度维护"当代公平、代际公平以及种际公平"等基本价值追求，需要将公平性的价值追求内化在国家的立法与执法过程中，需要将当代人的环境保护责任法律制度化，需要将当代人的环境权益限定在法律允许的范围之内，更需要将当代人的生态文明意识上升为一种国家立法的战略性规划。

法律规范体系的建构毋庸置疑需要合理的原则与价值进行引导，因此，生

---

① 转引自潘家华．与承载能力相适应　确保生态安全［J］．中国社会科学，2013（5）：13.

态化的法律则需要生态文明的基本价值体系为其奠定价值导向与充实基本内涵。

三、法律生态化的基本内容

法律生态化的基本原则从宏观层面为国家的立法与执法奠定了基本的价值内涵，指明了基本的方向，但这只是停留在基本规划的层面，需要借助于构建具体的法律制度予以落实，因此，基本的生态化法律制度的构建与落实是法律生态化基本原则的必然性延伸。

1. 立法生态化

党的十七大报告明确指出："目前我国已进入到继续深入改革开放、推动科学发展、促进社会和谐、为夺取全面建设小康社会新胜利而奋斗的新阶段，并提出了加快实现环境保护的三个转变：一是从重经济增长轻环境保护转变为保护环境与经济增长并重，把加强环境保护作为调整经济结构、转变经济增长方式的重要手段，在保护环境中求发展；二是从环境保护滞后于经济发展转变为环境保护和经济发展同步，改变先污染后治理、边治理边破坏的状况；三是从主要用行政办法保护环境转变为综合运用法律、经济、技术和必要的行政办法解决环境问题，自觉遵循经济规律和自然规律，提高环境保护工作水平。"① 因此，在立法的基本理念上，则需要转向保护自然生态、重视人的全面发展这一全新的维度。在生态文明的建设进程中，我们需要的经济社会发展"又好又快"，"好"字当头。"好"是前提条件，只有在"好"的基础上加快发展步伐、提升发展速度才是真正的发展。② 所以，在环境法律制度的构建上，催生出了以生态中心主义为立法目的，以保护人的全面发展的基本立法理念。"在以人的发展为导向的经济发展方式转变中，经济要为保障人的生存和发展而发展，即经济发展应以人的生存和发展为起点，其发展过程应与保障人的生存和发展过程相一致，经济发展的目的要使人的生存和发展获得可靠保障，促

---

① 胡锦涛．高举中国特色社会主义伟大旗帜，为夺取全面建设小康社会新胜利而奋斗——在中国共产党第十七次全国代表大会上的报告［N］．人民日报，2007－10－15.

② 从唯物辩证法的角度看，发展的本质是事物的前进、上升，是新事物代替旧事物。

进人的自由而全面发展。”①

简而言之，立法生态化基本含义可以用“人本主义”立法理念予以概括。这就需要在立法中将人的全面发展作为立法的根本价值追求，将人的身心健康作为立法的灵魂，将人的精神需要、生态需要摆到与物质需要同等甚至更高的地位，使所立的法能够指引人们摆脱无止境的物欲追求的蛊惑，回归幸福生活本身，而在人与自然关系上则重塑尊重自然、珍惜自然的伦理。因此，在具体的环境法律立法上，则需要严格贯彻预防为主原则，完善环境影响评价制度、“三同时”制度；完善总量控制制度，建立健全生态功能区划和生态红线制度，严格环境终身责任制，建立健全人身健康优先于经济利益获得保障的救济机制等。

2. 执法生态化

法的生命在于实施。随着我国有中国特色的社会主义法律体系的日趋完善，环境资源保护领域中的法律法规数量也日益庞大，规范体系越来越细密，所以，对环境执法的要求也越来越高。尤其是在执法层面上的“生态化”考量与追求是生态文明建设进程中极为重要的紧迫性要求。

执法，即行政执法。所以，执法的生态化关键在于政府执法观念转变。这就要求在执法过程更加注重对自然环境利益的保护，在执法理念、执法机构、执法行为和执法手段与技术等行政执法的各个环节都贯彻生态文明建设的基本价值，遵循生态理性的指引。需要改变只注重保障经济、社会秩序的陈旧执法理念，注重和维护自然环境的生态平衡。《中共中央关于全面深化改革若干重大问题的决定》（2013 年 11 月 12 日中国共产党第十八届中央委员会第三次全体会议通过）提出，要“完善发展成果考核评价体系，纠正单纯以经济增长速度评定政绩的偏向，加大资源消耗、环境损害、生态效益、产能过剩、科技创新、安。那么，在这样的政绩新标准体系下，“绿色政绩”便理所当然地成为重要的考核指标。在政府的执法机构建制上，提高环境执法行政机关的层级、级别，促使环境行政执法机构及其职能设置的合理化，处理现有执法机构的重叠和职能交叉等问题。努力解决各级环境执法机构的地位、人员编制、职

---

① 巫文强．经济要为保障人的生存和发展而发展［J］．改革与战略，2010（11）．

权职责以及执法权威和独立性诸方面逐步与其环境、生态保护职能要求相适应的问题，提高环境执法的公正性和执法效率。在执法行为的规范上，需要适应保护环境和生态的需要，改变过去不顾环境后果的执法方式。①

3. 多部门联动协作、跨区域多元合作

自然生态环境天生就具有整体性与协调性。那么，作为管理和保护生态环境的各种措施需要适应这一基本特征了，而不能根据行政区划和公共事务管理职能的分工将自然环境保护予以分而治之，出现九龙治水的局面。因此，无论是在立法层面，还是在执法领域，均需要遵循生态的基本特质，将“整体性原理”、“多样性原理”、“开放性原理”以及“未来优先原理”作为指导环境立法与执法的基本原则，从而使整个环境领域的执法体系化、生态化，真正实现部门协作和区域联动。同时，生态思维的开放性原理也要求，执法不仅要向其他有关部门开放，向相邻行政区环境执法机构开放，也要向社会组织、向公民个人开放，围绕生态保护的目标，在严格依法行政的前提下，灵活运用委托执法、柔性执法、公益诉讼推动执法等多样化的方式加强执法，充分发挥社会组织和个人的能动性、积极性和有关特定环境保护领域的专业性，协同合作将生态环境保护好，实现环境执法的价值追求。

除了在立法、执法等领域中大力推行生态化的各项要求之外，仍然需要加大相关自然资源与环境保护法律制度的贯穿落实力度。如应加强“环境影响评价法律制度”、“完善政府绿色采购法律制度”、“ 完善限期治理法律制度”、“ 排污权交易制度”、“环境公益诉讼制度”与“碳排放与交易制度”的贯穿和执行力度。只有将相关的环境保护制度纳入国家的法律制度体系之中，方可具有可推行的制度平台，唯有如此，也才能将环境保护的责任转化为明确的法律责任，也才有切实可行的执行保障。

---

① 董正爱. 全面建设小康社会背景下法律的生态化变革［J］. 重庆文理学院学报（社会科学版），2011（2）.

第三节　市场机制

在环境保护的机制建设上，除了明确政府的职责，构建切实可行的法律制度之外，运用市场机制的作用来督促生产者以及消费者的行为则是不可忽视的一种重要方式。借助于市场这只“无形的手”来引导在资源开采、交易以及补偿事宜上的各相关市场主体的行为，从而提升资源的利用效率，影响经济社会发展的结构与质量，这是在市场经济条件下，制定和实施生态文明法律、政策之时，不可回避的重要方向以及应遵循的基本原则。

在环境保护问题上，引入市场机制旨在将“资源谁使用谁付费的基本原则”落实到每种资源的具体使用过程中，通过将资源与使用成本直接关联在一起，逐步树立严格的资源有偿使用、多用者多付费的环境保护意识。

在当前的经济社会历史条件下，环境资源的有限性已经在广大人民心目中取得了共识，一个国家所拥有的环境资源存量对于其经济社会发展的现实制约以及对后续发展的支撑日益显著。为此，资源的有偿使用逐步成为人们日常生活必然面对的主题。在经济社会发展过程中，日益严峻的生态危机促使人们认识到不能只向自然界“无偿地索取”，而要采取合理的方式“回馈”于自然，以此提升资源的可再生能力，实现资源可持续使用。所以，通过市场这一交易平台构建合理的生态补偿机制则是为环境资源的投资者建立一种回报机制，以此来激励更多的人为环境资源进行投资。

一、生态补偿的基本含义

2013 年 4 月 23 日，国家发展和改革委员会主任徐绍史在第十二届全国人民代表大会常务委员会第二次会议上所做的《国务院关于生态补偿机制建设工作情况的报告》中认为，建立生态补偿机制，是建设生态文明的重要制度保障。在综合考虑生态保护成本、发展机会成本和生态服务价值的基础上，采取财政转移支付或市场交易等方式，对生态保护者给予合理补偿，是明确界定生态保护者与受益者权利义务、使生态保护经济外部性内部化的公共制度安排，对于实施主体功能区战略、促进欠发达地区和贫困人口共享改革发展成果，对于加快建设生态文明、促进人与自然和谐发展具有重要意义。据此有学者认为，所谓生态补偿，是指在综合考虑生态保护成本、发展机会成本和生态服务价值的基础上，采用行政、市场等方式，由生态保护受益者或生态损害加害者，通过向生态保护者或因生态损害而受损者以支付金钱、物质或提供其他非物质利益等方式，弥补其成本支出以及其他相关损失的行为。①“生态补偿”是中国特有的概念系统，在世界其他国家和地区，与此相类似的概念是“生态系统服务付费”等范畴。国际上“生态补偿”比较通用的是“生态服务付费”（PES）或生态效益付费（PEB），主要有四种类型：一是直接公共补偿（类似中国的天然林保护工程、退耕还林还草工程和生态公益林保护等）：政府直接向提供生态系统服务的农村土地所有者及其他提供者进行补偿，这也是最普通的生态补偿方式。这一类补偿还包括地役权保护，即对出于保护目的而划出自己全部或部分土地的所有者进行补偿。二是限额交易计划（如欧盟的排放权交易计划）：政府或管理机构首先为生态系统退化或一定范围内允许的破坏量设定一个界限（“限额”或“基数”），处于这些规定管理之下的机构或个人可以直接选择通过遵守这些规定来履行自己的义务，也可以通过资助其他土地所有者进行保护活动来平衡损失所造成的影响。可以通过对这种抵消措施的“信用额度”进行交易，获得市场价格，达到补偿目的。三是私人直接补偿：除了非盈利性组织和盈利性组织取代政府作为生态系统服务的购买者之外，私人直接补偿与上面所说的直接公共补偿十分相似。这些补偿通常被称为“自愿补偿”或“自愿市场”，因为购买者是在没有任何管理动机的情况下进行交易的。各商业团体或个人消费者可以出于慈善、风险管理或准备参加管理市场的目的，而参加这类补偿工作。四是生态产品认证计划：通过这个计划，消费者可以通过选择，为经独立的第三方根据标准认证的生态友好型产品提供补偿。②

---

① 汪劲．中国生态补偿制度建设历程及展望［J］．环境保护，2014（5）．

② 参阅樊皓，葛慧，雷少平，闫峰陵，黄振平．模糊数学方法在生态系统服务价值评估中的应用［N/OL］．［2014－11－24］．水资源保护，2011（2）．http：//www.tanpaifang.com/tanbuchang/201410/0238747.html.

《环境科学大辞典》将“生态补偿”（Natural Ecological Compensation）定义为生物有机体、种群、群落或生态系统受到干扰时，所表现出来的缓和干扰、调节自身状态使生存得以维持的能力，或者可以看作生态负荷的还原能力，或是自然生态系统对于社会、经济活动造成的生态环境破坏所起的缓冲和补偿作用。可见，生态补偿指向的是生态系统自身的自我修正和调整功能。而我们则并不是在这一意义上使用这一概念。在国内早期，我们主要是将“生态补偿”作为环境加害者付出赔偿的代名词，其后，逐渐倾向于是指对生态环境保护以及建设者的财政转移补偿制度和原则，比如，我们所推行的退耕还林地区和人们的补偿。如今，“生态补偿”则是作为一种国家保护资源与环境的重用经济手段，同时，也是国家通过宏观调控手段调动资源环境保护建设积极性的利益驱动机制、激励机制和协调机制。

生态补偿在我们全力推进社会主义生态文明建设的进程中，尤为必要和紧迫。客观而言，我国的经济发展日益受到环境资源存量的掣肘，环境资源问题已经成为中国经济与社会发展“木桶上的短板”。要解决这一问题，除了强化政府的环境保护监管责任以及构建完善的环境保护法律制度体系之外，构建生态补偿机制则是势在必行的工作。通过构建合理的生态补偿机制将环境资源纳入生产成本以及生活成本之中，从而激励人们从事环境保护投资并使生态资本增值。

构建生态补偿机制是旨在环境资源的开采、使用和交易的过程中实现有偿使用环境资源的一种新型环境保护管理模式。在生态补偿机制之下，将环境资源按照一定的标准进行货币化处理，彰显生态系统的服务价值与功能。为此，我们在大力发展经济的同时，也逐渐构建出了适合自身的生态补偿机制。

二、我国生态补偿机制的构建概况

我国对于生态补偿机制的建立一直处于一种积极探索和完善的历史进程之中。在20世纪90年代初，“谁开发谁保护，谁破坏谁恢复，谁利用谁补偿”的原则即已得到了确立。其后，在1996年《国务院关于环境保护若干问题的决定》中，将生态补偿的原则进一步完善和具体化，即生态补偿需要按照“污染者付费、利用者补偿、开发者保护、破坏者恢复”的原则落实到具体的环境保护领域中。在2000年12月的《全国生态环境保护纲要》通知中，国家明确要求建立“坚持谁开发谁保护，谁破坏谁恢复，谁使用谁付费制度”。通过该制度建立生态补偿的原则，以此来明确生态环境保护的责、权、利。

2005 年，党的十六届五中全会《关于制定国民经济和社会发展第十一个五年规划的建议》首次提出，按照谁开发谁保护、谁受益谁补偿的原则，加快建立生态补偿机制。第十一届全国人大四次会议审议通过的“十二五”规划纲要就建立生态补偿机制问题做了专门阐述，要求研究设立国家生态补偿专项资金，推行资源型企业可持续发展准备金制度，加快制定实施生态补偿条例。党的十八大报告明确要求建立反映市场供求和资源稀缺程度、体现生态价值和代际补偿的资源有偿使用制度和生态补偿制度。全国人大连续三年将建立生态补偿机制作为重点议题。2005 年以来，国务院每年都将生态补偿机制建设列为年度工作要点，并于 2010 年将研究制定生态补偿条例列入立法计划。根据中央精神，近年来，各地区、各部门在大力实施生态保护建设工程的同时，积极探索生态补偿机制建设，在森林、草原、湿地、流域和水资源、矿产资源开发、海洋以及重点生态功能区等领域取得积极进展和初步成效，生态补偿机制建设迈出重要步伐。① 2010 年，《生态补偿条例》的立法工作成为国务院的立法计划之一。2013 年 4 月，国务院已将生态补偿的领域从原来的湿地、矿产资源开发扩大到流域和水资源、饮用水水源保护、农业、草原、森林、自然保护区、重点生态功能区、海洋等十大领域。2013 年 11 月，中共十八届三中全会通过的《中共中央关于全面深化改革若干重大问题的决定》，进一步确定要实行生态补偿制度，推动地区间建立横向生态补偿制度，建立吸引社会资本投入生态环境保护的市场化机制。

由此，我国的生态补偿机制框架基本确立。简而言之，即：一是建立了中央森林生态效益补偿基金制度。根据森林法的有关规定，财政部、林业局先后出台了国家级公益林区划界定办法和中央财政森林生态效益补偿基金管理办法，在森林领域率先开展生态补偿。其中，国有国家级公益林每亩每年补助 5 元，集体和个人所有的国家级公益林补偿标准从最初的每亩每年 5 元提高到 2010 年的 10 元和 2013 的 15 元，目前补偿范围已达 18. 7 亿亩。二是建立了草原生态补偿制度。2011 年，财政部会同农业部出台了草原生态保护奖励补助

① 国务院关于生态补偿机制建设工作情况的报告［R］. 2013 - 04 - 23.

政策，对禁牧草原按每亩每年 6 元的标准给予补助，对落实草畜平衡制度的草场按每亩每年 1.5 元的标准给予奖励，同时对人工种草良种和牧民生产资料给予补贴，对草原生态改善效果明显的地方给予绩效奖励。截至 2012 年年底，草原禁牧补助实施面积达 12.3 亿亩，享受草畜平衡奖励的草原面积达 26 亿亩。三是探索建立水资源和水土保持生态补偿机制。2013 年 3 月，国务院批复了丹江口库区及上游地区对口协作工作方案，支持南水北调中线工程受水区的北京市、天津市对水源区的湖北、河南、陕西等省开展对口协作。2013 年年初，国家发展改革委、财政部、水利部出台文件要求进一步提高水资源费征收标准，并正在研究制定水土保持补偿费征收使用管理办法。四是形成了矿山环境治理和生态恢复责任制度。五是建立了重点生态功能区转移支付制度。2008 年以来，财政部出台了国家重点生态功能区转移支付办法，通过提高转移支付补助系数的方式，加大对青海三江源保护区、南水北调中线水源地等国家重点生态功能区的转移支付力度。目前，转移支付实施范围已扩大到 466 个县（市、区）。同时，中央财政还对国家级自然保护区、国家级风景名胜区、国家森林公园、国家地质公园等禁止开发区给予补助。①

由此，逐步建立起来的生态补偿制度与生态文明社会建设以及环境综合治理一起成为了我国生态保护工作的重要组成部分。

三、我国生态补偿机制的主要类型

立足我国国情，我国生态补偿机制主要有如下几种类型：

1. 流域生态补偿机制

流域生态补偿作为我国生态补偿机制中的重要内容，在水资源的保护工作中发挥了重要作用。我国的流域生态补偿机制主要是以政府为主导，市场补偿的方式只是存在于局部地区。政府主要是通过财政转移支付的方式来推行。在财政转移支付上，中央财政开展了支持重点流域生态补偿试点的工作，各地区则积极开展流域横向水生态补偿实践探索，形成了多种补偿模式。例如，浙江省在全省 8 大水系开展流域生态补偿试点，对水系源头所在市（县）进行生

---

① 国务院关于生态补偿机制建设工作情况的报告［R］. 2013－04－23.

态环保财力转移支付，成为全国第一个实施省内全流域生态补偿的省份。江西省安排专项资金，对“五河一湖”（赣江、抚河、信江、饶河、修河和鄱阳湖）及东江源头保护区进行生态补偿，补偿资金的20%按保护区面积分配，80%按出境水质分配，出境水质劣于Ⅱ类标准时取消该补偿资金。江苏省在太湖流域、湖北省在汉江流域、福建省在闽江流域分别开展了流域生态补偿，断面水质超标时由上游给予下游补偿，断面水质指标值优于控制指标时由下游给予上游补偿。北京市安排专门资金，支持密云水库上游河北省张家口市、承德市实施“稻改旱”工程，在周边有关市（县）实施100万亩水源林建设工程。天津市安排专项资金用于引滦水源保护工程。

从流域生态补偿的法律法规及政策上看，目前，流域生态补偿的法律法规以及政策主要有《水土保持法》、《水污染防治法》以及《水利产业政策》等。其中，《水土保持法》第23条所规定：“国家鼓励水土流失地区的农业集体经济组织和农民对水土流失进行治理，并在资金、能源、粮食、税收等方面实行扶持政策。”《水污染防治法》第7条规定：“国家通过财政转移支付等方式，建立健全对位于饮用水水源保护区区域和江河、湖泊、水库上游地区的水环境生态保护补偿机制。”《水利产业政策》第31条规定：“建立保护水资源、恢复生态环境的经济补偿机制。任何生活、生产及建设项目必须防止造成水土流失和水污染。造成水土流失和水污染的单位，要负责治理并承担全部治理费用。在运河、渠道、水库等范围内设置或改建、扩建排污口，须经水行政主管部门同意。”该政策提出了建立流域生态补偿机制的目标，为流域生态补偿机制的研究奠定了基础。

我国水资源丰富，不过，水体的污染也不容忽视，因此，通过流域生态补偿机制来推动水资源的保护则是必然之举。这样既可以保障上下游人民群众享有同等的生存权、发展权，同时也促进了流域中各地区经济发展、社会进步、生态环境保护协调发展。

2. 矿产资源生态补偿机制

目前，在矿产资源生态补偿工作机制上，我国尚未形成统一的、健全的矿产资源生态补偿模式，缺乏国家层面上的统一的法律法规和政策引导，由此导致了在矿产资源生态补偿工作上的进展和实效与矿产资源的保护工作之间不相协调。但是，一些矿产资源丰富的地方人民政府因地制宜地开展了“征收生态费、建立与完善矿山环境评价和矿山修复保证金制度”等生态补偿的实践工作。[①] 从 2003 年起，国家设立矿山地质环境专项资金，支持地方开展历史遗留和矿业权人灭失矿山的地质环境治理。2006 年，国务院批准同意在山西省开展煤炭工业可持续发展试点；同年，财政部会同国土资源部、原环保总局出台了建立矿山环境治理和生态恢复责任机制的指导意见，要求按矿产品销售收入的一定比例，提取矿山环境治理和生态恢复保证金。2010 年，国土资源部出台发展绿色矿业的指导意见。

然而，由于环境影响评价制度、审核验收制度等相关配套制度的不健全、欠完善，导致矿产资源生态补偿制度在实施过程中困难重重。究其原因，主要源于在当前我国的法律制度体系中，仍然缺乏系统的专门针对煤炭资源型城市生态补偿的法律法规，国家仅出台了一些矿产资源生态补偿的相关法律制度，如《中华人民共和国资源税暂行条例》、《矿产资源补偿费征收管理规定》、《矿产资源开采登记管理办法》、《探矿权、采矿权登记管理办法》等。但是，这些矿产资源生态补偿制度偏重补偿资源自身的经济价值，并且对矿产资源经济价值的补偿也不充分，不足以体现资源的实际价值。[②]

3. 其他生态补偿机制

（1）森林生态补偿机制。在森林生态补偿实践领域，我国相继在三十多个省实施了“三北”防护林体系工程、长江流域等重点地区防护林体系建设工程、天然林资源保护工程、森林生态保护建设工程以及退耕还林工程等生态补偿项目。2000 年以后《森林法》确立了森林生态效益补偿基金制度。[③] 其

---

① 比如，山西省政府为彻底治理长期以来煤炭资源开发过程中遗留的生态环境问题，于 2005 年由山西省环保部门编制了煤炭开采生态环境恢复治理规划。该规划提出建立煤炭开采生态补偿机制：以煤矿生态环境恢复治理保证金的形式促进煤炭企业实施清洁生产；依据“谁受益谁补偿”的原则建立煤炭可持续发展基金和煤炭资源矿业权出让价款制度，以此支付生态恢复治理费用。山西省有关部门根据煤炭开采生态恢复的投资需求进行测算，确定每吨煤征收 40 元的防治新的生态破坏与恢复费用，并将其纳入煤炭开采企业的生产成本中；通过实施收支两条线等其他配套措施将煤炭矿区的生态环境保护与恢复工作纳入法制管理轨道。转引自彭诗言．中国环境产业发展中的生态补偿问题研究［D］．吉林大学（博士论文），2011：86.

② 李爱年．关于征收生态效益补偿费存在的立法问题及完善建议［J］．中国软科学，2001（1）.

③ 《森林法》第 6 条规定：“国家设立森林生态效益补偿基金，用于提供生态效益的防护林和特种用途林的森林资源、林木的营造、抚育、保护和管理。”

后，森林生态效益补助资金试点工作于2001—2004年得以展开。2004年，中央森林生态效益补偿基金正式建立。为进一步规范我过森林生态效益补偿基金制度的运行，《中央森林生态效益补偿基金管理办法》在2004年颁布实施，该办法明确了生态补偿基金的来源和管理办法，确定了森林生态补偿的范围和标准。为配合中央森林生态效益补偿基金的实施，各省相继设立了本省的森林生态效益补偿基金并制定了实施办法及其方案。如在退耕还林工程方面，2008年4月甘肃省还颁布了《甘肃省完善退耕还林政策补助资金管理实施细则》，专门确定了重点补偿区域。

（2）自然保护区生态补偿机制。目前，就我国的自然保护区的生态补偿机制而言，主要是通过国家的重点工程、森林以及流域等补偿模式来推进自然保护区的生态补偿工作，国家并未制定专门的自然保护区生态补偿领域的法律法规。在实践中，自然保护区的生态补偿工作面临着重重困难，比如江西鄱阳湖自然保护区生态补偿以及内蒙古锡林郭勒草原生态功能保护区的生态补偿工作所遭遇到的困境即是典型的事例。

（3）草原生态补偿机制。在该领域中，我国先后在蒙甘宁西部荒漠草原、内蒙古东部退化草原、新疆北部退化草原和青藏高原东部江河源草原等地分别实施了退耕还草工程、退牧还草工程以及草原生态保护补助奖励政策。① 如内蒙古自治区多渠道筹集国家草原生态保护奖补配套资金。2011年，自治区、盟（市）和旗（县）三级财政落实配套资金10.3亿元，并根据草原承载能力，核定了2689万个羊单位的减畜任务，分三年完成。甘肃省将该省草原分为青藏高原区、黄土高原区和荒漠草原区，实行差别化的禁牧补助和草畜平衡奖励政策，将减畜任务分解到县、乡、村和牧户，层层签订草畜平衡及减畜责任书。2010年，青海省在三江源试验区率先开展草原生态管护公益岗位试点，从业人员3万多人，每人每年补助1.2万元；省财政支持建立了三江源保护发展基金。②

生态补偿机制的构建需要诸多要素综合协调。显然，我国的生态补偿机制，无论是流域的，还是矿产资源以及其他类型的生态补偿机制在实践过程

① 汪劲．中国生态补偿制度建设历程及展望［J］．环境保护，2014（5）．
② 国务院关于生态补偿机制建设工作情况的报告［R］．2013－04－23.

中，仍然需要合理地协调该机制中的基本要素，比如，补偿主体、补偿客体、补偿对象、补偿标准和补偿方式等，其中，任何一个要素的疏漏与忽视都有可能导致生态补偿机制失去应有的作用与意义。需要明确：谁补偿谁，对什么补偿，补偿多少，以及如何补偿等问题，需要增强公众的生态补偿意识，明确“环境资源资产管理体制、环境资源产权制度、环境资源定价机制以及法律法规体系”等内容。

不言而喻，在健全生态保护补偿机制的过程中，我们仍然面临着任务重、问题多的客观事实。所以，需要我们进一步地科学界定生态保护者与受益者之间的权利与义务，必须加快形成生态损害者赔偿、受益者付费、保护者得到合理补偿的政策、法律等合理的运行机制。需要结合深化财税体制改革来完善转移支付制度，归并和规范现有的生态保护补偿渠道，加大对重点生态功能区的转移支付力度，逐步提高其基本公共服务水平。建立地区间横向生态保护补偿机制，引导生态受益地区与保护地区之间、流域上游与下游之间，通过资金补助、产业转移、人才培训、共建园区等方式实施补偿。①

第四节 道德机制

一般而言，在环境保护的认知上，大致可以分为四个层面上的内容：第一个层次是把环境保护当成一个专业性问题，因此，在该认识之下，攻克治理环境污染中的各种技术难题变成了一个主要的方向，或者将环境保护更多的力量投向科学技术提升与发展的领域。第二个层次是把环境保护当成一个经济领域的问题，在此种认识的指导下，提升经济发展水平，增强国家经济实力变成了头等大事，认为没有经济的大力发展，环境保护只可能是纸上谈兵，空中楼阁而已。第三个层次是把环境保护事业看作是一个政治社会问题，涉及政府在环境保护中的职责等范畴。比如对于生态补偿以及排污权交易等制度的推行力度

① 中共中央国务院关于加快推进生态文明建设的意见［R］. 2015－04－25.

与广度，它涉及各个部门、各个行业和各个地区之间的权能和利益调整。第四个层次是把环境保护定义为一个文化伦理问题，涉及国民的素质，因为目前的环境问题并非是一朝一夕形成的，它反映的是一个国家和民族的生产方式与结构，涉及个体的生活习惯与消费方式。①

如果我们将环境保护问题定义为一个反映一个国家和民族国民素质层面的范畴，那么，在生态文明核心价值实现的机制之中，道德机制则是一个文化的范畴。由此，就需要参与生态文明建设的各个相关主体具有良好的生态文明意识，其中，社会、企业与个人往往是重要的道德主体。

一、社会

从文字的构造来看，汉语语境下的“社会”本意是指特定区域中土地上人的集合。“社会”一般是指由一定土地上生活的个体构建而成的群体，占据一定的地域空间，具有其自身独特的文化和风俗习惯来维系这一群体的运转。

社会，它是人们通过交往形成的社会关系的总和形态，是人类生活的共同体。因此，在现代意义上，社会是指为了实现人类生活共同体的利益、价值观和目标而形成的人的松散性联盟。维系这一共同体正常运转并不断推动其向前发展的是蕴含在各种人与人之间交往过程中的价值共识，是对具有同质性的文化传统和生活习惯的认同。共识与认同，并非朝夕之间即可形成，而是经历了漫长的历史沉淀和凝聚。所以，在生态文明建设的征程上，欲获取社会层面上的广泛支持，需要经历一个长期的宣传和引导过程，需要逐步构建有利于生态文明建设的文化价值导向，祛除不利于生态文明建设的传统观念与习惯。这个过程必然是一个漫长的过程，但是，一旦在社会层面上形成了一种全面支持生态文明建设的氛围，那么，所展现出的有利于生态文明建设的积极效果将是一种巨大的力量。因此，形成全社会共同推进生态文明建设的氛围是实现生态文明核心价值不可或缺的举措。在社会中进行适宜的生态文明建设宣传，普及社会大众的生态文明基本知识，加强人们的环境保护意识，努力构建全社会共同参与生态文明建设的平台和机制，形成强大的生态文明社会建设的浓厚社会舆

---

① 潘岳．绿色中国与少年中国//潘岳主编．绿色文明文集［G］．北京：中国环境科学出版社，2006：14－17.

论氛围，均是促进生态文明社会建设极其重要的工作。

二、企业

企业作为社会经济发展的重要性力量，无疑是生态文明建设中的重要参与者。因此，加强企业在生态文明建设中的环境责任则是实现生态文明核心价值极其重要的一个环节。

在现代社会中，不可否认的一个客观事实就是实现人类生产活动的主要主体是各类型的企业。而在传统的思维中，我们关注到企业与自然环境的关系，因此，往往忽视了企业这一庞大的推动经济社会发展的主体范畴上已经造成了严重的环境问题。当我们仔细审视日益严峻的环境危机，我们发现，各种类型的企业主体往往是消耗自然资源的主力军，它们同时也是一支环境污染的“生力军”，如在空气质量日益下降的今日，往往会发现它们的身影，在水资源日益枯竭和质量下降的主体中，免不了有它们的参与，全球性温室效应的出现，它们也是“功不可没”。它们对自然资源的过度开采导致了地质结构变化，引发水土流失、地面沉降、水源衰减等地质灾害，诸如此类，不一而足。因此，当我们提出人类要为自然界承担道德责任的时候，企业的生态责任问题便凸显出来了。

为此，需要在以下几个方面着力推进和加强：第一，企业需要全面树立生态文明观念，践行社会责任，以此实现经济效益与社会效益以及生态效益的有机统一。第二，需要真正落实国家的环境保护法律法规和政策，不折不扣地履行自身的法律责任，以此实现权利与义务的辩证统一。第三，需要不断创新管理体制，提升生产活动的技术水平，以此来实现生产活动的效率和科学化水平。

三、个人

无论是社会还是企业，它们均是个人生存于自然界之中为了获取生产资料而构建的某种组织形式与方式。因此，从最终的意义上而言，构建生态文明社会核心价值的实现机制都必须以个人为逻辑起点。以个人与社会的关系为例，社会，从主体构成要素来看，它都是由以一个个具有独立意识的个体构成，在一定的社会条件之下，个体作为社会的主体在不断地影响着社会的发展，通过他们的行为与思想推动着人类社会这个整体不断向前发展。人类社会由低级向高级，从愚昧、野蛮到文明的发展过程，其实个体起到了不可忽视的作用，因此，从这个意义上而言，人类社会的发展归根结底是个人的发展，而且人类社会的发展最终都是为了实现个人的全面发展。马克思在《1844 年经济学哲学手稿》中指出，活动和享受，无论是就其内容或就其存在方式来说，都是社会的活动和社会的享受。自然界的人的本质只有对社会的人来说才是存在的；因为只有在社会中，自然界对人来说才是人与人联系的纽带，才是他为别人的存在和别人为他的存在，只有在社会中，自然界才是人自己的人的存在的基础，才是人的现实的生活要素。只有在社会中，人的自然的存在对他来说才是自己的人的存在，并且自然界对他来说才成为人。因此，社会是人同自然界的完成了的本质的统一，是自然界的真正复活是人的实现了的自然主义和自然界的实现了的人道主义。①

由此可见，构建实现生态文明社会核心价值的各种机制之中，个人的道德机制是最为重要的一环。

如何建构这极为重要的一环呢？实现生态文明社会的核心价值是一个宏大的社会工程，需要从观念到行动，从理论到实践的联动，更需要参与其中的个体从思想意识到生活实践上全面认识到建设生态文明社会的重要历史意义，让生态文明社会的核心价值成为他们的行动指南与生活追求。

从原始文明到农业文明，以及从工业文明到生态文明，个体所赖以生存的自然环境相较于自身所创造的文化而言，其实文化影响个体的深度与广度要大得多，这也是为什么个体的人是一个文化性存在，而生物性的存在却要卑微得多的重要内容之所在，因此，影响个体的行为关键在于构建合理的文化价值体系，并通过思想观念来指导和约束个体的行为。如果我们将这种认知置于人类社会发展的历史进程之时，则可以发现，人类社会中的个体及其整体对于人与自然之间关系的认识，则是影响其行为的重要思想观念。人类中心主义及其指导下的人类控制自然的思想观念不断地演变成就了一幅人类展示其征服自然的历史画卷：借助于科学技术的强大威力，植入人类个体内心之中的是取得对自然绝对支配地位的集体认同，而且这已经成为了全世界触手可及的奋斗目标。

---

① 马克思.1844 年经济学哲学手稿［M］. 北京：人民出版社，2000：83.

那么，在这一目标渐趋实现的过程中，自然，甚至包括人类个体性的存在都成为了价值客体。那么，在生态文明社会核心价值体系之下，自然是否具有自身的价值规定性？自然界本身的价值规定性是否只是在人类社会产生之后才存在呢？从人类社会进化的历史来看，自然先于人类而存在，因此，我们可以由此认为，自然的价值规定性不是人类赋予的，它应该是一种固有性的存在。它的存在与拓展向人类昭示的就是一种尊严和客观，它是一种不可以断裂性的存在，具有自身的延续性，否则必将通过自身规律来惩罚破坏者。为此，我们，无论是作为整体，还是个体性的自然性存在物，都必须认知到这样一种基本的常识：保护自然，就是保护自己。所以，应该认为，大自然的长期存在，本身就包含了不可怀疑的继续存在的权利。① 自自然界出现人类社会这一主体之后，我们于自然之间的关系便具有了一种强烈的辩证性、相互性。“一方面，人作用于自然，改变自然，使自然人化；另一方面自然作用于人，人学习自然界的智慧。提高人的素质和人的本质力量，使人自然化这两个方面是统一的。”②

“人与自然的关系从一开始”就是“实践的关系，也就是说，是通过行动建立起来的关系”。人的能动性与智慧的凝聚，离不开自然。人类社会的进化历史已经证明也必将继续证明这一基本定理。目前，人类社会不仅仅只是在物质上完全依赖于自然的馈赠，而且人类社会所创造的文化也来自于改造自然的灵感与实践，只不过是改变了一种表达载体而已。所以，人类的历史不外乎一部记载“自然人化与人化自然”内容的历史画卷。如果我们将这一历史画卷展开，则发现了描绘这部历史画卷的主体之主观认知是完全不同的，所反映的人与自然之间的关系之特征也是存在差异性的，也就是说，在不同的认知导引下，出现了不同的行为特质。

展开历史画卷，不同内容特质的历史阶段，一览无遗，一个是对自然充满敬畏的原始文明与农业文明时期，另一个则是让自然无限“敬畏人类”的工业文明时期。从人类敬畏自然到“自然敬畏人类”不经意间的主体之转换，

---

① ［美］戴维·埃伦费尔德．人道主义的僭越［M］．李云龙，译．北京：国际文化出版公司，1988：176.

② 余谋昌．生态哲学［M］．西安：陕西人民出版社，2000：35.

透露出的是人与自然之间关系中思想观念的演变，彰显的是人类中心主义不断占据人类社会“主流意识形态”的历史进程。在该历史进程之下，个体抑或整体，观念抑或行动，都不约而同地将人类自身“供奉”成为了不可触及的利益主体，并将人类社会塑造成了可以俯视一切自然存在物的道德权威，完全打破了人与自然之间和谐共处共生的关系维度，撕裂了人与自然之间的利益相关性。人类敬畏自然的历史图景已经遥不可及。原始人之所以在自然界之外构想了一个超自然的世界，那是因为，他们认为自然界的秩序来自超自然力量的支配和安排，而不是来自于他们自身，许多自然事物和现象，如日月星辰、风雨雷电、山河土地、凶禽猛兽等，均为超自然神灵的体现。① 彻底去除对自然敬畏的则是人类社会在“知识就是力量”等强大理性力量支配下的思想观念，以及对人类改造自然力量的自恋与狂妄。客观而言，在这一集体的道德共识之下，人类社会确实创造出了可以让自身无比骄傲和自豪的物质财富，但是，在这巨大的物质财富的背后却是人与自然关系的日益紧张的客观现状，而且尤为值得注意的是，在这无与伦比的物质财富背后是根深蒂固的人类中心主义之道德共识，这是影响生态文明核心价值实现进程中的思想观念上的障碍。在个人层面上而言，构建实现生态文明核心价值的道德机制首先面对的就是需要破除这一观念，不过具有反讽意味的是，面对这种根深蒂固的、极有可能将人类社会发展导向“死胡同”的思想观念，无论是从个体抑或是整体的角度，并没有一种自觉自为的警醒，而是在面对和经历了各种环境污染事件、层出不穷的生态危机之后，方可被动地认识到确有必要审视影响人类社会自身的思想观念与道德共识——人类中心主义。

为了再一次地警醒我们自身，反思我们行为背后的思想观念，凸显构建实现生态文明社会核心价值之个体道德机制的作用与意义，我们有必要清醒地认识到重塑人与自然关系的价值共识的紧迫性与必要性，不能无视目前我们所面对的日益严峻的生态危机，更需要从灵魂深处来进行一场思想观念上的革命，挖掘人与自然关系日益紧张的价值根源，为此，方可真正地构建出实现生态文明社会核心价值之合理的道德机制。

---

① 刘书越，吕文林，郭建．环境友好论：人与自然关系的马克思主义解读［M］．保定：河北人民出版社，2009：56.

在《自然的控制》一书中，加拿大哲学家威廉·莱斯揭示了人与自然关系危机的根源在于“控制自然”的观念，他认为文艺复兴运动是现代“控制自然”观念的根源。文艺复兴时期高扬了人的主体性，形成了一种对人与自然关系的新的态度，出现了“一种不断增长的对自然‘奥秘’和‘效用’的迷恋和一种要识破它们以获得力量和财富的渴望”。①“控制自然”的观念通过科学和技术把人从自然中解放出来，在满足人的需要的可能性方面发挥了人的主动性和创造性。他批判培根那种“控制自然”的观念为 17 世纪的欧洲人带来了机械自然观的确立，使得人们为了获得更多自然的资源，试图发现控制自然的工具，借助现代科学技术来建立工业体系，改造和控制自然，结果丧失了对自然的好奇和崇敬，导致了对自然资源的滥用。所以，“控制自然”的观念和工业文明以来出现的人与自然关系危机有着一定的联系。正是这种“控制自然”的观念占据了人类的意识形态，人类通过不断发挥主观能动性充裕自己的生产发展，他指出了人类利用自然力的性质转变所带来的两个相互联系的灾难性后果：“广泛威胁着一切有机生命的供养基础，生物圈的生态平衡，以及不断扩大的人类对于一个统一的全球环境的激烈斗争。每一灾难或两者都会造成这个星球现在形成的一切生命的毁灭或剧烈的变化。”②

莱斯所言“控制自然”的观念其实只是人类中心主义价值共识的一种表现形式而已。在此之下，人类便以自我为中心，以此作为行为的逻辑起点，将自然视为一种对象性的存在物，由此，自然自然而然地便成为了人类社会进行谋求自身利益实践活动的载体和工具罢了。从这意义上而言，目前日益严峻的生态危机实质上是这种价值共识的支配行为之结局，所以，在构建实现生态文明社会核心价值各种机制的情形之下，扭转此种道德层面上的集体认知是一项刻不容缓的任务。

---

① 威廉·莱斯：自然的控制［M］. 重庆：重庆出版社，1993：35.

② 威廉·莱斯：自然的控制［M］. 重庆：重庆出版社，1993：6－7.

结　语

无论是人类生活在茹毛饮血、刀耕火种的原始文明时代，还是生活在凭借着高度发达的科学技术遨游于深邃的宇宙与浩瀚的深海之中的当下，从最根本的意义上而言，这均是人类演绎自身与自然关系的不同方式与版本而已。可以说，纵观人类以往的发展史，与其说是一部人类社会与自然界的交往史，还不如说它是一部生态环境兴衰史，更是一部人类逐渐从自然之子僭越成为自然主人的欲望膨胀史。

我们可以清晰地还原这一历史进程，暴露出生态环境兴衰的印记。

当人类社会学会制造简单的劳动工具之际，即已经将自身与其他生物种群鲜明地区分开来，步履蹒跚地跨入了原始文明发展阶段，虽然只是利用了粗制滥造石器工具而已，但是，却昭示着人类自身强大的改造自然能力的开端、准备与蓄聚。

人类劳动能力的提升，客观地促使自身从简单的植物采集者、动物狩猎者渐趋转化为主动的植物生产者、动物饲养者，由此结束了游离不定、生存无法保障的生活状态，步入了相对居有定所、生存具有保障的农业文明社会发展阶段，虽然还是受制于自然，期盼风调雨顺，但是人类社会已经对自身战胜自然、获取更多生存资料充满着无限的向往与自信。

人类向往成为自然主人，主宰自然的自信始终未曾停留片刻。这一向往与自信在生产工具发生革命性变革的工业文明时代已经建构成了一种体现狂妄与自恋的文化，狂妄与自恋催生出的“人类中心主义”支配着人类社会的一切，成为无穷尽地展示自身强大“理性能力”的价值圭臬，成为不断地向自然获取生产资料与生活资源的行为逻辑，于是乎，生态环境危机日益严峻，自然生态系统呈现出失衡的状态，资源枯竭、气候变暖，生物多样性减少，环境质量下降……人类社会的生存受到了直接的、现实的危险，尤其是可持续发展的能力受到了严重挑战，子孙后代的生存与发展空间被严重挤占。至此，人类社会终于在巨大的生存危机面前开始警醒，终于认识到：生态环境的严重恶化，将是人类社会最具灾难性问题。确实有必要对此给予深度的关注，形成共识，采取行动，反思并超越既往文明形态，开创人类文明发展的新时代。

人类社会进化的历史已经并将继续证明这样一个基本定律：顺应自然生态基本规律者兴，无视和践踏自然生态基本规律者亡。

生态文明是对人类文明既往形态的整合与重塑，是对人类社会发展方向的科学谋划，是对人与自然、人与人关系的全面审视与反思。

生态文明是对人类文明既往形态的超越，必将引领人类放弃自恋与狂妄，实现生态环境与人类社会共融和谐的发展。

开创生态文明新时代不是我们的一次偶然选择，而是一种必然的、不可逆转的历史潮流和趋势。因此，我们必须摒弃保护环境只是一种权宜之计的肤浅的思想观念，树立起维护生态系统的平衡是实现人类自身价值目标的一种重要方式的理念，引导人们对大自然保持谦卑之心。我们需要将这些认知全方位地落实到生产生活的每一个细节——从国家与社会发展模式到人民群众的日常衣食住行，夯实基础，全方位推进生态文明社会建设，确保生态文明核心价值得以贯彻落实，走向社会主义生态文明新时代。

中国生态文明建设是中华民族伟大的实践活动，也是中华民族伟大的思想解放运动。实践无止境，思想不停歇。生态文明建设的理论成果将会随着实践活动的不断深入而不断涌现、不断完善，充分展现出中华民族在促进生态和谐与社会和谐时的能力和智慧。

参考文献

1. 马克思恩格斯文集：第1卷，第2卷，第5卷［M］．北京：人民出版社，2009.

2. 马克思恩格斯全集：第1卷［M］．北京：人民出版社，1995.

3. 马克思恩格斯全集：第2卷［M］．北京：人民出版社，1995.

4. 马克思恩格斯全集：第3卷［M］．北京：人民出版社，1965.

5. 马克思恩格斯全集：第27卷［M］．北京：人民出版社，1972.

6. 马克思恩格斯全集：第30卷［M］．北京：人民出版社，1997.

7. 马克思恩格斯全集：第44卷［M］．北京：人民出版社，2001.

8. 马克思．1844年经济学哲学手稿［M］．北京：人民出版社，2000.

9. 列宁全集：第11卷［M］．北京：人民出版社，1958.

10. 江泽民．在乔治·布什总统图书馆的演讲［N］．光明日报，2002-10-24.

11. 胡锦涛．坚定不移沿着中国特色社会主义道路前进　为全面建成小康社会而奋斗：在中国共产党第十八次全国代表大会上的报告［R］．北京：人民出版社，2012.

12. 习近平谈治国理政［M］．北京：外文出版社，2014.

13. 十八大以来重要文献选编：上册［G］．北京：中央文献出版社，2014.

14.《中共中央关于制定国民经济和社会发展第十三个五年规划的建议》辅导读本［M］．北京：人民出版社，2015.

15. 中共中央关于全面深化改革若干重大问题的决定［R］．北京：人民出版社，2013.

16. 中华人民共和国环境保护法：2014 年修订版［M］. 北京：中国法制出版社，2014.

17. 中共中央国务院关于加快推进生态文明建设的意见［R］. 北京：人民出版社，2015.

18. 生态文明体制改革总体方案［R］. 北京：人民出版社，2015.

19. 生态文明建设与可持续发展［M］. 北京：人民出版社，党建读物出版社，2011.

20. 俞吾金. 重新理解马克思：对马克思哲学的基础理论和当代意义的反思［M］. 北京：北京师范大学出版社，2005.

21. 刘湘溶，等. 我国生态文明发展战略研究［M］. 北京：人民出版社，2013.

22. 余谋昌. 创造美好的生态环境［M］. 北京：中国社会科学出版社，1997.

23. 杨通进，高予远，编. 现代文明的生态转向［M］. 重庆：重庆出版社，2007.

24. 畅征. 小国伟人——李光耀传［M］. 北京：学苑出版社，1996.

25. 中西哲学与文化比较新论：北京大学名教授演讲录［M］. 北京：人民出版社，1996.

26. 韩庆祥，亢安毅. 马克思开辟的道路——人的全面发展研究［M］. 北京：人民出版社，2005.

27. 周建. 改革开放中的中国环境保护事业［M］. 北京：中国环境科学出版社，2010.

28. 曲格平. 我们需要一场革命［M］. 长春：吉林人民出版社，1997.

29. 佘正荣. 生态智慧论［M］. 北京：中国社会科学出版社，1996.

30. 周中之. 消费伦理［M］. 郑州：河南人民出版社，2002.

31. 丘吉. 道德内化论［M］. 北京：民族出版社，2004.

32. 张青兰. 人格的现代转型与塑造［M］. 广州：广东人民出版社，2005.

33. 梅雪芹. 环境史学与环境问题［M］. 北京：人民出版社，2004.

34. 张西平. 历史哲学的重建——卢卡奇与当代西方思潮［M］. 北京：三联书店，1997.

35. ［美］惠特曼，等. 悠闲生活随笔［M］. 徐超，等，译. 贵阳：贵州人民出版社，1992.

36. 金重远. 20 世纪的世界——百年历史回溯：上卷［M］. 上海：复旦大学出版社，2000.

37. 田小满. 人类文明史（音乐舞蹈卷 · 快乐的人类）［M］. 长沙：湖南人民出版社，2001.

38. 钱穆. 晚学盲言：上卷［M］. 桂林：广西师范大学出版社，2004.

39. 刘清黎，等. 体育五千年：上卷［M］. 长春：吉林人民出版社，2000.

40. 罗时铭，谭华. 奥林匹克学［M］. 北京：高等教育出版社，2007.

41. 吴国盛. 科学的历程［M］. 长沙：湖南科学技术出版社，1997.

42. 张岱年. 中国哲学史大纲［M］. 北京：中国社会科学出版社，1982.

43. 陈启伟. 现代西方哲学论著选读［M］. 北京：北京大学出版社，1992.

44. 杨寿堪. 冲突与选择：现代哲学转向问题研究［M］. 北京：北京师范大学出版社，1996.

45. 张国清. 中心与边缘——后现代主义思潮概论［M］. 北京：中国社会科学出版社，1998.

46. 郇庆治. 绿色乌托邦：生态社会主义的社会哲学［M］. 济南：泰山出版社，1998.

47. 陈敏豪. 生态：文化与文明前景［M］. 武汉：武汉出版社，1995.

48. 齐振海. 未竟的浪潮［M］. 北京：北京师范大学出版社，1996.

49. 高亮华. 人文视野中的技术［M］. 北京：中国社会科学出版社，1997.

50. ［日］池田大作，［德］狄尔鲍拉夫. 走向 21 世纪的人与哲学——寻求新的人生［M］. 宋成有，等，译. 北京：北京大学出版社，1992.

51. ［日］池田大作. 佛法 · 西与东［M］. 王健，译. 成都：四川人民出版社，1996.

52 ［日］池田大作，［俄］戈尔巴乔夫．二十世纪的精神教训［M］．孙立川，译．香港：天地图书有限公司，2004.

53. ［德］海涅．论浪漫派［M］．张玉书，译．北京：人民文学出版社，1979.

54. ［英］H S 赖斯．德意志浪漫主义的政治思想（1793—1815）［M］．伦敦：牛津大学出版社，1955.

55. ［美］詹姆斯·G 利文斯顿．现代基督教思想［M］．何光沪，译．成都：四川人民出版社，1992.

56. ［英］彼得·沃森．20 世纪思想史［M］．朱进东，等，译．上海：上海译文出版社，2005.

57. ［法］列维·布留尔．原始思维［M］．丁由，译．北京：商务印书馆，1981.

58. ［德］约阿希姆·拉德卡．自然与权力：世界环境史［M］．王国豫，付天海，译．保定：河北大学出版社，2004.

59. ［美］弗·卡普拉．转折点——科学·社会·兴起中的新文化［M］．冯禹，等，编译．北京：中国人民大学出版社，1989.

60. ［美］阿·托夫勒．第三次浪潮［M］．朱志焱，等，译．北京：三联书店 1984.

61. ［美］维纳．人有人的用处［M］．陈步，译．北京：商务印书馆，1978.

62. 爱因斯坦全集：第三卷［M］．北京：商务印书馆，1979.

63. ［古罗马］查士丁尼．法学总论——法学阶梯［M］．张企泰，译．北京：商务印书馆，1997.

64 ［英］阿诺德·约瑟夫·汤因比．人类与大地母亲——一部叙事体世界历史［M］．徐波，等，译．上海：上海人民出版社，2001.

65. ［英］罗素．西方哲学史：上卷［M］．何兆武，李约瑟，马元德，译．北京：商务印书馆，1981.

66. ［德］赖欣巴哈．科学哲学的兴起［M］．伯尼，译．北京：商务印书馆，1983.

67. ［美］大卫·格里芬．后现代科学——科学魅力的再现［M］．马季方，译．北京：中央编译出版社，1998.

68. ［美］赫尔曼·E 戴利，［美］肯尼思·N 汤森．珍惜地球——经济学、生态学、伦理学［M］．马杰，等，译．北京：商务印书馆，2001.

69. ［美］艾伦·杜宁．多少算够——消费社会与地球的未来［M］．毕聿，译．刘晓君，校．长春：吉林人民出版社，1997.

70. ［美］欧文·拉兹洛．人类的内在限度：对当今价值、文化和政治的异端的反思［M］．黄觉，等，译．北京：社会科学文献出版社，2004.

71. ［印］韦维卡·梅农，［日］坂元正吉．天、地与我：亚洲自然保护伦理［M］．张卫族，马天杰，等，译．北京：中国政法大学出版社，2005.

72［英］安东尼·吉登斯．资本主义与现代社会理论：对马克思、涂尔干和韦伯著作的分析［M］．郭忠华，潘华凌，译．上海：上海译文出版社，2007.

73. ［美］史蒂文·卢克斯．个人主义［M］．阎克文，译．南京：江苏人民出版社，2001.

74. R B McCallum. On Liberty and Consideration on Representative Government［M］. Blackwell, Oxford, 1946.

75. W Von Humboldt. The Sphere and Duties of Government［M］. tr. J Coulthard, 1845.

76. See John Passmore. Mans Responsibility for Nature［M］. New York: Scribners, 1974.